高等职业教育数控技术专业教学改革成果系列教材

PLC编程与应用技术

魏小林　周建清　主编

電子工業出版社
Publishing House of Electronics Industry
北京·BEIJING

内 容 简 介

本书采用项目式编写体例，详细介绍了三菱 FX_{2N} 系列 PLC 的工作原理和应用。主要内容包括：指示灯的 PLC 控制，三相异步电动机启停和运行的 PLC 控制，工作台自动往返的 PLC 控制，输送带的 PLC 控制，液体混合装置的 PLC 控制，大小球分类传送的 PLC 控制，交通信号灯的 PLC 控制，自动送料车的 PLC 控制，停车场车位的 PLC 控制，霓虹灯点亮的 PLC 控制，卧式镗床电气控制系统的 PLC 改造，物料识别和分拣的 PLC 控制等。附录收录了三菱 FX_{2N} 系列 PLC 的基本指令和功能指令以及 FX_{2N} 系列 PLC 的特殊软元件。

本书可作为职业院校电气自动化、机电一体化、数控应用技术、应用电子技术等相关专业的教材，也可作为广大工程技术人员的学习参考用书。

图书在版编目（CIP）数据

PLC 编程与应用技术 / 魏小林，周建清主编. —北京：电子工业出版社，2013.4
（高等职业教育数控技术专业教学改革成果系列教材）
ISBN 978-7-121-19755-0

Ⅰ. ①P…　Ⅱ. ①魏…②周…　Ⅲ. ①PLC 技术－程序设计－高等职业教育－教材　Ⅳ. ①TM571.6

中国版本图书馆 CIP 数据核字（2013）第 045026 号

策划编辑：朱怀永
责任编辑：朱怀永
印　　刷：北京七彩京通数码快印有限公司
装　　订：北京七彩京通数码快印有限公司
出版发行：电子工业出版社
　　　　　北京市海淀区万寿路 173 信箱　邮编：100036
开　　本：787×1 092　1/16　印张：15.25　　字数：391 千字
版　　次：2013 年 4 月第 1 版
印　　次：2021 年 6 月第 10 次印刷
定　　价：29.50 元

凡所购买电子工业出版社图书有缺损问题，请向购买书店调换。若书店售缺，请与本社发行部联系，联系及邮购电话：（010）88254888。

质量投诉请发邮件至 zlts@phei.com.cn，盗版侵权举报请发邮件至 dbqq@phei.com.cn。

服务热线：（010）88258888。

前　言

本书根据《教育部关于以就业为导向深化高等职业教育改革的若干意见》中提出的高等职业院校必须把培养学生动手能力、实践能力和可持续发展能力放在突出的地位，促进学生技能的培养，以及教材内容要紧密结合生产实际，并注意及时跟踪先进技术的发展等指导精神编写。全书以“工学结合，项目引导、教学做一体化”的原则编写。打破原有教材将“基本原理、基本指令、基本应用”分成各个独立的章节的模式，而是以应用为主线，通过设计不同的项目和实例，将理论知识融入到每一个实践操作中。以强调职业能力的培养，职业技能的训练与提高，来设计教材的结构、内容和形式。紧密结合各类工厂的实际情况，以实训项目为主线，理论联系实际，充分体现了职业教育的应用特色和能力本位，突出人才应用能力及创新素质的培养，内容丰富，实用性强。

本书由于采用项目体例编写，教学时建议在实验实训室进行，每个项目建议安排 6 学时，总共为 80 学时。

本书由江苏联合职业技术学院魏小林、周建清主编。其中，项目一与项目十由阚海辉编写；项目二与项目十一由成婕编写；项目三、项目八、项目九由魏小林编写；项目四与项目十二由李俊编写；项目五、项目六、项目七由周建清、陈丽共同编写。全书由魏小林负责统稿。在编写过程中，编者参考了一些书刊，并引用了相关资料，在此对这些文献资料的作者一并表示衷心感谢。

由于本书编者水平有限，虽已尽心尽力，多次修改，但书中难免存在不足之处，敬请读者提出宝贵意见。

为了配合教学，本书配有部分参考程序，有需要者可通过 edupub@126.com 索取。

编　者

2012 年 12 月

目　录

项目一　指示灯的 PLC 控制

PLC 在现代工农业生产及日常生活中的应用越来越广泛，发挥的作用越来越大。随着 PLC 技术的迅猛发展，其控制功能来越来越强大，我们应掌握好这门技术。PLC 应用技术是一门实践性很强的专业课程，我们只要多动手、多分析，就会掌握和应用好这门技术。

下面通过指示灯的 PLC 控制项目的实施来学习 PLC 基础知识，初步认识 PLC 的结构及工作原理；掌握三菱公司 FX_{2N} 系列 PLC 的型号、安装、接线，以及编程软件和仿真软件的使用。

一、学习目标

1．知识目标

① 了解 PLC 的特点、应用和发展状况等基本知识。

② 熟悉 PLC 的基本结构和工作原理。

③ 掌握三菱公司 FX_{2N} 系列 PLC 的型号、安装及接线技术。

④ 熟悉编程语言表达方式。

⑤ 掌握编程软件 GX Developer 的使用方法。

⑥ 熟悉仿真软件 GX Simulator 6-C 的使用方法。

2．技能目标

① 会识别不同类型和型号的 PLC。

② 会用编程软件 GX Developer 进行 PLC 程序的录入、编辑和调试等操作。

③ 会用仿真软件 GX Simulator 6-C 对 PLC 程序进行仿真。

④ 会 PLC 的外部接线和系统的调试及运行操作。

二、项目要求

在电气控制柜、机床控制部件等设备中都少不了指示灯，用来表明设备的运行状况。现要求用 PLC 来控制指示灯点亮或熄灭，以表明设备的工作状态：一个按钮控制指示灯点亮，表示设备正常运转；另一个按钮控制指示灯熄灭，表示设备处于停止状态。指示灯额定工作电压为 220V。

三、工作流程图

本项目实施的工作流程如图 1-1 所示。

四、项目分析

在这个项目中我们要实现的目标比较简单，只要学过了继电器接触器控制系统中的“自锁”电路就能理解它的控制原理，但要用 PLC 来控制我们就需要了解 PLC 是怎样工作来达到控制要求的，怎样才能将按钮的信号送给 PLC，PLC 又是怎样运算处理这个信号的，以及又是怎样将信号输出点亮指示灯的，等等。由于这是我们接触的第一个 PLC 控制项目，为了便于项目的理解与实施，我们将这个项目分成两个任务来完成，先完成硬件电路的安装连接，然后再进行程序的编制调试。

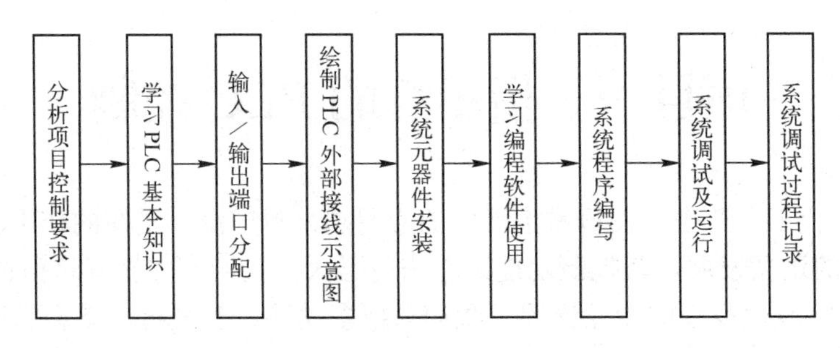

图 1-1 项目实施的工作流程图

五、项目实施

任务一 指示灯的 PLC 控制系统硬件电路安装连接

（一）任务分析

这个项目的硬件设备主要就是指示灯和按钮以及 PLC，要将这些设备安装连接起来达到控制的要求，就必须了解 PLC 是怎样和外部设备进行接口连接，以及 PLC 自身是怎么工作的。比如它是在什么电压下工作，是否有电气隔离措施要求，等等。下面我们就从最基础的知识开始学习。

（二）相关知识

1．PLC 概述

PLC 是可编程控制器（Programmable Controller）的简称。实际上可编程控制器的英文缩写为 PC，为了与个人计算机（Personal Computer）的英文缩写相区别，人们就将最初用于逻辑控制的可编程控制器（Programmable Logic Controller）叫做 PLC。

1）PLC 的产生

在 PLC 出现前，继电器控制系统在工业控制领域中占据主导地位，但是继电器控制系统具有明显的缺点：设备体积大、可靠性低、故障检修困难且不方便。由于接线复杂，当生产工艺和流程改变时必须改变接线，这种硬件编程的系统通用性和灵活性较差。现代社会制造工业竞争激烈，产品更新换代频繁，迫切需要一种新的更先进的“柔性”的控制系统来取代传统的继电器控制系统。

20 世纪 60 年代，随着电子技术和计算机技术的发展，先后出现了用晶体管、中小规模集成电路构成的逻辑控制系统和用小型计算机取代继电器控制系统。但由于小型计算机价格高昂，对恶劣的工业环境难以适应，其输入/输出信号与被控电路不匹配，再加上控制程序的编制困难，不像现在的梯形图易于被操作人员掌握，这一“瓶颈”阻碍了其进一步发展和推广应用。

1968 年，美国通用汽车公司（GM）为了增强其产品在市场的竞争力和满足不断更新

汽车型号的需要，率先提出生产线控制的 10 条要求，公开向制造商招标。GM 提出的 10 条要求是：

① 编程方便，可在现场修改程序。

② 维护方便，最好是插件式结构。

③ 可靠性高于继电器控制柜。

④ 体积小于继电器控制柜。

⑤ 成本可与继电器控制柜竞争。

⑥ 数据可以直接输入管理计算机。

⑦ 可以直接用交流 115V 输入。

⑧ 通用性强，系统扩展方便，更动最少。

⑨ 用户存储器容量大于 4KB。

⑩ 输出为交流 115V，负载电流要求在 2A 以上，可直接驱动电磁阀和交流接触器等。

美国数字设备公司（DEC）根据以上要求，于 1969 年研制出了第一台可编程控制器 PDP-14，并在美国通用汽车公司生产线的应用上取得了成功，引起了世界各国的关注。继日本、德国之后，我国于 1974 年开始研制可编程控制器，目前全世界已有数百家生产可编程控制器的厂家，产品种类达 300 多种。

2）PLC 定义及特点

PLC 自问世 40 多年来不断发展，因此，对它给出一个确切的定义是困难的。1987 年 2 月，国际电工委员会（IEC）颁布的草案中将 PLC 定义为：可编程控制器的一种数字运算操作的电子系统，专为工业环境下应用而设计，它采用了可编程序的存储器，用来在其内部存储执行逻辑运算、顺序控制、定时、计数、算术运算等操作的指令并通过数字或模拟式的输入和输出，控制各种类型的机械和生产过程。可编程控制器及其有关外围设备，都应按易于与工业控制系统连成一个整体，易于扩充其功能的原则设计。由此可见，PLC 实质上是一种面向用户的工业控制专用计算机，它的主要特点是：

① 可靠性高，抗干扰能力强。

② 适应性好，具有柔性。

③ 功能完善，接口多样。

④ 易于操作，维护方便。

⑤ 编程简单，易学。

⑥ 体积小、重量轻、功耗低。

3）PLC 的应用

目前，在国内外 PLC 已广泛应用于冶金、石油、化工、建材、机械制造、电力、汽车、轻工、环保及文化娱乐等各行各业，随着 PLC 性能价格比的不断提高，其应用领域不断扩大。从应用类型看，PLC 的应用大致可归纳为以下几个方面：

（1）开关量逻辑控制

这是 PLC 最基本的应用，即用 PLC 取代传统的继电器控制系统，实现逻辑控制和顺序控制。如机床电气控制、电动机控制、注塑机控制、电镀流水线和电梯控制等。总之，

PLC 既可用于单机控制，也可用于多机群和生产线的控制。

（2）模拟量过程控制

除了数字量之外，PLC 还能控制连续变化的模拟量，如温度、压力、速度、流量、液位、电压和电流等模拟量。通过各种传感器将相应的模拟量转化为电信号，然后通过 A/D 模块将它们转换为数字量送到 PLC 的 CPU 处理，处理后的数字量再经过 D/A 转换为模拟量进行输出控制，若使用专用的智能 PID 模块，可以实现对模拟量的闭环过程控制。

（3）运动控制

大多数 PLC 都有拖动步进电机或伺服电机的单轴或多轴位置控制模块。这一功能广泛用于各种机械设备，如对各种机床、装配机械、机器人等进行运动控制。

（4）现场数据采集处理

目前，PLC 都具有数据处理指令、数据传送指令、算术与逻辑运算指令和循环移位与移位指令，所以由 PLC 构成的监控系统，可以方便地对生产现场数据进行采集、分析和加工处理。数据处理通常用于诸如柔性制造系统、机器人和机械手的控制系统等大、中型控制系统中。

（5）通信联网、多级控制

PLC 与 PLC 之间、PLC 与上位计算机之间通信，要采用其专用通信模块，并利用 RS-232C 或 RS-422A 接口，用双绞线或同轴电缆或光缆将它们连成网络。由一台计算机与多台 PLC 组成分布式控制系统，进行“集中管理，分散控制”建立工厂的自动化网络。PLC 还可以连接 CRT 显示器或打印机，实现显示和打印。

4）PLC 的分类及主要产品

（1）PLC 可以按以下两种方法进行分类

① 按 PLC 的点数分类。根据 PLC 可扩展的输入/输出点数，可以将 PLC 分为小型、中型和大型三类。小型 PLC 的输入/输出点数在 256 点以下；中型 PLC 的输入/输出点数为 256～2048 个点；大型 PLC 的输入/输出点数在 2048 点以上。

② 按 PLC 的结构分类。按 PLC 的结构分类，PLC 可分为整体式和模块式，如图 1-2 所示。整体式 PLC 将电源、CPU、存储器、I/O 系统都集中在一个小箱体内，小型 PLC 多为整体式 PLC；模块式 PLC 是按功能分成若干模块，如电源模块、CPU 模块、连接模块、输入模块及输出模块等，再根据系统要求，组合不同的模块，形成不同用途的 PLC，大中型的 PLC 多为模块式 PLC。

（2）PLC 的主要产品

目前，我国使用的 PLC 几乎都是国外品牌。在全世界有上百家 PLC 制造厂商，但只有几家技术雄厚、市场占有率较大，它们是美国 Rockwell 自动化公司所属的 A-B（Alien&Bradly）公司、GE-FANUC 公司，德国的西门子（SIEMENS）公司，法国的施耐德（SCHNEIDER）自动化公司，日本的欧姆龙（OMRON）和三菱公司等。这几家公司控制着全世界 80%以上的 PLC 市场，它们的系列产品有其技术广度和深度，从微型 PLC 到有上万个 I/O 点的大型 PLC 应有尽有。目前，应用较广的 PLC 生产厂家的主要产品见表 1-1。

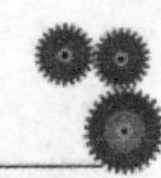

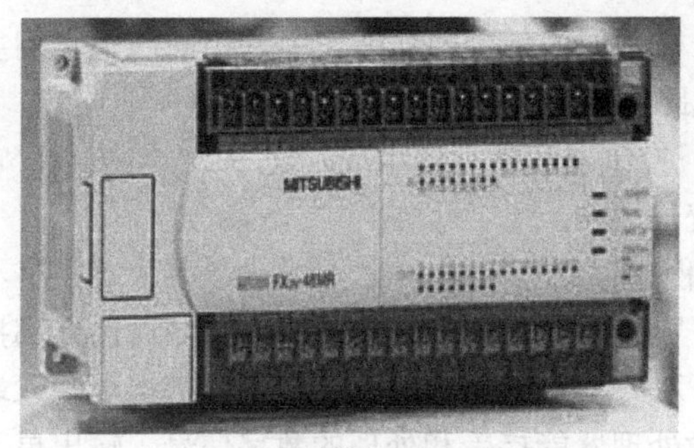

（a）整体式 PLC

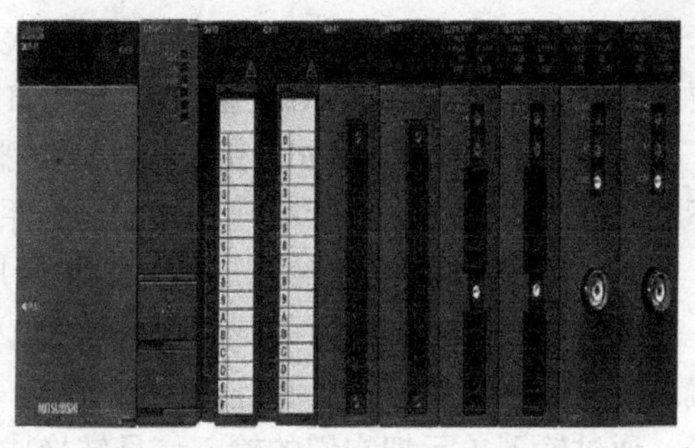

（b）模块式 PLC

图 1-2　整体式 PLC 和模块式 PLC

表 1-1　部分 PLC 生产厂家及主要产品

国　家	公　　司	产 品 型 号
美国	GE-FANUC	90^{TM}-30 系列，90^{TM}-70 系列
德国	西门子 SIEMENS	S5 系列，S7-200，S7-300，S7-400 系列
日本	三菱 MITSUBISHI	FX_{IS}，FX_{IN}，FX_2，FX_{2N} 系列，A 系列，Q 系列，AnS 系列
日本	欧姆龙 OMRON	C 系列，C200H，CPMIA，CQMI，CV 系列
法国	施耐德 SCHNEIDER	Twido，Micro，Premume，Compaq 系列

2．PLC 的组成

PLC 系统的组成与微型计算机基本相同，也是由硬件系统和软件系统两大部分构成。

（1）PLC 的硬件系统

PLC 的硬件系统是指构成它的各个结构部件，图 1-3（a）是整体式 PLC 组成框图，图 1-3（b）是模块式 PLC 组成框图。

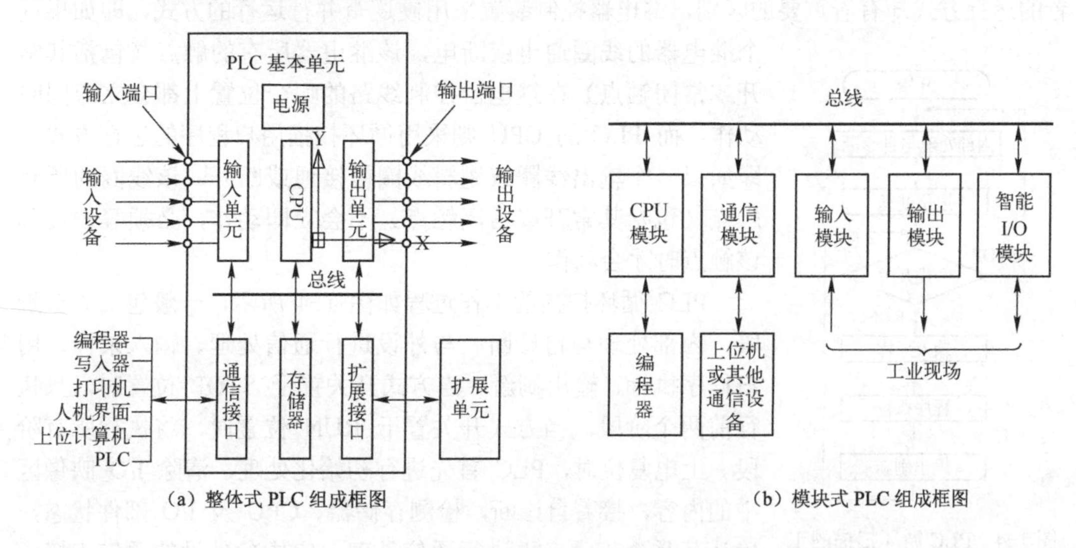

（a）整体式 PLC 组成框图　　（b）模块式 PLC 组成框图

图 1-3　PLC 的组成框图

尽管整体式与模块式 PLC 的结构不太一样，但各部分的功能作用是相同的。它们主要由 CPU、存储器、输入/输出（I/O）接口电路、电源和外围设备组成。

① 中央处理单元 CPU 其内部由运算器、控制器和寄存器组成，是 PLC 的核心，它不断采样输入信号，执行用户程序，刷新系统的输出。

② 存储器主要有系统程序存储器和用户程序存储器两种。

③ 输入/输出单元是 PLC 与外部输入信号、被控设备连接的转换电路，通过外部接线端子可直接与现场设备相连。如将按钮、行程开关、继电器触点、传感器等接至输入端子，通过输入单元把它们的输入信号转换成微处理器能接受和处理的数字信号。输出单元则接收经微处理器处理过的数字信号，并把这些信号转换成被控设备或显示设备能够接收的电压或电流信号，经过输出端子的输出以驱动接触器线圈、电磁阀、信号灯、电动机等执行装置。

④ PLC 扩展接口的作用是将扩展单元和功能模块与基本单元相连，使 PLC 的配置更加灵活，以满足不同控制系统的需要；通信接口的功能是通过这些通信接口可以和监视器、打印机、其他的 PLC 或是计算机相连，从而实现“人-机”或“机-机”之间的对话。

（2）PLC 的软件系统

PLC 的软件系统是指 PLC 所使用的各种程序的集合，包括系统程序（或称为系统软件）和用户程序（或称为应用软件）。系统程序主要包括系统管理和监控程序以及对用户程序进行编译处理的程序，各种性能不同的 PLC 系统程序会有所不同。系统程序在出厂前已被固化在 EPROM 中，用户不能改变。用户程序是用户根据生产过程和工艺要求而编制的程序，通过编程器或计算机输入到 PLC 的 RAM 中，并可对其进行修改或删除。

3. PLC 的工作原理

最初研制生产的 PLC 主要用于代替传统的由继电器接触器构成的控制装置，但这两者的运行方式却有着重要的区别，继电器控制装置采用硬逻辑并行运行的方式，即如果这个继电器的线圈通电或断电，该继电器所有的触点（包括其常开或常闭触点）在继电器控制线路的哪个位置上都会立即同时动作。而 PLC 的 CPU 则采用循环扫描用户程序的运行方式，即如果一个输出线圈或逻辑线圈被接通或断开，该线圈的所有触点（包括其常开或常闭触点）不会立即动作，必须等扫描到该触点时才会动作。

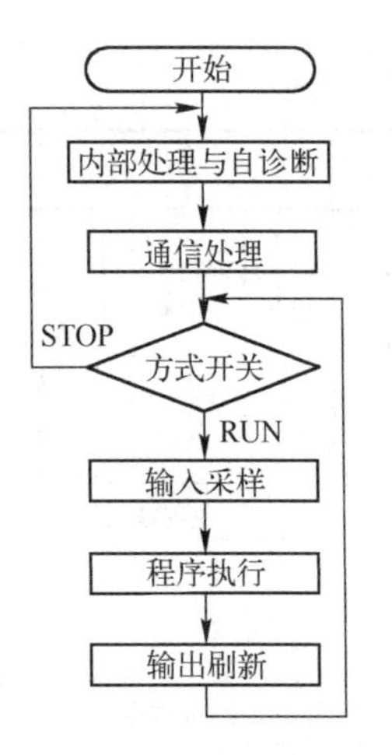

图 1-4　PLC 循环扫描的工作示意图

PLC 循环扫描的工作过程如图 1-4 所示，一般包括五个阶段：内部处理与自诊断、与外设进行通信处理、输入采样、用户程序执行、输出刷新。当方式开关置于 STOP 位置时，只执行前两个阶段。当方式开关置于 RUN 位置时，将执行所有阶段。上电复位时，PLC 首先进行初始化处理，清除 I/O 映像区中的内容，接着自诊断，检测存储器、CPU 及 I/O 部件状态，确认其是否正常，再进行通信处理，完成各外设的通信连接，还将检测是否有中断请求，若有则作相应中断处理。在此阶段

可对 PLC 联机或离线编程，如学生实验时的编程阶段。若此时 PLC 方式开关处于 RUN 位置时，PLC 才进入独特的循环扫描，周而复始地执行输入采样、用户程序执行、输出刷新三个阶段，如图 1-5 所示。

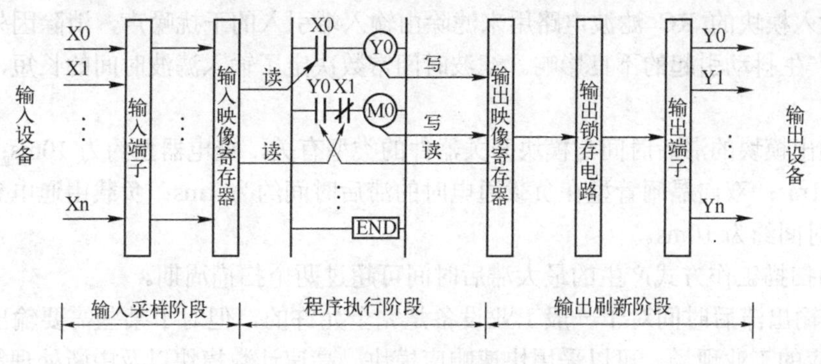

图 1-5　PLC 执行程序过程示意图

（1）运行模式

① 输入处理阶段。输入处理阶段又称为输入采样阶段。PLC 在此阶段，以扫描方式顺序读入所有输入端子的状态（接通或断开），并将其状态存入输入映像寄存器。接着转入程序执行阶段，在程序执行期间，即使输入状态发生变化，输入映像寄存器的内容也不会变化，这些变化只能在下一个工作周期的输入采样阶段才被读入刷新。

② 程序执行阶段。在程序执行阶段，PLC 对程序按顺序进行扫描。如果程序用梯形图表示，则总是按先上后下、先左后右的顺序进行扫描。每扫描一条指令时，所需的输入状态或其他元素的状态分别由输入映像寄存器和元素映像寄存器中读出，然后进行逻辑运算，并将运算结果写入到元素映像寄存器中。也就是说程序执行过程中，元素映像寄存器内元素的状态可以被后面将要执行到的程序所应用，它所寄存的内容也会随程序执行的进程而变化。

③ 输出处理阶段。输出处理阶段又称为输出刷新阶段。在此阶段，PLC 将元素映像寄存器中所有输出继电器的状态（接通或断开），转存到输出锁存电路，再驱动被控对象（负载），这就是 PLC 的实际输出。

PLC 重复执行上述三个阶段，这三个阶段也是分时完成的。为了连续完成 PLC 所承担的工作，系统必须周而复始地按一定的顺序完成这一系列的具体工作。这种工作方式叫做循环扫描工作方式。PLC 执行一次扫描操作所需的时间称为扫描周期，其典型值为 1～100ms。一般来说，在一个扫描过程中，执行指令的时间占了绝大部分。

（2）停止模式

在停止模式下，PLC 只进行内部处理和通信服务工作。在内部处理阶段，PLC 检查 CPU 模块内部的硬件是否正常，进行监控定时器复位等工作。在通信服务阶段，PLC 与其他的带 CPU 的智能装置通信。

（3）输入/输出滞后时间

由于 PLC 采用循环扫描工作方式，即对信息采用串行处理方式，这就必然带来了输入/输出的响应滞后问题。

输入/输出滞后时间又称为系统响应时间，是指从 PLC 外部输入信号发生变化的时刻起至由它控制的有关外部输出信号发生变化的时刻止所需的时间。它由输入电路的滤波时间、输出模块的滞后时间和因扫描工作方式产生的滞后时间三部分组成。

① 输入模块的 RC 滤波电路用来滤除由输入端引入的干扰噪声，消除因外接输入触点动作时产生抖动引起的不良影响。滤波时间常数决定了输入滤波时间的长短，其典型值为 10ms。

② 输出模块的滞后时间与模块开关器件的类型有关，继电器型约为 10ms；晶体管型一般小于 1ms；双向晶闸管型在负载通电时的滞后时间约为 1ms；负载由通电到断电时的最大滞后时间约为 10ms。

③ 由扫描工作方式产生的最大滞后时间可超过两个扫描周期。

输入/输出滞后时间对于一般工业设备是完全允许的，但对于某些需要输出对输入做出快速响应的工业现场，可以采用快速响应模块、高速计数模块以及中断处理等措施来尽量减小响应时间。

4．三菱 FX 系列 PLC 型号、安装、接线

1）FX 系列 PLC 的型号

FX 系列 PLC 型号名称可按如图 1-6 所示格式定义。

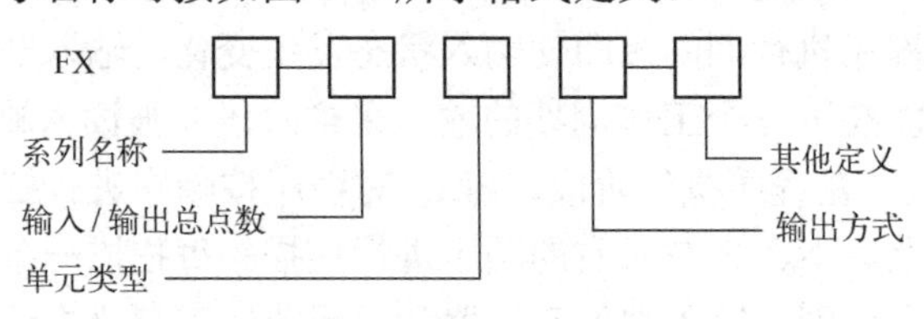

图 1-6　FX 系列 PLC 型号名称

系列名称：如 1S，1N，1NC，2N，2NC 等。

输入/输出总点数：一般为 16～128。

单元类型：M 为基本单元，E 为输入/输出混合扩展单元与扩展模块，EX 为输入专用扩展模块，EY 为输出专用扩展模块。

输出方式：R 为继电器输出，T 为晶体管输出，S 为双向晶闸管输出（或称为可控硅输出）。

其他定义：D 表示“DC 电源、DC 输入”；UA1/UL 表示“AC 电源、AC 输入”；001 表示专为中国推出的产品。如果“其他定义”这一项无符号，则表示为“AC 电源、DC 输入”。

例如，型号为 FX_{2N}-48MR-D 的 PLC 表示该 PLC 属于 FX_{2N} 系列，是具有 48 个 I/O 点的基本单元，继电器输出型，使用 DC 24V 电源。

FX_{2N} 系列 PLC 是三菱公司 FX 系列中性能优越的小型 PLC，除输入/输出 16～256 点的独立用途外，还可以适用于多个基本组件间的连接、运动控制、闭环控制等特殊用途，是一套可以满足广泛需要的、性价比很高的 PLC。

FX_{2N} 系列 PLC 的基本单元、扩展单元、扩展模块的型号、规格分别见表 1-2、表 1-3、表 1-4。

表 1-2　FX_{2N}系列 PLC 基本单元一览表

输入/输出总点数	输入点数	输出点数	FX_{2N}系列 AC 电源，DC 输入		
			继电器输出	三端双向晶闸管开关器件	晶体管输出
16	8	8	FX_{2N}-16MR-001	—	FX_{2N}-16MT-001
32	16	16	FX_{2N}-32MR-001	FX_{2N}-32MS-001	FX_{2N}-32MT-001
48	24	24	FX_{2N}-48MR-001	FX_{2N}-48MS-001	FX_{2N}-48MT-001
64	32	32	FX_{2N}-64MR-001	FX_{2N}-64MS-001	FX_{2N}-64MT-001
80	40	40	FX_{2N}-80MR-001	FX_{2N}-80MS-001	FX_{2N}-80MT-001
128	64	64	FX_{2N}-128MR-001	—	FX_{2N}-128MT-001

输入/输出总点数	输入点数	输出点数	DC 电源，AC 输入	
			继电器输出	晶体管输出
32	16	16	FX_{2N}-32MR-D	FX_{2N}-32MT-D
48	24	24	FX_{2N}-48MR-D	FX_{2N}-48MT-D
64	32	32	FX_{2N}-64MR-D	FX_{2N}-64MT-D
80	40	40	FX_{2N}-80MR-D	FX_{2N}-80MT-D

表 1-3　FX_{2N}系列 PLC 扩展单元一览表

输入/输出总点数	输入点数	输出点数	AC 电源 DC 输入		
			继电器输出	三端双向晶闸管开关器件	晶体管输出
32	16	16	FX_{2N}-32ER	—	FX_{2N}-32ET
48	24	24	FX_{2N}-48ER	—	FX_{2N}-48ET

表 1-4　FX_{2N}系列 PLC 扩展模块一览表

输入/输出总点数	输入点数	输出点数	继电器输出	输入	晶体管输出	三端双向晶闸管开关器件	输入信号电压	连接形式
8（16）	4（8）	4（8）	FX_{0N}-8ER		—	—	DC24V	横端子台
8	8	0	—	FX_{0N}-8EX	—	—	DC24V	横端子台
8	0	8	FX_{0N}-8EYR	—	FX_{0N}-8EYT	—		横端子台
16	16	0	—	FX_{0N}-16EX	—	—	DC24V	横端子台
16	0	16	FX_{0N}-16EYR	—	FX_{0N}-16EYT	—		横端子台
16	16	0	—	FX_{2N}-16EX	—	—	DC24V	纵端子台
16	0	16	FX_{2N}-16EYR	—	FX_{2N}-16EYT	FX_{2N}-16EYS	—	纵端子台

（1）硬件基本单元

硬件基本单元即主机或本机。它包括 CPU、存储器、基本输入/输出点和电源等，是 PLC 的主要部分。它实际上是一个完整的控制系统，可以独立完成一定的控制任务。FX_{2N} 基本单元有 16/32/48/64/80/128 个 I/O 点，参见表 1-2。这些基本单元可以通过采用扩展单元或模块扩充到 256 个 I/O 点。

（2）扩展单元

扩展单元由内部电源、内部输入/输出电路组成，需要和基本单元一起使用。在基本单元的 I/O 点数不够时，可采用扩展单元来扩展 I/O 点数。

（3）扩展模块

扩展模块由内部输入/输出电路组成，自身不带电源，由基本单元、扩展单元供电，需要和基本单元一起使用。在基本单元的 I/O 点数不够时，可采用扩展模块来扩展 I/O 点数。

（4）特殊功能模块

FX_{2N} 系列 PLC 提供了各种特殊功能模块，当需要完成某些特殊功能的控制任务时，就需要用到特殊功能模块。这些特殊模块又分为：

① 模拟量输入/输出模块，例如 FX_{0N}–3A，FX_{2N}–2AD，FX_{2N}–2DA，FX_{2N}–4AD–PT 等。

② 数据通信模块，例如 FX_{2N}–232–DB，FX_{2N}–422–DB，FX_{2N}–485–DB，FX_{2N}–16CCL–M 等。

③ 高速计数器模块，例如 FX_{2N}–IHC。

④ 运动控制模块，例如 FX_{2N}–1PG–E，FX_{2N}–10GM 等。

2）FX_{2N} 系列 PLC 的安装及接线

（1）安装

PLC 应安装在环境温度为 0～55℃、相对湿度为 35%～89%、无粉尘和油烟、无腐蚀性及可燃性气体的场合中。

PLC 有两种安装方式：一是直接利用机箱上的安装孔，用螺钉将机箱固定在控制柜的背板或面板上；二是利用 DIN 导轨安装，这需要先将 DIN 导轨固定好，再将 PLC 及各种扩展单元卡上 DIN 导轨。安装时，还要注意在 PLC 周围留足散热及接线的空间。图 1–7 为 FX_{2N} 系统 PLC 及扩展设备在 DIN 导轨上安装的情况。PLC 在工作前必须正确地接入控制系统。与 PLC 连接的设备主要有 PLC 的电源接线、输入/输出器件的接线、通信线和接地线等。

（2）外部特征

FX_{2N} 系列 PLC 的面板由 3 部分组成，即外部接线端子、指示部分和接口部分。各部分的组成及功能如下：

① 外部接线端子。外部接线端子包括 PLC 电源（L，N）、输入用直流电源（24+，COM）、输入端子（X）、输出端子（Y）和接地端等。它们位于机器两侧可拆卸的端子板上，每个端子均有对应的编号，主要用于电源、输入信号和输出信号的连接。

② 指示部分。指示部分包括各输入/输出点的状态指示、机器电源指示（POWER）、机器运行状态指示（RUN）、用户程序存储器后备电池指示（BATT.V）和程序错误或 CPU 错误指示（PROG–E、CPU–E）等，用于反映 I/O 点和机器的状态。

③ 接口部分。接口部分主要包括编程器接口、存储器接口、扩展接口和特殊功能模块接口等。在机器面板上，还设置了一个 PLC 运行模式转换开关 SW（RUN/STOP）。RUN 使机器处于运行状态（RUN 指示灯亮）；STOP 使机器处于停止状态（RUN 指示灯灭）。当机器处于 STOP 状态时，可进行用户程序的录入、编辑和修改。接口的作用是完成基本单元同编程器、外部存储器、扩展单元和特殊功能模块的连接，在 PLC 技术应用中经常会用到。

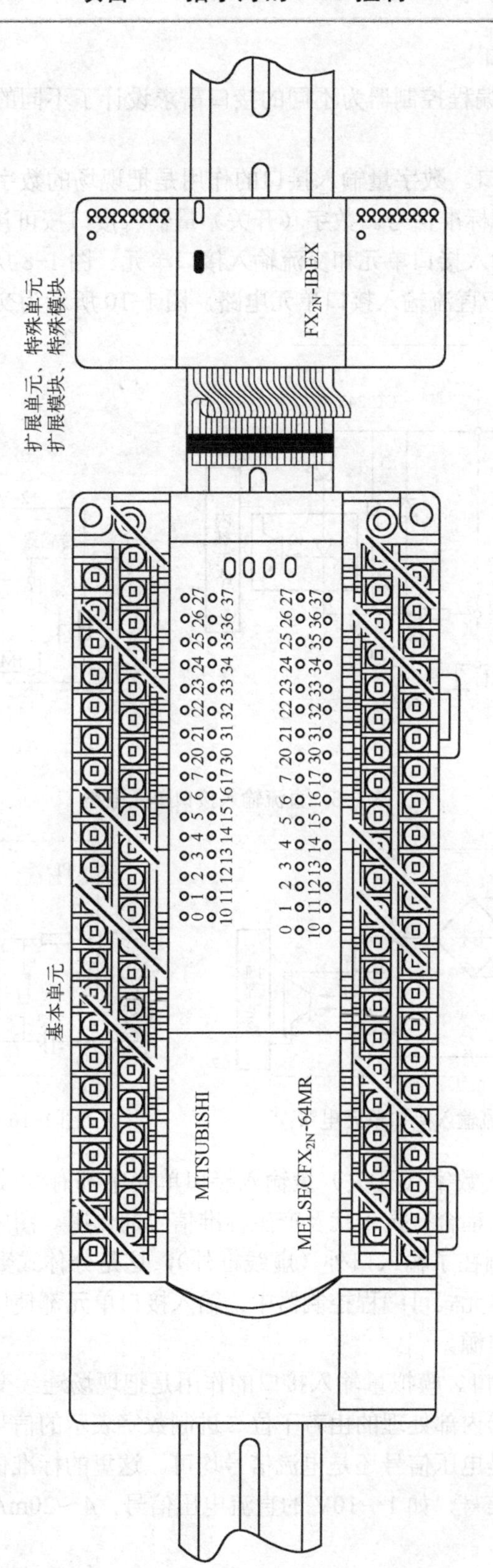

图 1-7　FX_{2N} 系列 PLC 及扩展设备在 DIN 导轨上安装的情况

（3）输入/输出接口

① 输入接口。可编程控制器为不同的接口需求设计了不同的接口单元，主要有以下几种。

a．数字量输入接口。数字量输入接口的作用是把现场的数字（开关）量信号变成可编程控制器内部处理的标准信号。数字（开关）量输入接口按可接纳的外部信号电源的类型不同，可分为直流输入接口单元和交流输入接口单元。图 1-8 所示为直流输入接口单元电路，图 1-9 所示为交/直流输入接口单元电路，图 1-10 所示为交流输入电路。

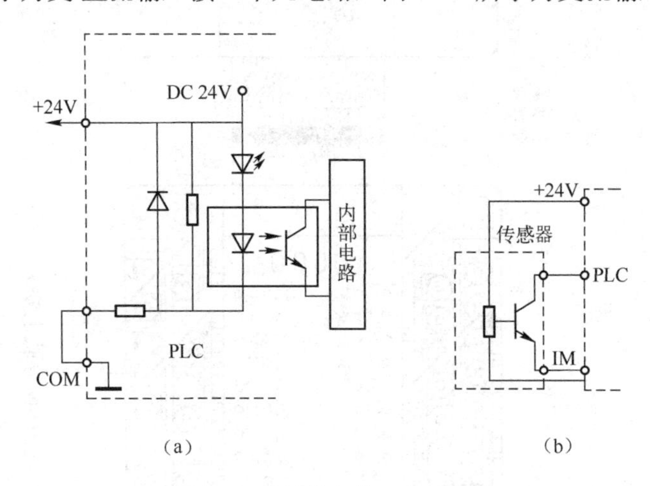

（a）　　（b）

图 1-8　直流输入接口单元电路

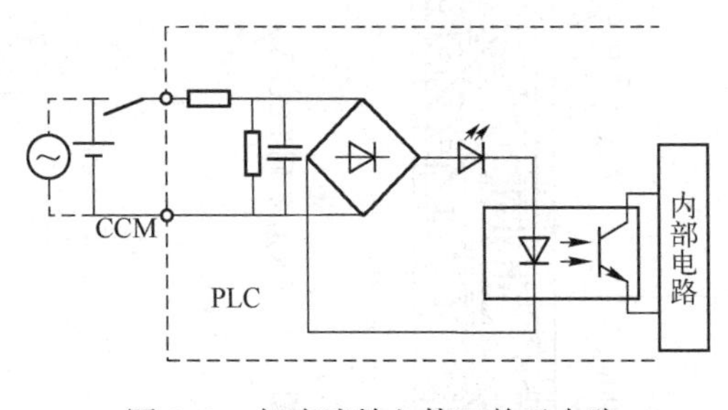

图 1-9　交/直流输入接口单元电路

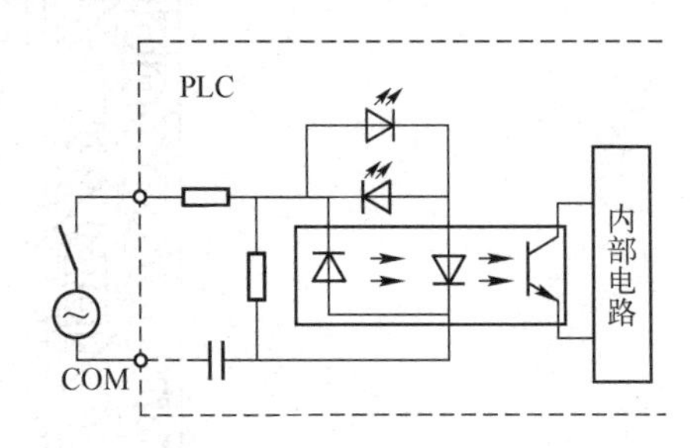

图 1-10　交流输入电路

从图中可以看出，数字（开关）量输入接口单元中都有滤波电路及耦合隔离电路：滤波有抗干扰的作用，耦合有抗干扰及产生标准信号的作用。图中数字（开关）量输入接口单元的电源部分都画在了输入口外（虚线框外），这是分体式数字（开关）量输入接口单元的画法。在一般单元式可编程控制器中，输入接口单元都使用可编程本机的直流电源供电，不再需要外接电源。

b．模拟量输入接口。模拟量输入接口的作用是把现场连续变化的模拟量标准信号转换成适合可编程控制器内部处理的由若干位二进制数字表示的信号。模拟量输入接口接收标准模拟信号，无论是电压信号还是电流信号均可。这里的标准信号是指符合国际标准的通用交互用电压电流信号，如 1～10V 的直流电压信号，4～20mA 的直流电流信号等。

② 输出接口。

a．数字量输出接口。数字量输出接口的作用是把可编程控制器内部标准信号转换成现场执行机构所需的数字（开关）量信号。数字（开关）量输出接口按可编程控制器内使用的器件不同可分为继电器型、晶体管型及晶闸管（可控硅）型，内部参考电路图如图 1-11 所示。

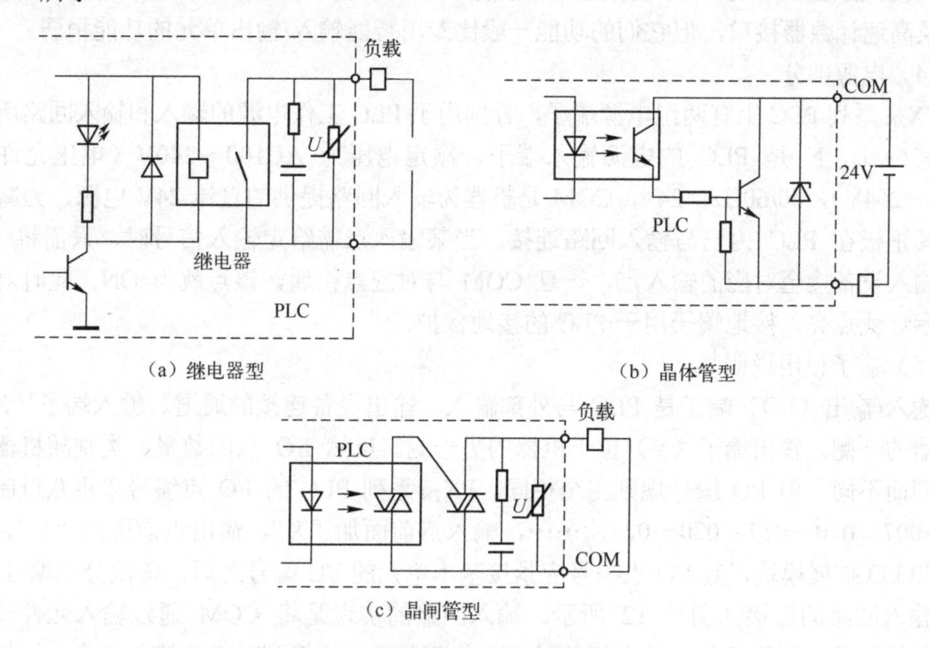

图 1-11　数字（开关）量输出接口

继电器输出的优点是电压范围宽、导通压降小、价格便宜，既可以控制直流负载，也可以控制交流负载；缺点是触点寿命短，转换频率低。继电器输出电路如图 1-11（a）所示。

晶体管输出的优点是寿命长、无噪声、可靠性高、转换频率快，可驱动直流负载；缺点是价格高，过载能力较差。晶体管输出电路如图 1-11（b）所示。

晶闸管输出的优点是寿命长、无噪声、可靠性高，可驱动交流负载；缺点是价格高，过载能力较差。晶闸管输出电路如图 1-11（c）所示。

注意事项：

- PLC 输出接口是成组的，每一组有一个 COM 口，只能使用同一种电源电压。
- PLC 输出负载能力有限，具体参数请阅读相关资料。
- 对于电感性负载应加阻容保护。
- 负载采用直流电源小于 30V 时，为了缩短响应时间，可用并接续流二极管的方法改善响应时间。

b．模拟量输出接口。模拟量输出接口的作用是将可编程控制器运算处理后的若干位数字量信号转换为相应的模拟量信号输出，以满足生产过程现场连续控制信号的需求。模拟量输出接口一般由光电隔离、D/A 转换和信号驱动等环节组成。

c．智能输入/输出接口。为了适应较复杂的控制工作的需要，可编程控制器还有一些智能控制单元，如 PID 工作单元、高速计数器工作单元、温度控制单元等，这类单元大多是独立的工作单元。它们和普通输入/输出接口的区别在于其一般带有单独的 CPU，有专门的处理能力。在具体的工作中，每个扫描周期智能单元和主机的 CPU 交换一次信息，共同完成控制任务。从近期的发展来看，不少新型的可编程控制器本身也带有 PID 功能及高速计数器接口，但它们的功能一般比专用智能输入/输出单元的功能稍弱。

（4）电源部分

FX_{2N}系列 PLC 上有两组电源端子，分别用于 PLC 工作电源的输入和输入回路所用电源。其中 L，N 是 PLC 的电源输入端子，额定电压为 AC100～240V（电压允许范围 AC85～264V），50/60Hz；24+，COM 是机器为输入回路提供的直流 24V 电源，为减少接线，其正极在 PLC 内已与输入回路连接。当某输入点需给定输入信号时，只需将 COM 通过输入设备接至对应的输入点，一旦 COM 与对应点接通，该点就为 ON，此时对应输入指示灯就点亮。接地端子用于 PLC 的接地保护。

（5）端子使用说明

输入/输出（I/O）端子是 PLC 与外部输入、输出设备连接的通道。输入端子（X）位于机器的一侧，输出端子（Y）位于机器的另一侧。虽然 I/O 点的数量、类别随机器的型号不同而不同，但 I/O 编号规则完全相同。FX_{2N}系列 PLC 的 I/O 点编号采用八进制，即 000～007，010～017，020～027，……，输入点前面加“X”，输出点前面加“Y”。扩展单元和 I/O 扩展模块，其 I/O 点编号应紧接基本单元的 I/O 编号之后，依次分配编号。

输入回路的连接如图 1-12 所示。输入回路的实现是将 COM 通过输入元件（如按钮、转换开关、行程开关、继电器的触点、传感器等）连接到对应的输入点上，再通过输入点 X 将信号送到 PLC 内部。一旦某个输入元件状态发生变化，对应输入继电器 X 的状态也就随之变化，PLC 在输入采样阶段即可获取这些信号。

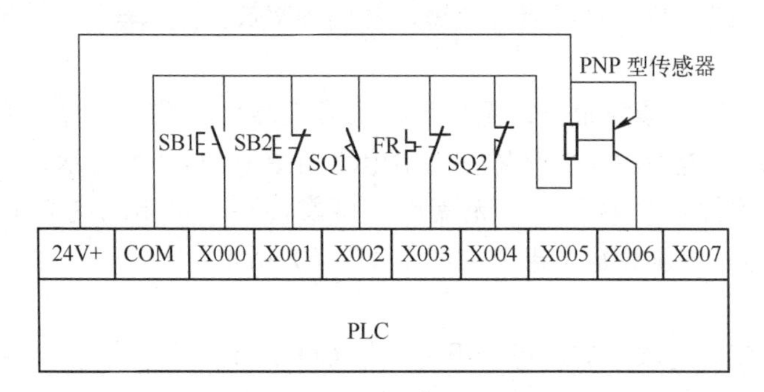

图 1-12　输入回路的连接

输出回路就是 PLC 的负载驱动回路，输出回路的连接如图 1-13 所示。通过输出点，将负载和负载电源连接成一个回路，这样负载就由 PLC 输出点的 ON/OFF 进行控制，输出点动作，负载得到驱动。负载电源的规格应根据负载的需要和输出点的技术规格进行选择。

3）三菱 FX_{2N}系列 PLC 的编程元件

实际上，PLC 的梯形图编程沿用了继电器控制系统的一些思想，最为突出的是 PLC 的某些编程单元沿用了继电器这一名称，如输入继电器、输出继电器、内部辅助继电器

等，但它们不是真实的物理继电器（即硬继电器），而是在软件中使用的编程单元，每一个编程单元与 PLC 的一个存储单元相对应，也称为软继电器。这些软继电器就是 PLC 的编程元件，这些编程元件在 PLC 内部有唯一的地址。下面以 FX_{2N} 系列 PLC 为例介绍 PLC 的软元件，表 1-5 为 FX_{2N} 系列 PLC 软元件一览表。

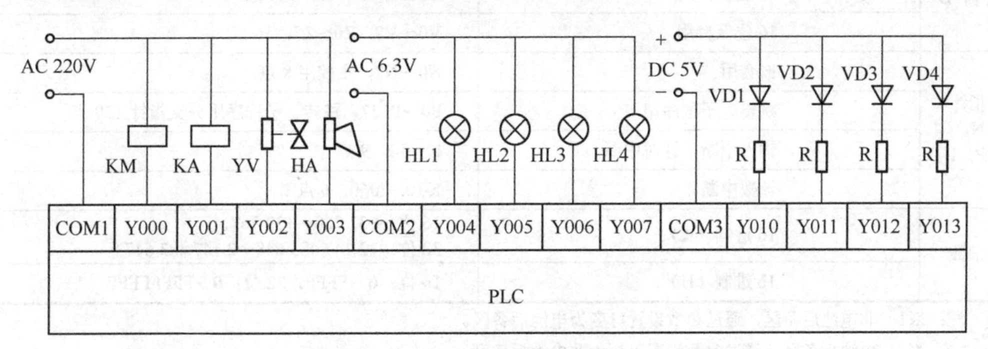

图 1-13 输出回路的连接

表 1-5 FX_{2N} 系列 PLC 软元件一览表

		FX_{2N}-16M	FX_{2N}-32M	FX_{2N}-48M	FX_{2N}-64M	FX_{2N}-80M	FX_{2N}-128M
输入继电器 X		8 点	16 点	24 点	32 点	40 点	64 点
输出继电器 Y		8 点	16 点	24 点	32 点	40 点	64 点
辅助继电器 M	※1 普通用				M0～M499，500 点		
	※2 保持用				M500～M1023，524 点		
	※3 保持用				M1024～M3071，2048 点		
	特殊用				M8000～M8255，256 点		
状态寄存器 S	初始化				S0～S9，10 点		
	※1 一般用				S10～S499，490 点		
	※2 保持用				S500～S899，400 点		
	※3 信号用				S900～S999，100 点		
定时器 T	普通 100ms				T0～T199，200 点，(0.1～3 276.7s)		
	普通 10ms				T200～T245，46 点，(0.01～327.67s)		
	※3 积算 1ms				T246～T249，4 点，(0.100～32.767s)		
	※3 积算 100ms				T250～T255，6 点，(0.1～3 276.7s)		
计数器 C	※1 16 位加计数 （普通）				C0～C99，100 点，(0～32 767 计数器)		
	※2 16 位加计数 （保持）				C100～C199，100 点，(0～32 767 计数器)		
	※1 32 位可逆计数（普通）				C200～C219，20 点，(−2 147 483 648～+2 147 483 648 计数器)		
	※2 32 位可逆计数（保持）				C220～C234，15 点 (−2 147 483 648～+2 147 483 648 计数器)		
	※2 高速计数器				C235～C255 中的 6 点		
数据寄存器 D	※1 16 位普通用				D0～D199，200 点		
	※2 16 位保持用				D200～D511，312 点		

续表

	FX$_{2N}$-16M	FX$_{2N}$-32M	FX$_{2N}$-48M	FX$_{2N}$-64M	FX$_{2N}$-80M	FX$_{2N}$-128M
数据寄存器 D	※3 16 位保持用			D512～D7999，7488 点（D1000 以后可以 500 点为单位设置文件寄存器）		
	16 位保持用			D8000～D8195，106 点		
	16 位保持用			V0～V7，Z0～Z7，16 点		
指针 N，P，I	嵌套用			N0～N7，主控用 8 点		
	跳转、子程序用			P0～P127，跳转、子程序用分支指针 128 点		
	输入中断，计时中断			I0～I8，9 点		
	计数中断			I010～I060，6 点		
常数	10 进制（K）			16 位：-32 768～+32 767， 32 位：-2 147 483 648～2 147 483 647		
	16 进制（H）			16 位：0～FFFF，32 位：0～FFFFFFFF		

注：※1　非电池后备区，通过参数设置可变为电池后备区。

※2　电池后备区，通过参数设置可变为非电池后备区。

※3　电池后备固定区，区域特性不可改变。

（三）任务实施

本书主要以三菱 FX$_{2N}$-48MR PLC 为例来进行讲解，其外形如图 1-14 所示。由前文介绍的知识我们知道：此 PLC 应该接 220V 交流电源，有 24 个输入点，24 个输出点。注意观察其输出端，Y0～Y3 共用 COM1，Y4～Y7 共用 COM2，Y10～Y13 共用 COM3，Y14～Y17 共用 COM4，Y20～Y27 共用 COM5。在这个任务中我们主要完成系统的硬件接线工作。

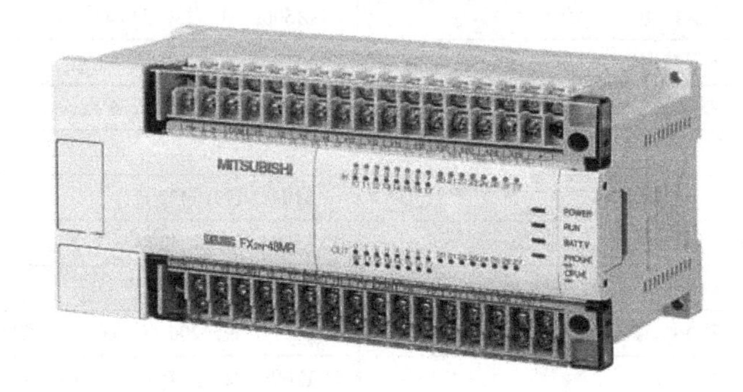

图 1-14　三菱 FX$_{2N}$-48MR 外形图

1．输入/输出端口分配

根据前文的项目分析可知，指示灯的 PLC 控制系统的输入/输出端口分配表如表 1-6 所示。

表 1-6　输入/输出端口分配表

输　入			输　出		
设备名称	代　号	端　口　号	设备名称	代　号	端　口　号
按钮（开）	SB1	X000	指示灯	HL1	Y000
按钮（关）	SB2	X001			

2．PLC 外部接线示意图绘制

根据输入/输出端口分配表，可画出指示灯的 PLC 控制系统 PLC 部分的外部接线示意图，如图 1-15 所示。

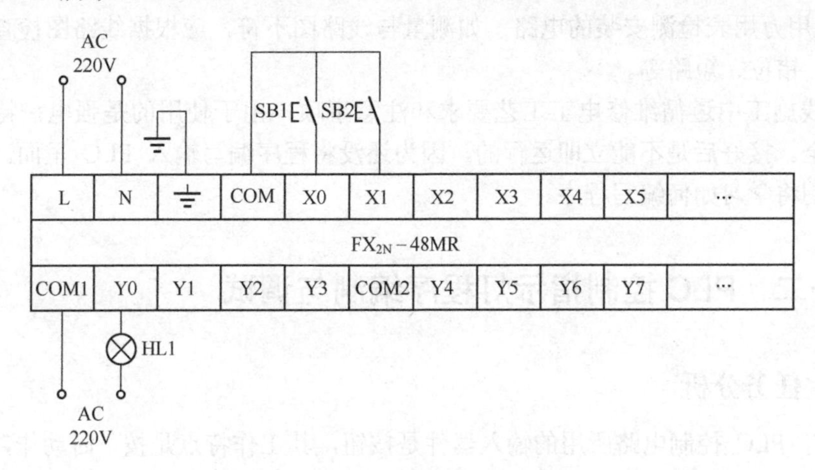

图 1-15　PLC 外部接线示意图

3．系统安装

（1）检查元器件

根据项目任务选配齐需要的元器件（注意有些替代元器件的选用），并逐个检查元件的规格是否符合要求，检测元件的质量是否完好。

（2）安装元器件及接线

自行绘制本控制系统安装接线图，根据配线原则及工艺要求，对照绘制的接线图进行安装和接线，元器件安装布局参考图 1-16 所示。

图 1-16　元器件安装布局参考图

（3）自检

① 检查布线。对照绘制的接线图检查是否存在掉线、错线，是否漏、错编号，接线是否牢固等情况。

② 使用万用表检测安装的电路，如测量与线路图不符，应根据线路图检查是否有错线、掉线、错位、短路等。

在接线施工中遵循维修电工工艺要求和注意事项，由于使用的是强电，特别需要注意用电安全。接好后是不能立即运行的，因为还没将程序编写输入 PLC 里面。在下一个任务中我们将学习如何编写程序。

任务二　PLC 控制指示灯程序编制与调试

（一）任务分析

指示灯 PLC 控制电路所用的输入器件是按钮，其工作特点是按下时动作，松开时立即复位，在没有外部按压时一直处于复位后的状态。用它来控制某个电器元件的方式是点动控制，要让控制对象一直得电，这就让我们想到继电接触控制系统中的“自锁”。梯形图程序原本就是参照继电接触控制电路演变过来的，因此我们可以用三相异步电动机的自锁控制电路设计梯形程序。事实上我们经常用这样的思路编写 PLC 梯形图程序。

编写程序最常用语言梯形图编程语言。用户程序开发工具有手持编程器或计算机+开发软件。本书我们以三菱公司推出的 GX Developer 软件来编写程序。

（二）相关知识

1．编程语言

PLC 是按照程序进行工作的，程序就是用一定的语言描述出来的控制任务。常用语言有梯形图（Ladder Diagram）、指令表（Instruction List）、顺序功能图（Sequential Function Chart）和功能块图（Function Block Diagram）等。

（1）梯形图

梯形图是一种以图形符号及图形符号在图中的相互关系来表示控制关系的编程语言，它是从继电器控制电路图演变过来的。梯形图将继电器控制电路图进行简化，同时加进了许多功能强大、使用灵活的指令，将计算机的特点结合进去，使编程更加容易，且实现的功能也大大超过传统继电器控制电路图，是目前最普遍应用的一种编程语言。对于梯形图的绘制规则，总结后具有以下几点。

① 梯形图中只有动合和动断两种触点。各种机型中动合触点和动断触点的图形符号基本相同，但它们的元件编号不相同，随不同机型、不同位置（输入或输出）而不同。统一标记的触点可以反复使用，次数不限，这点与继电器控制电路中同一触点只能使用一次不同。因为在可编程控制器中每一触点的状态均存入可编程控制器内部的存储单元中，可以反复读写，故可以反复使用。

② 梯形图中输出继电器（输出变量）表示方法也不同，有圆圈、括弧和椭圆 3

种，而且它们的编程元件编号也不同，不论哪种产品，输出继电器在程序中只能使用一次。

③ 梯形图最左边是起始母线，每一逻辑行必须从起始母线开始画。梯形图最右边还有结束母线，一般可以将其省略。

④ 梯形图必须按照从左到右、从上到下的顺序书写，可编程控制器是按照这个顺序执行程序。

⑤ 梯形图中触点可以任意的串联或并联，而输出继电器线圈可以并联但不可以串联。

⑥ 程序结束后应有结束符END。

（2）指令表

指令表类似于计算机汇编语言的形式，用指令的助记符来进行编程。它通过编程器按照指令表的指令顺序逐条写入 PLC 并可直接运行。指令表的指令助记符比较直观易懂，编程也很简单，便于工程人员掌握，因此得到了广泛的应用。但要注意的是，不同厂家制造的 PLC，所使用的指令助记符有所不同，即对同一梯形图来说，用指令助记符写成的语句表也不相同。图 1-17（a）所示的梯形图对应的指令表如图 1-17（b）所示。

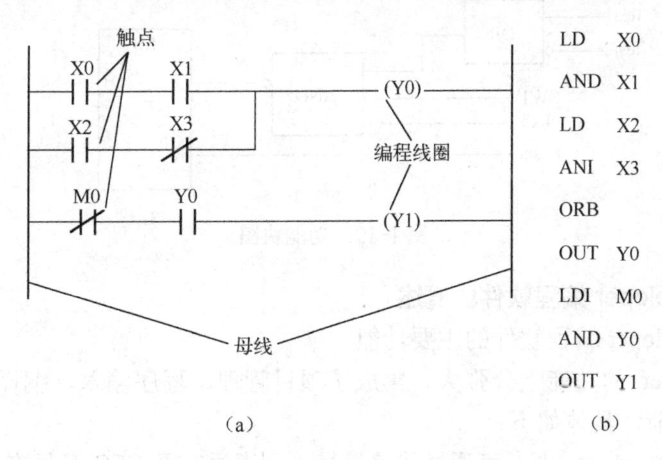

图 1-17　梯形图、指令表

（3）顺序功能图

顺序功能图应用于顺序控制类的程序设计，包括步、动作、转换条件、有向连线和转换五个基本要素。顺序功能图的编程方法是将复杂的控制过程分成多个工作步骤（简称步），每个步又对应着工艺动作，把这些步按照一定的顺序要求进行排列组合，就构成整体的控制程序。顺序功能图如图 1-18 所示。

（4）功能块图

功能块图是一种类似于数字逻辑电路的编程语言，熟悉数字电路的技术人员比较容易掌握。该编程语言用类似“与门”、“或门”的方框来表示逻辑运算关系，方框的左侧为逻辑运算的输入变量，右侧为输出变量，输入端、输出端的小圆圈表示“非”运算，信号自左向右传输。功能块图如图 1-19 所示。

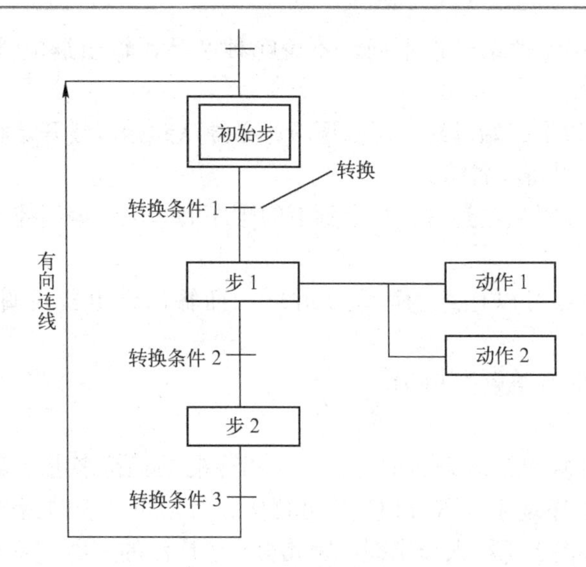

图 1-18　顺序功能图

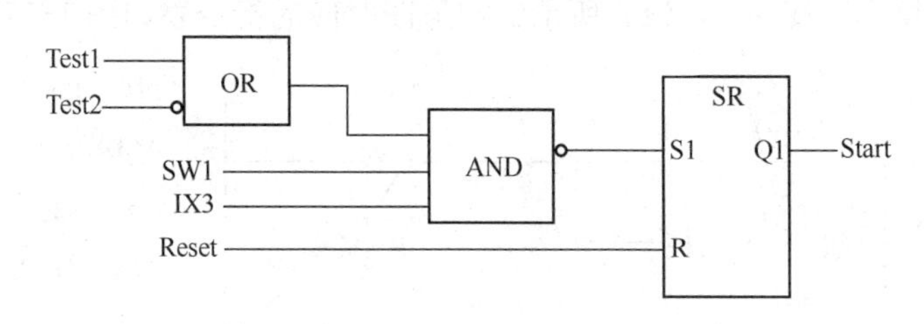

图 1-19　功能块图

2．GX Developer 编程软件的概述

1）GX Developer 编程软件的主要功能

GX Developer 的功能十分强大，集成了项目管理、程序输入、编译链接、模拟仿真和程序调试等功能，具体如下：

① 在 GX Developer 中，可通过线路符号、列表语言及 SFC 符号来创建 PLC 程序，建立注释数据及设置寄存器数据。

② 创建 PLC 程序并将其存储为文件，用打印机打印。

③ 该程序可在串行系统中与 PLC 进行通信、文件传送、操作监控以及各种测试功能。

④ 该程序可脱离 PLC 进行仿真调试。

2）系统配置

（1）计算机

三菱 GX Developer 编程软件是应用于三菱系列 PLC 的中文编程软件，可在 Windows 9x 及以上版本的操作系统运行。

硬件要求：IBM PC/AT（兼容）；CPU 为 486 以上；内存为 8MB 或更高（推荐 16MB 以上）；显示器的分辨率为 800 像素×600 像素，16 色或更高。

（2）接口单元

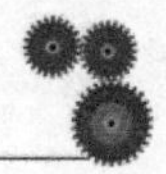

采用 FX-232AWC 型 RS-232/RS-422 转换器（便携式）或 FX-232AW 型 RS-232C/RS-422 转换器（内置式），以及其他指定的转换器。

（3）通信电缆

采用 FX-422CAB 型 RS-422 缆线（用于 FX2、FX2C 型 PIJC，0.3m）或 FX-422CAB-150 型 RS-422 缆线（用于 FX2、FX2C 型 PLC，1.5m），以及其他指定的缆线。

3．软件安装

在工控网站上都能下载到三菱公司推出的 GX Developer 开发软件和 GX Simulator 6-C 仿真软件。解压后先运行安装文件夹“GX Developer”中的“SETUP”文件，按照逐级提示即可完成 GX Developer 的安装。安装结束后，将在桌面上建立一个和“GX Developer”相对应的图标，同时在桌面的“开始\程序”中建立一个“MELSOFT 应用程序→GX Developer”选项。

若需增加模拟仿真功能，在上述安装结束后，再运行安装文件夹“GX Simulator 6-C”下的“STEUP”文件，按照逐级提示即可完成 GX Simulator 6-C 模拟仿真软件的安装。安装好编程软件和仿真软件后，在桌面或者开始菜单中并没有仿真软件的图标，因为仿真软件被集成到编程软件 GX Developer 中了，其实这个仿真软件相当于编程软件的一个插件。

4．编辑界面

双击桌面上的“GX Developer”图标，即可启动 GX Developer，其窗口如图 1-20 所示。GX Developer 的窗口由项目标题栏、菜单栏、快捷工具栏、编辑窗口、管理窗口等部分组成。在调试模式下，可打开远程运行窗口、数据监视窗口等。

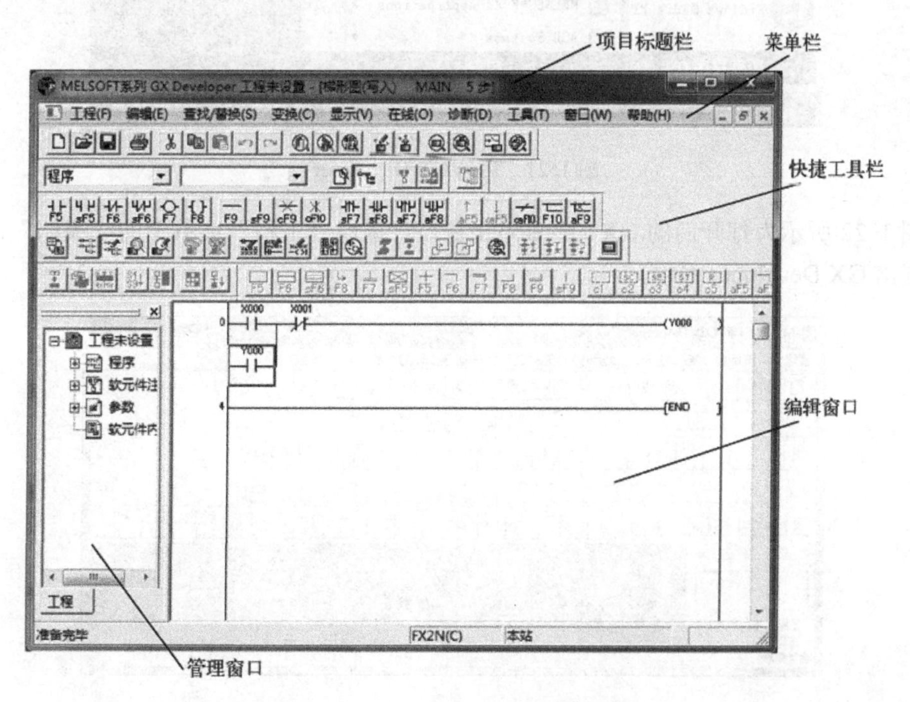

图 1-20　GX Developer 编程软件的窗口

1）菜单栏

GX Developer 的窗口中共有 10 个菜单，每个菜单又有若干个菜单项。许多基本菜单项的使用方法和目前文本编辑软件的同名菜单项的使用方法基本相同。多数使用者很少直接使用菜单项，而是使用快捷工具。常用的菜单项都有相应的快捷按钮，GX Developer 的快捷键直接显示在相应菜单项的右边。

2）快捷工具栏

GX Developer 共有 8 个快捷工具栏，即标准、数据切换、梯形图标记、程序、注释、软元件内存、SFC、SFC 符号工具栏。选取“显示”菜单下的“工具条”命令，即可打开这些工具栏。常用的有标准、梯形图标记、程序工具栏，将鼠标指针停留在快捷按钮上片刻，即可获得该按钮的提示信息。

3）编辑窗口

PLC 程序是在编辑窗口进行输入和编辑的，其使用方法和众多的编辑软件相似。

4）管理窗口

管理窗口实现项目管理、修改等功能。

5. 工程的创建与调试

1）系统的启动与退出

要想启动 GX Developer，可用鼠标双击桌面上的图标，或者单击“开始”菜单栏，顺序选择“所有程序”→“MELSOFT 应用程序”→“GX Developer”，单击打开过程如图 1-21 所示。

图 1-21　启动 GX Developer

图 1-22 所示为打开后的 GX Developer 窗口。选取“工程”菜单下的“关闭”命令，即可退出 GX Developer 系统。

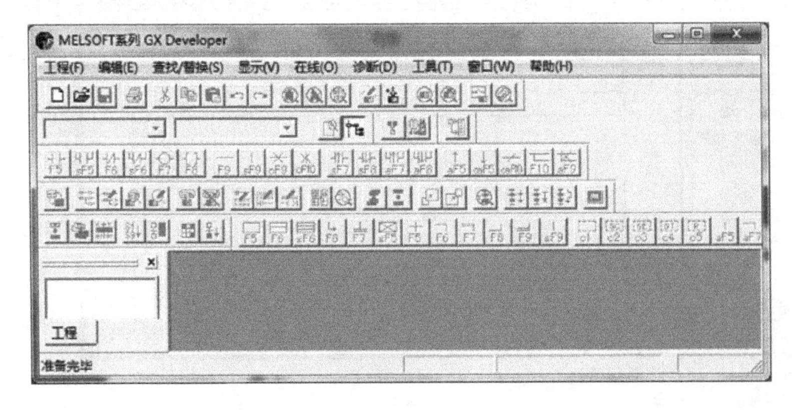

图 1-22　打开的 GX Developer 窗口

2）文件的管理

（1）创建新工程

选择“工程”菜单下的“创建新工程”命令，或者按 Ctrl+N 快捷键，在出现的“创建新工程”对话框（如图 1-23 所示）中选择 PLC 类型，如选择 FX2N 系列 PLC。对话框中默认逻辑为“梯形图”，选中“设置工程名”复选框，在“工程名”文本框中输入工程名，或通过“浏览”选择工程并单击“确定”按钮保存路径，单击“确定”按钮，新工程建立完毕。

（2）打开工程

选择“工程”菜单下的“打开工程”命令，或按 Ctrl+O 快捷键，在出现的“打开工程”对话框中选择已有工程，单击“打开”按钮，则打开一个已有工程，如图 1-24 所示。

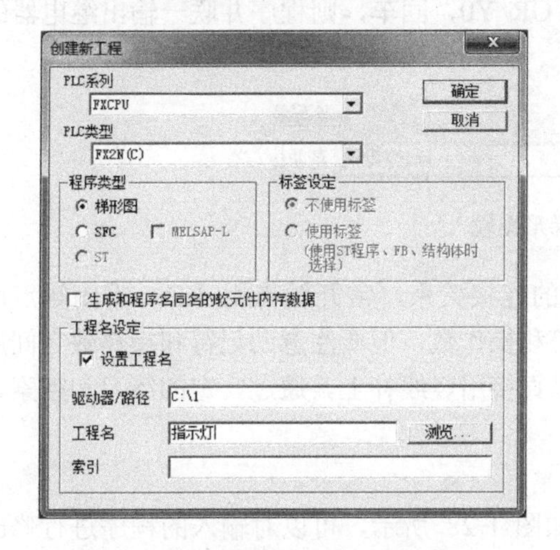

图 1-23　“创建新工程”对话框

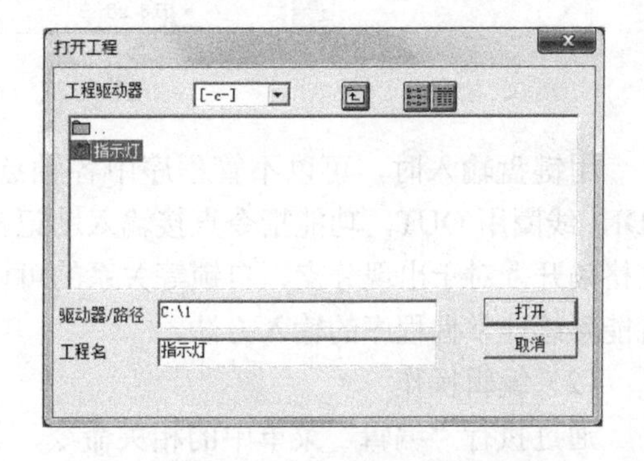

图 1-24　“打开工程”对话框

（3）文件的保存和关闭

保存当前 PLC 程序、注释数据以及其他在同一文件名下的数据。操作方法是选择“工程”菜单下的“保存工程”命令，或按 Ctrl+S 键即可。将已处于打开状态的 PLC 程序关闭，操作方法是选择“工程”菜单下的“关闭工程”命令。

3）编程操作

（1）梯形图输入

输入梯形图常用的两种方法：一是利用编辑工具条（如图 1-25 所示）中的按钮输入；二是直接用键盘输入。

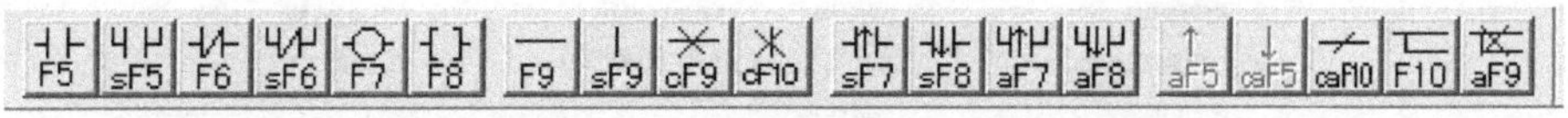

F5　sF5　F6　sF6　F7　F8　F9　sF9　cF9　cF10　sF7　sF8　aF7　aF8　aF5　caF5　caF10　F10　aF9

图 1-25　编辑工具条

① 用工具条中的按钮输入。按 F5 键，则出现一个如图 1-26 所示的对话框，在对话框中输入 x0，单击“确定”按钮则输入触点；用同样的方法，可以输入其他的常开、常闭触点及输出线圈等。

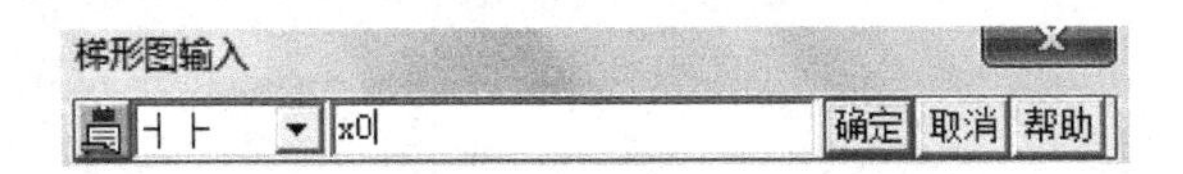

图 1-26 “梯形图输入”对话框

② 从键盘输入。如果键盘使用熟练，直接从键盘输入则更方便、效率更高，不用单击工具栏中的按钮。以下文图 1-30 所示程序为例介绍如何从键盘输入程序。首先使光标处于第一行的首端，在键盘上直接输入 LD X0，同样出现一个对话框，如图 1-27 所示，再按回车键（Enter），则程序从左母线（图中左边的垂直线）连接处输入继电器的常开触点 X0；接着如此输入 ANI X1，按回车键，则程序串联输入继电器的常闭 X1；输入 OUT Y0，按回车键，程序在这一行最后接入输出继电器的线圈 Y0，并自动连接到右母线上；使光标处于图中“X000 触点”正下方，输入 OR Y0，回车，则程序并联一输出继电器的常开触点 Y0，自锁。本程序输入完成。

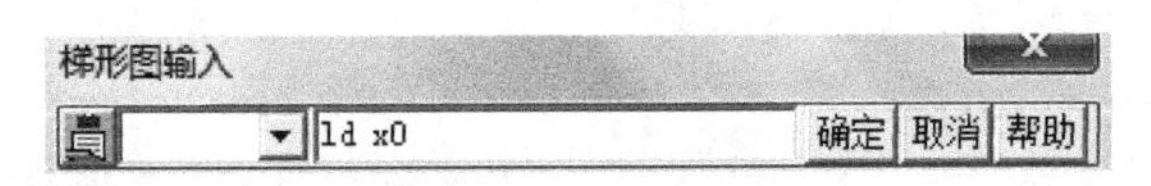

图 1-27 梯形图输入

用键盘输入时，可以不管程序中各触点的连接关系，常开触点用 LD，常闭触点用 LDI，线圈用 OUT，功能指令直接输入助记符和操作数，但要注意助记符和操作数之间用空格隔开。对于出现分支、自锁等关系的可以直接用竖线补上。通过一定的练习和搜索，就能熟练地掌握程序的输入方法。

（2）编辑操作

通过执行“编辑”菜单中的相关命令，如图 1-28 所示，可以对输入的程序进行修改和检查。

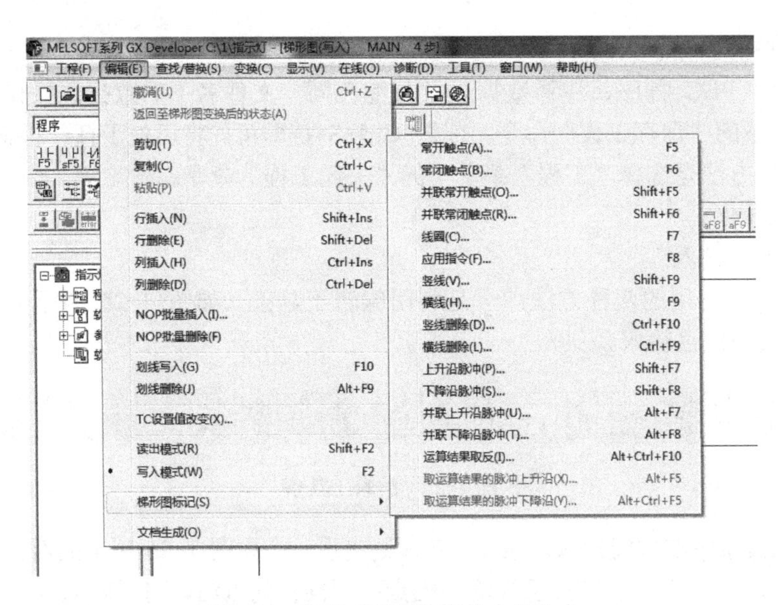

图 1-28 执行“编辑”菜单中的命令

① 触点的修改、添加和删除。

修改：光标移到需要修改的触点上，直接输入新的触点，按回车键，则新的触点覆盖原来的触点。也可以把光标移到需要修改的触点上，双击，则出现一个如图 1-29 所示对话框，在对话框输入新触点的标号，按回车键即可。

图 1-29　输入新触点标号

添加：光标移到需要添加的触点上，直接输入新的触点，按回车键。

删除：光标移到需要删除的触点上，按键盘的 Delete 键，即可删除，再单击直线 按钮，按回车键，用直线覆盖原来的触点。

② 行插入和行删除。

在进行程序编辑时，通常要插入或删除一行或几行程序。

行插入：先将光标移到要插入行的地方，单击“编辑”菜单下的“行插入”命令，则在光标处出现一个空行，就可以输入一行程序；用同样的方法，可以继续插入行。

行删除：先将光标移到要删除行的地方，单击“编辑”菜单下的“行删除”命令，就删除了一行；用同样的方法可以继续删除。

注意：程序代码“END”是不能删除的。

（3）梯形图的转换及保存操作

程序通过编辑以后，计算机界面的底色是灰色的，如图 1-30 所示，要通过转换变成白色才能传给 PLC 或进行仿真运行。

图 1-30　未经转换的梯形图程序

转换方法如下：

① 直接单击功能键 F4。

② 单击“转换”菜单下的“变换（C）”命令，如图 1-31 所示。在变换过程中显示梯形图的变换信息，如果在不完成变换的情况下关闭梯形图窗口，新创建的梯形图将不被保存，也不能写入 PLC。图 1-30 转换之后的梯形图如图 1-32 所示。

4）程序调试及运行

必须在联机（计算机与 PLC 能正常通信）或启动仿真功能的情况下才能进行程序调

试及运行，在这里讨论的是联机情况，第一保证计算机与 PLC 正确连接，PLC 已经通电；第二检查软件通信口设置是否与计算机的通信口一致。一般，通信口默认的是 COM1，但如果用 USB 转 RS-232/RS-422 的情况，COM 端口变了，我们可以先打开计算机设备管理器查一下 USB 被模拟的 COM 号。如图 1-33 所示，结论是 COM8，不同的计算机其 COM 值不一样。

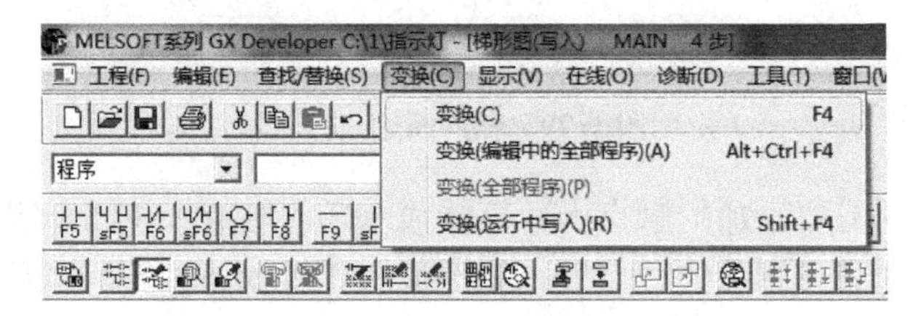

图 1-31　梯形图的变换

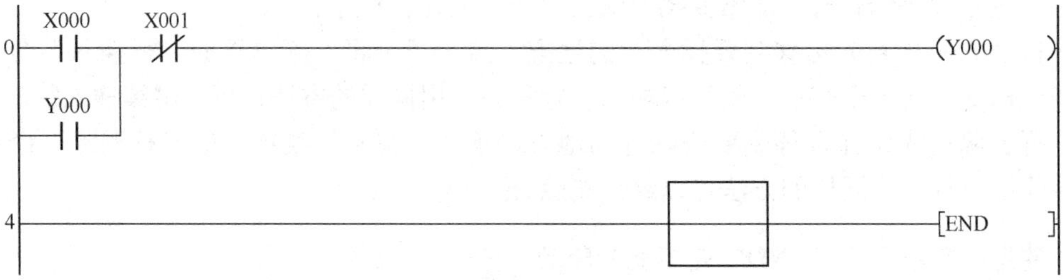

图 1-32　转换后的梯形图程序

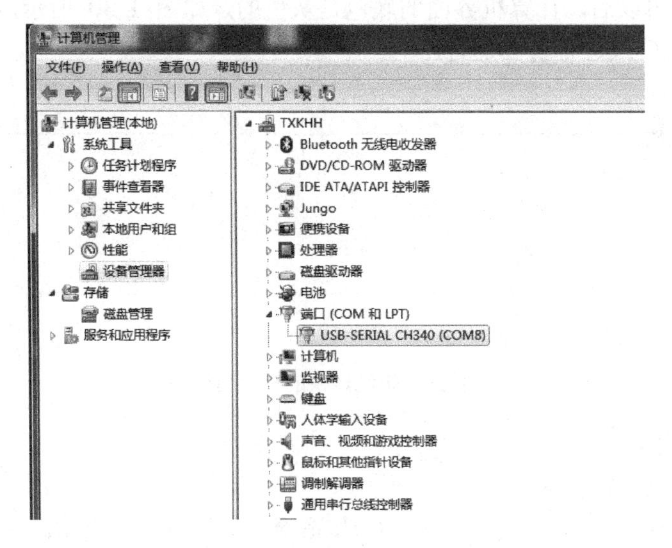

图 1-33　计算机的通信口

然后在 GX Developer 软件界面中，单击菜单栏中的“在线”下的“传输设置（C）”命令（如图 1-34 所示），打开“传输设置”对话框，如图 1-35 所示。双击图标打开“串口设置”对话框，如图 1-36 所示，设置好一致的串口后单击“确定”按钮，回到“传

输设置”对话框再次单击“确定”按钮，设置完成。

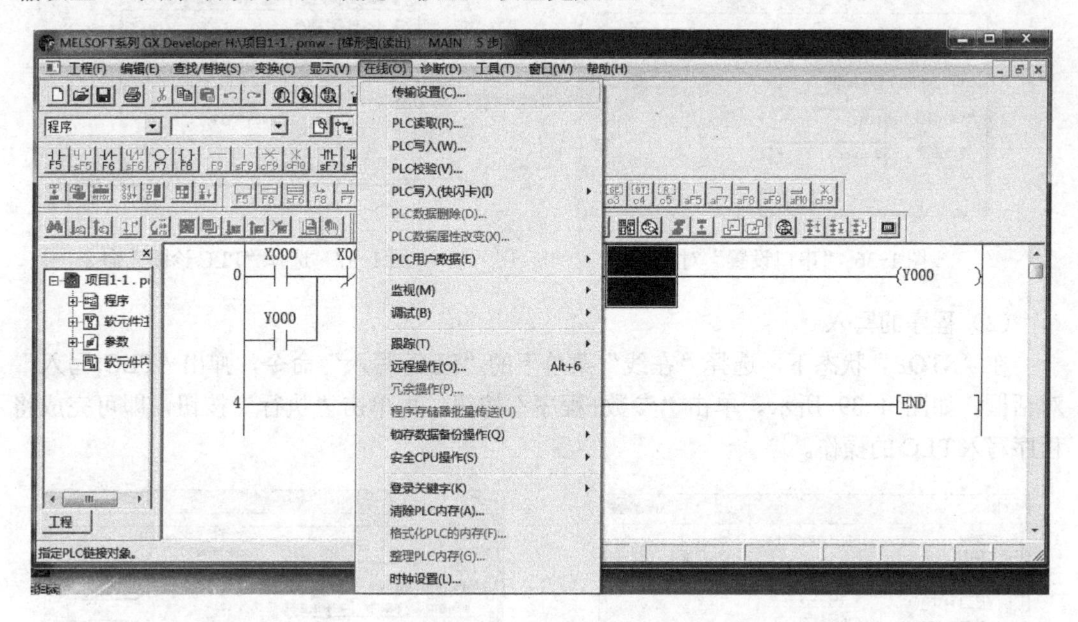

图 1-34　“在线”菜单

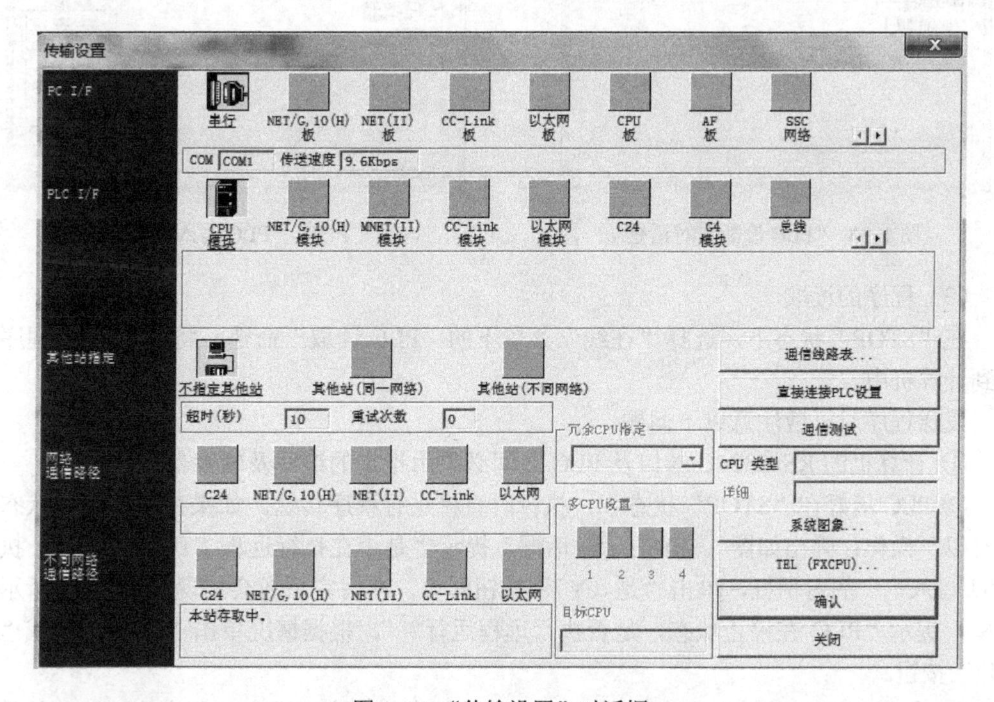

图 1-35　“传输设置”对话框

（1）程序的检查

选择“诊断”菜单下的“PLC 诊断”命令，如图 1-37 所示，弹出如图 1-38 所示的“PLC 诊断”对话框，进行程序检测。

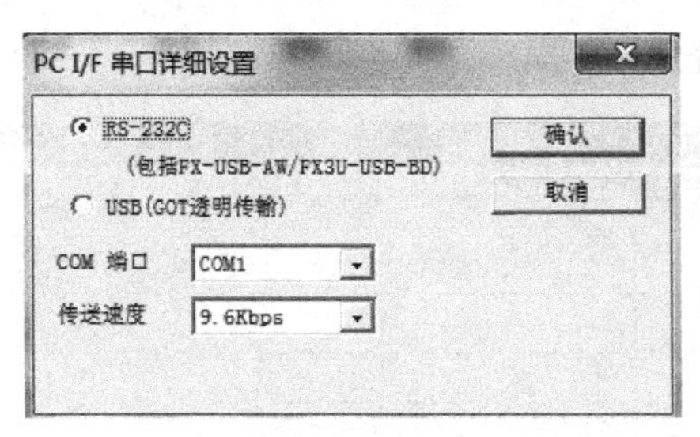

图 1-36 “串口设置”对话框

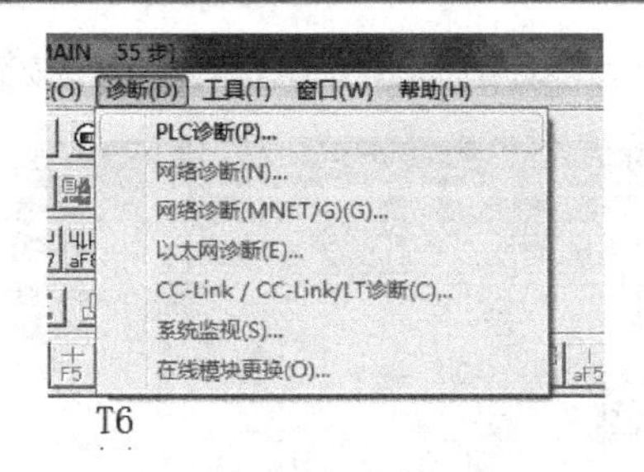

图 1-37 选择“PLC 诊断”命令

（2）程序的写入

在“STOP”状态下，选择“在线”菜单下的“PLC 写入”命令，弹出“PLC 写入”对话框，如图 1-39 所示。单击“参数+程序”按钮，再单击“执行”按钮，即可完成将程序写入 PLC 的操作。

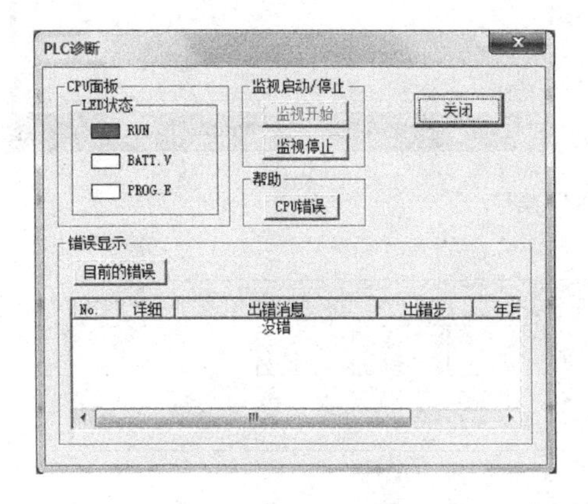

图 1-38 “PLC 诊断”对话框

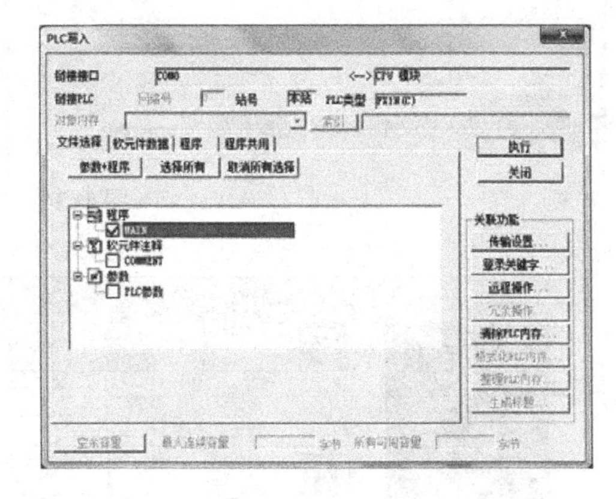

图 1-39 “PLC 写入”对话框

（3）程序的读取

在“STOP”状态下，选择“在线”菜单下的“PLC 读取”命令，将 PLC 中的程序发送到计算机中。

发送程序时，应注意以下问题：

① 计算机的 RS-232-C 端口及 PLC 之间必须用指定的缆线及转换器连接。

② PLC 最好在“STOP”状态下，执行时直接进行程序传送。如果在“RUN”状态，会有以下操作：弹出如图 1-40 所示对话框，提示“是否在执行远程 STOP 操作后，执行 CPU 写入？”的对话框，单击“是（Y）”按钮即可。在写完后还会出现如图 1-41 所示对话框，提示“PLC 在停止状态，是否执行远程运行？”，根据情况单击“是（Y）”或“否（N）”按钮。

③ 执行完“PLC 写入”命令后，PLC 中的程序将丢失，原有的程序将被读入的程序所替代。

④ 在“PLC 读取”时，程序必须在 RAM 或 EE-PROM 内存保护关断的情况下读取。

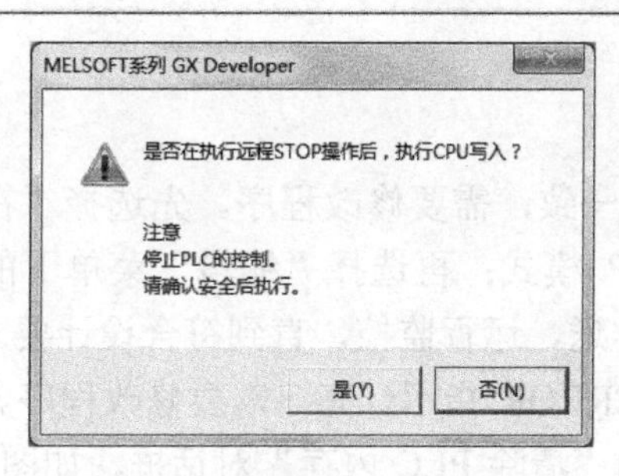

图 1-40　CPU 写入操作提示

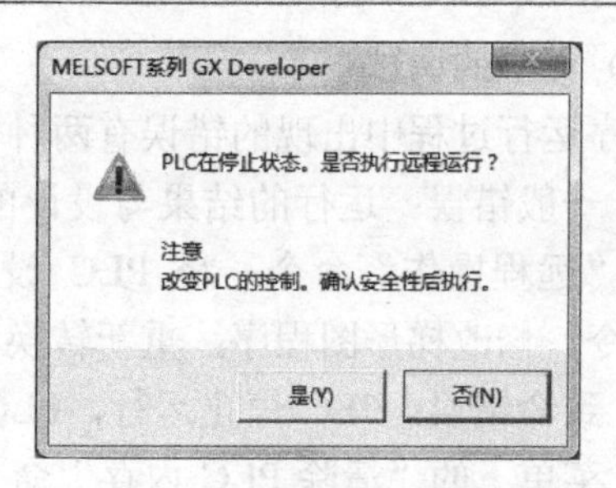

图 1-41　执行远程运行操作提示

（4）程序的运行及监控

① 运行：选择“在线”菜单下的“远程操作”命令，将 PLC 设为 RUN 模式，程序运行，如图 1-42 所示。

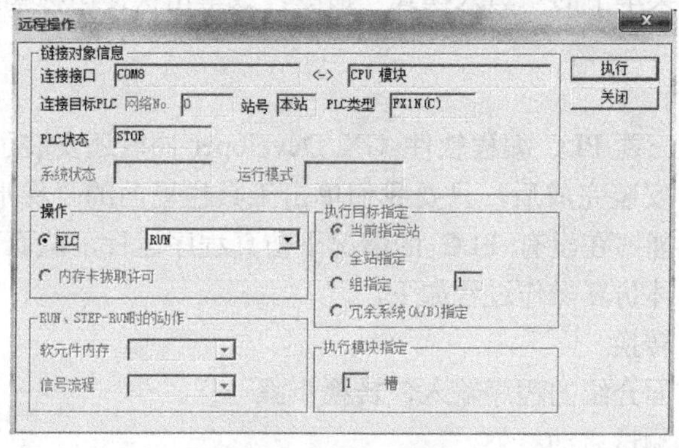

图 1-42　远程操作

② 监控：执行程序运行后，再单击“在线”菜单下的“监视”子菜单（如图 1-43 所示），选择相关命令可对 PLC 的运行过程进行监视。结合控制程序，操作有关输入信号，观察输出状态。

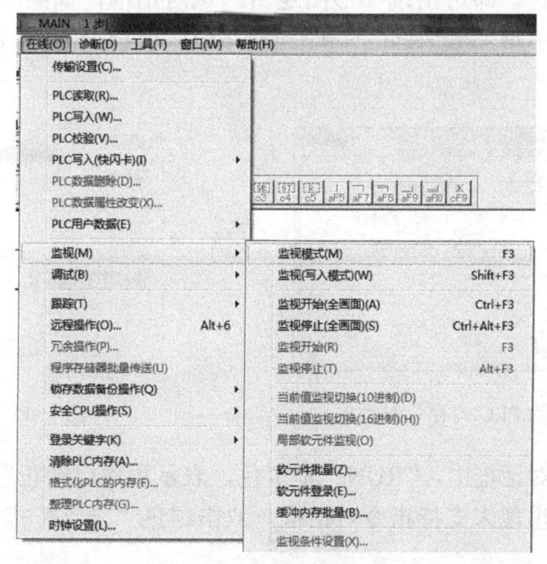

图 1-43　“监视”子菜单

（5）程序的调试

程序运行过程中出现的错误有两种。

① 一般错误：运行的结果与设计的要求不一致，需要修改程序。先选择“在线”菜单下的“远程操作”命令，将 PLC 设为 STOP 模式；再选择“编辑”菜单下的“写模式”命令，修改梯形图程序，重新转换，再次传送，运行监控，直到符合设计要求。

② 致命错误：PLC 停止运行，PLC 上的 ERROR 指示灯亮，需要修改程序。先选择“在线”菜单下的“清除 PLC 内存”命令，弹出“清除 PLC 内存”对话框，如图 1-44 所示。将 PLC 内的错误程序全部清除后，再重新开始执行（输入正确的程序），直到程序运行成功。

程序在线运行时，光标显示为蓝块，程序处于监控状态，不能对程序进行编辑，因此需要选择“编辑”菜单下的“写入模式”命令，或单击快捷图标，光标变成方框，即可对程序进行编辑。

6．程序仿真运行

前文介绍在安装三菱 PLC 编程软件 GX Developer 同时还安装了三菱 PLC 仿真软件 GX Simulator 6-C。安装完成后，只要我们单击工具栏里面的“梯形图逻辑测试启动/结束”图标，该软件就能够在没有 PLC 的情况下仿真程序运行，从而可以方便地调试、监控所编写的程序。具体仿真操作过程如下。

（1）程序输入，转换

这步的工作与前面介绍的程序输入，转换步骤一样。

（2）梯形图逻辑测试启动

单击工具条中的图标，或者单击“工具（T）”菜单下的“梯形图逻辑测试启动”命令，出现测试程序写入界面，如图 1-45 所示。待参数和主程序写入完成以后图 1-45 所示界面消失，表示程序传入完成，光标变成蓝块，程序已处于监控状态，且在状态栏中出现，单击该状态栏，即可出现梯形图逻辑测试对话框，如图 1-46 所示。同时还会在屏幕下方的任务栏中增加按钮。单击按钮，就会弹出图 1-46 所示梯形图逻辑测试对话框。

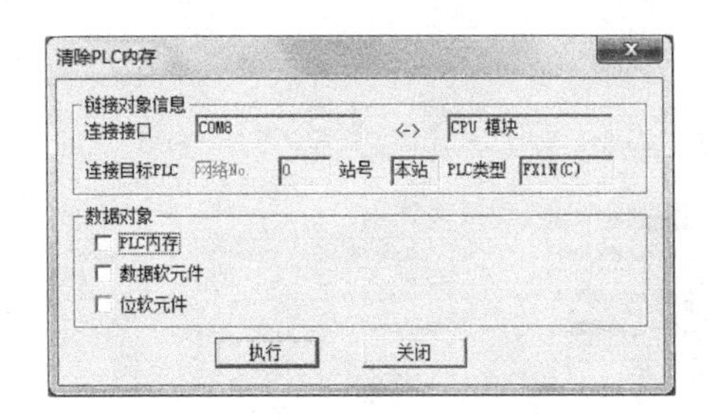

图 1-44 “消除 PLC 内存”对话框

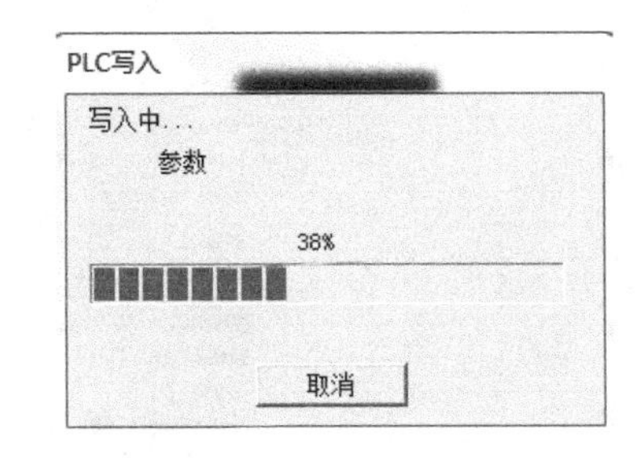

图 1-45 PLC 写入

在图 1-46 所示对话框中，“RUN”是黄色，表示程序已经正常运行。如程序有错或出现未支持指令，则出现未支持指令对话框。双击绿色“未支持指令”，就可弹出未支持指令一览表。

（3）强制位元件 ON 或 OFF，监控程序的运行状态

单击菜单“在线”下的“调试”→“软元件测试（D）”命令，或者直接按软元件测试快捷键 Alt+1，则弹出“软元件测试”对话框，如图 1-47 所示。

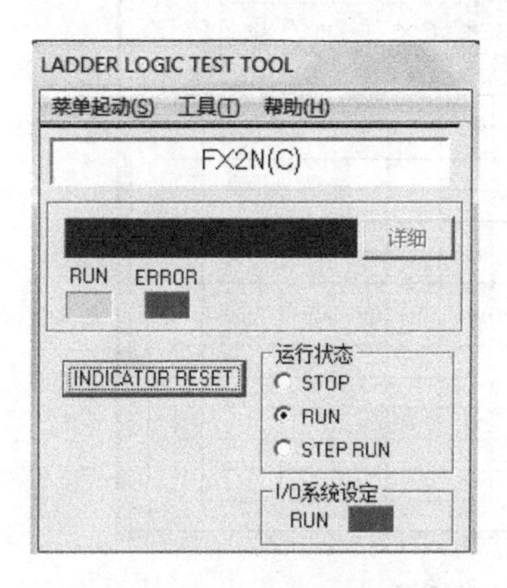

图 1-46　梯形图逻辑测试对话框

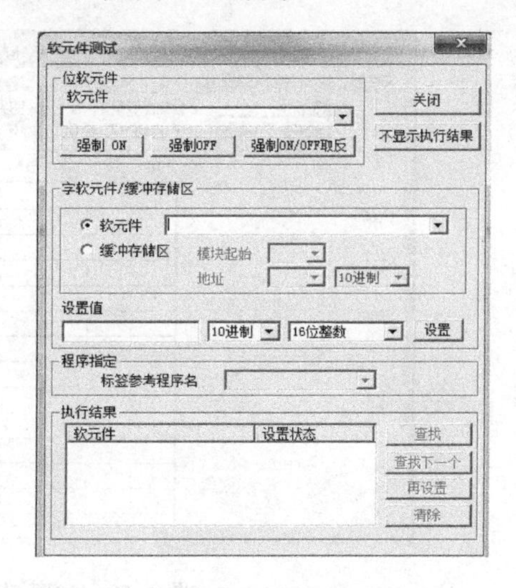

图 1-47　软元件测试对话框

在“软元件测试”对话框的“位软元件”栏中输入要强制的位元件，如 X0，需要把该元件置 ON 的，就单击“强制 ON”按钮，如需要把该元件置 OFF 的，就单击“强制 OFF”按钮。同时在“执行结果”栏中显示刚强制的状态。

（4）监控各位元件的状态和时序图

单击屏幕下方任务栏中的按钮，在弹出如图 1-46 所示对话框中，再单击“菜单启动”下的“继电器内存监视”命令，操作如图 1-48 所示，则弹出如图 1-49 所示的对话框。选择“X”或“Y”等，可以直接观察 PLC 内部元件的状态。对于位元件，用鼠标双击，可以强置 ON，再双击，可以强置 OFF；对于数据寄存器 D，可以直接置数；对于 T 和 C 可以修改当前值，因此仿真调试程序非常方便。

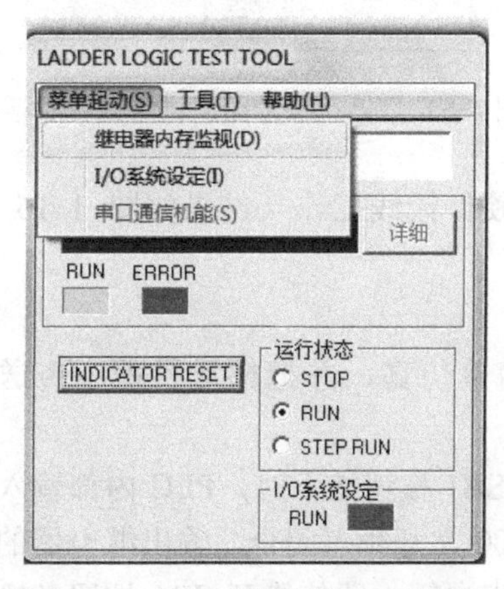

图 1-48　选择“继电器内存监视”

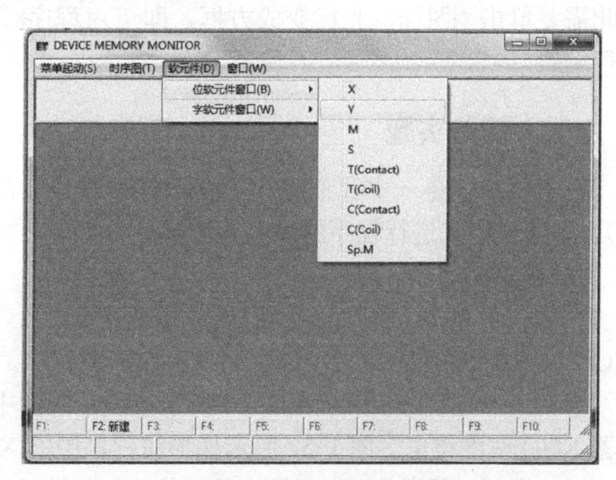

图 1-49　PLC 仿真内部元件选择对话框

（5）时序图监控

在图 1-49 所示对话框中，单击“时序图（T）”→“启动（R）”命令，则出现时序图监控对话框，如图 1-50 所示。

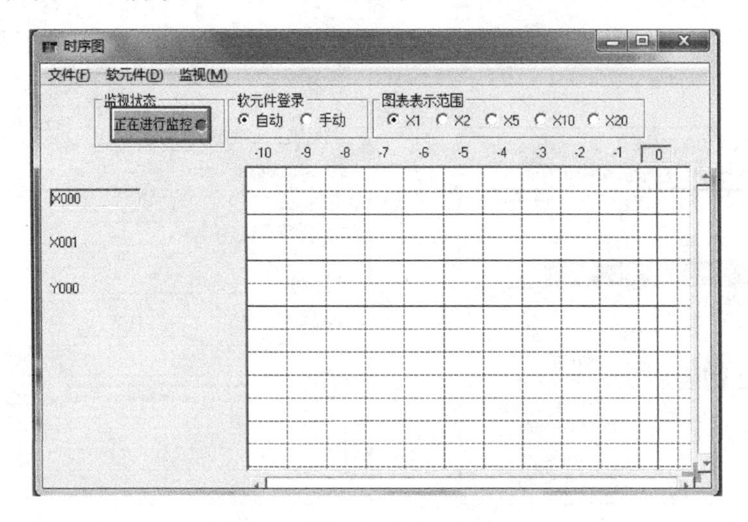

图 1-50　时序图监控对话框

（6）PLC 停止运行

单击屏幕下方的任务栏任务栏的按钮，在弹出如图 1-46 所示对话框中，选择“STOP”，则 PLC 就停止运行；再选择“RUN”，PLC 又运行。

（7）退出 PLC 仿真运行

在对程序仿真测试时，通常需要对程序进行修改，这时要退出 PLC 仿真运行状态，重新对程序进行编辑修改。退出方法如下所述：单击图标，则出现停止梯形图逻辑测试对话框，如图 1-51 所示；单击“确定”按钮即可退出仿真运行状态。但此时的光标还是蓝块，程序处于监控状态，不能对程序进行编辑，因此需要单击图标，光标变成方框，即可对程序进行编辑。

图 1-51 “停止梯形图逻辑测试”对话框

（三）任务实施

在本项目任务一中我们完成了指示灯控制项目的硬件接线工作（结果如图 1-15 所示），下面我们来进行程序的编写与调试。

1. 程序编写

在本任务的学习过程中我们要完成程序编写、简单仿真，并把梯形图程序传送到 PLC。如图 1-52 所示为指示灯控制项目梯形图程序。

启动工作过程分析：当图 1-15 所示接线示意图中 SB1 按钮按下时，PLC 内部输入继电器 X000 线圈得电。图 1-52 所示梯形图程序中的 X000 常开触点闭合，输出继电器的线圈 Y000 得电，其中与 X000 触点并联的 Y000 常开触点自锁，即使松开 SB1 按钮，输出

继电器的线圈 Y000 仍能得电。图 1-15 所示接线示意图中 Y000 的输出触点闭合（COM1 与 Y000 之间），HL1 灯点亮。

图 1-52 指示灯控制项目梯形图程序

关闭工作过程分析：当图 1-15 所示接线示意图中 SB2 按钮按下时，PLC 内部输入继电器 X001 线圈得电。图 1-52 所示梯形图程序中的 X001 常闭触点断开，输出继电器的线圈 Y000 失电，其中与 X000 触点并联的 Y000 常开触点复位断开，输出继电器的线圈 Y000 自锁失效。图 1-15 所示接线示意图中 Y000 的输出触点复位断开（COM1 与 Y000 之间），HL1 灯熄灭。

2．程序录入

① 在作为编程器的计算机上，运行 SWOPC-FXGP/WIN-C 或 GX Developer 编程软件。

② 创建新文件，选择 PLC 类型为 FX_{2N}。

③ 参照图 1-52 所示的梯形图程序将程序输入到计算机中。

④ 转换梯形图。

⑤ 保存文件。将文件赋名为“项目 1-1.pmw”后确认保存。

⑥ 在断电状态下，连接好 PC/PPI 电缆。

⑦ 将 PLC 运行模式选择开关拨到“STOP”位置，此时 PLC 处于停止状态，可以进行程序的传送。

⑧ 选择菜单“在线”→“PLC 写入”命令，将程序文件下载到 PLC 中。

3．系统调试及运行

① 将 PLC 的 RUN/STOP 开关拨至“RUN”位置后，使 PLC 进入运行方式。

② 按表 1-7 操作，对程序进行调试运行，观察系统的运行情况。如出现故障，应立即切断电源，分别检查硬件线路接线和梯形图程序是否有误，修改后，应重新调试，直至系统按要求正常工作。

③ 记录系统调试及运行的结果，完成调试及运行情况记录表 1-7。

表 1-7 调试及运行情况记录表

操作步骤	操作内容	观察内容				备注
		PLC 指示 LED		输出设备		
		正确结果	观察结果	正确结果	观察结果	
1	按下 SB1	OUT0 点亮		HL1 亮		
2	按下 SB2	OUT0 熄灭		HL1 灭		

六、项目质量考核要求及评分标准

项目质量考核要求及评分标准参见表 1-8。

表 1-8　项目质量考核要求及评分标准

考核项目	考核要求	配分	评分标准	扣分	得分	备注
系统安装	1．会安装元件 2．按图完整、正确及规范接线 3．按照要求编号	25	1．元件松动扣 2 分，损坏一处扣 4 分 2．错、漏线，每处扣 2 分 3．反圈、压皮、松动，每处扣 2 分 4．错、漏编号，每处扣 1 分			
编程操作	1．会建立并保存程序文件 2．正确编制梯形图程序 3．会转换梯形图 4．会传送程序	45	1．不能建立并保存程序文件或错误，扣 2 分 2．梯形图程序功能不能实现或错误，一处扣 3 分 3．转换梯形图错误，扣 2 分 4．传送程序错误，扣 2 分			
运行操作	1．操作运行系统，分析操作结果 2．会监控梯形图 3．会监控元件	20	1．系统通电操作错误，一步扣 3 分 2．分析操作结果错误，一处扣 2 分 3．监控梯形图错误，一处扣 2 分 4．监控元件错误，一处扣 2 分			
安全生产	自觉遵守安全文明生产规程	10	1．每违反一项规定，扣 3 分 2．发生安全事故，0 分处理 3．漏接接地线，一处扣 5 分			
时间	4 小时		提前正确完成，每 5 分钟加 2 分；超过定额时间，每 5 分钟扣 2 分			
开始时间：		结束时间：		实际时间：		

七、思考与练习

设计一个 1s 周期闪亮的指示灯的 PLC 控制电路。提示：在表 1-5 中，辅助继电器 M 中的特殊辅助继电器 M8013 的触点能提供 1s 的通断周期控制。

① 设计系统接线图。

② 设计梯形图。

③ 系统调试。

八、课外学习指导

本项目推荐阅读书目：

郁汉琪．三菱 FX/Q 系列 PLC 应用技术．南京：东南大学出版社，2003

刘小春，黄有全．电气控制与 PLC 技术应用．北京：电子工业出版社，2009

赵俊生．电气控制与 PLC 技术项目化理论与实践．北京：电子工业出版社，2009

瞿彩萍．PLC 应用技术（三菱）．北京：中国劳动社会保障出版社，2009

项目二　三相异步电动机启停和运行的 PLC 控制

一、学习目标

1. 知识目标

① 掌握编程软元件 X、Y、M。

② 掌握 LD、LDI、OUT、AND、ANI、OR、ORI、SET、RST、NOP、END 指令。

2. 技能目标

① 会用基本指令编写“启—保—停”功能的梯形图程序应用于电机运转控制。

② 会用置位、复位指令编写梯形图程序应用于电机运转控制。

③ 会操作编程软件。

④ 会进行 PLC 的外部接线和系统的调试及运行操作。

二、项目要求

三相异步电动机直接启动的继电器、接触器控制原理图如图 2-1 所示，现要求用 PLC 来控制三相异步电动机的启动、停止和运行。

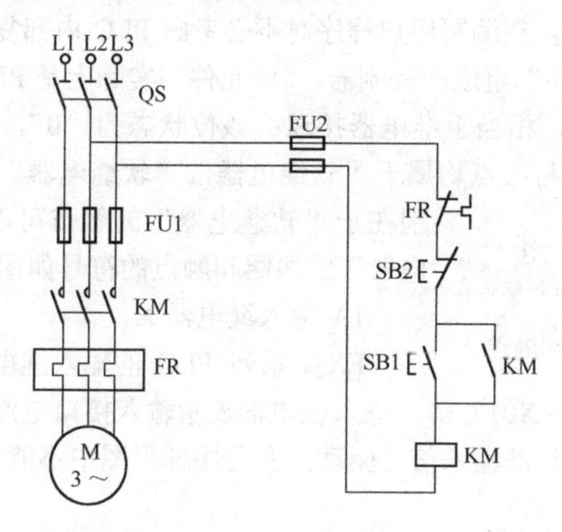

图 2-1　三相异步电动机直接启动继电器、接触器控制原理图

三、工作流程图

本项目的工作流程如图 2-2 所示。

四、项目分析

在图 2-1 所示的控制原理图中，SB1 是启动按钮，SB2 是停止按钮。按照电机的控制要求，当按下启动按钮 SB1 时，KM 线圈得电并自锁，电动机启动并连续运行；当按下停止按钮 SB2 或热继电器 FR 动作时，电动机停止运行。如果要用 PLC 控制的话，那么我们就需要将按钮、接触器等硬件设备连接在 PLC 的输入或输出端口，通过编程来实现原来由硬件电路所实现的逻辑功能，这就需要我们掌握 PLC 的编程软元件和编程指令及

编程方法。

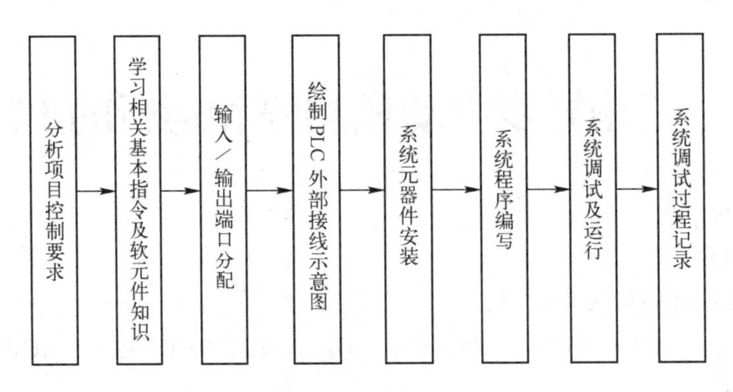

图 2-2 项目工作流程图

五、相关知识点

基本逻辑指令是 PLC 中最基础的编程指令，掌握了基本逻辑指令也就初步掌握了 PLC 的使用方法。PLC 生产厂家很多，其梯形图的形式大同小异，指令系统也大致一样，只是形式稍有不同。三菱 FX_{2N} 系列 PLC 基本逻辑指令共有 27 条，下面分别结合具体的项目要求说明相关指令的含义和梯形图程序编制的基本方法。

1．编程软元件 X，Y，M

对 PLC 使用者来说，在编写用户程序时不必考虑 PLC 内部复杂的电路结构，只需将 PLC 看成由众多“软元件”组成的控制器。“软元件”实际上是 PLC 内部存储器某一位的状态，该位状态为“1”，相当于继电器接通；该位状态为“0”，相当于继电器断开。在 PLC 程序中出现的线圈与触点均属于“软继电器”，“软继电器”与真实继电器的最大区别在于“软继电器”的触点可以无限次地引用。“软继电器”的线圈和触点的符号如图 2-3 所示。

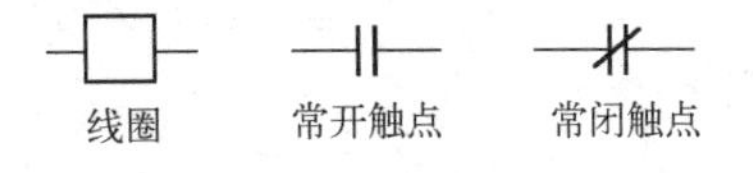

图 2-3 软继电器的线圈和触点

1）输入继电器 X

FX_{2N} 系列 PLC 的输入继电器以八进制进行编号，如 X000～X007，X010～X017 等。输入继电器表示输入接口电路的状态，因此输入继电器的线圈只能由 PLC 的外部输入信号驱动，在程序梯形图中不能出现。

2）输出继电器 Y

FX_{2N} 系列 PLC 的输出继电器也是八进制编号，如 Y000～Y007，Y010～Y017 等。输出继电器是 PLC 中唯一能驱动实际负载的继电器，输出继电器的线圈只能由程序驱动。

输入继电器 X 和输出继电器 Y 一览表见表 2-1。

表 2-1 输入继电器 X 和输出继电器 Y 一览表

项　目	FX_{2N}-16M	FX_{2N}-32M	FX_{2N}-48M	FX_{2N}-64M	FX_{2N}-80M	FX_{2N}-128M
输入继电器 X	8 点	16 点	24 点	32 点	40 点	64 点
输出继电器 Y	8 点	16 点	24 点	32 点	40 点	64 点

3）辅助继电器 M

在继电器控制系统中，中间继电器用来增加控制信号的数量。在 PLC 控制程序中，辅助继电器 M 的作用类似于中间继电器，但是不能直接驱动外部负载，外部负载只能用输出继电器 Y 驱动。辅助继电器也有常开和常闭接点，在 PLC 内部编程时可无限次使用。辅助继电器采用 M 与十进制数共同编号。

（1）通用辅助继电器（M0～M499）

FX_{2N} 系列 PLC 共有 500 点通用辅助继电器。通用辅助继电器在 PLC 运行时，如果电源突然断电，则全部线圈均 OFF。当电源再次接通时，除了因外部输入信号而变为 ON 的以外，其余的仍将保持 OFF 状态，它们没有断电保护功能。通用辅助继电器常在逻辑运算中用于辅助运算、状态暂存、移位等。

（2）断电保持辅助继电器（M500～M3071）

FX_{2N} 系列 PLC 共有 2572 点断电保持辅助继电器。它与普通辅助继电器不同的是具有断电保护功能，即能记忆电源中断瞬时的状态，并在重新通电后再现其状态。它之所以能在电源断电时保持其原有的状态，是因为电源中断时用 PLC 中的锂电池保持它们映像寄存器中的内容。其中，M500～M1023 共 524 点可以通过编程软件的参数设定，改为通用辅助继电器。

下面以图 2-4（a）所示小车往复运动控制来说明断电保持辅助继电器的应用。

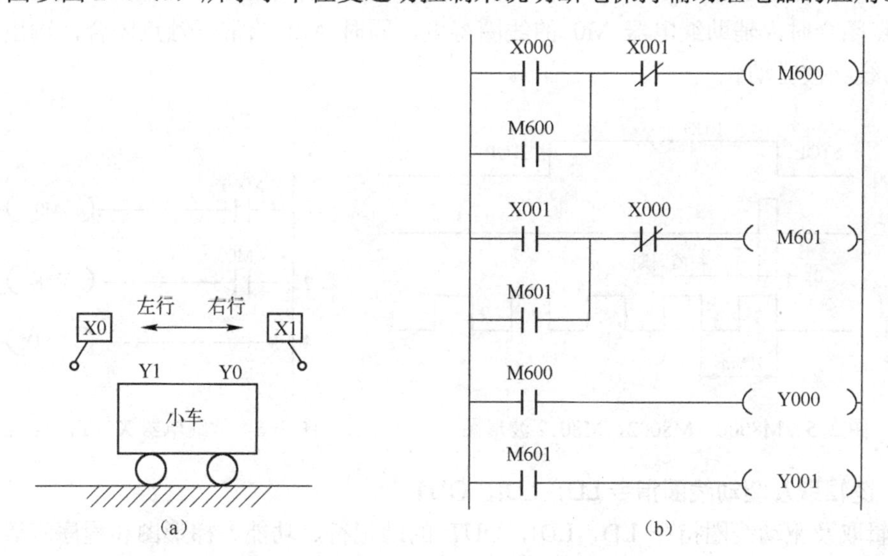

图 2-4　断电保持辅助继电器的作用

如图 2-4（b）所示，小车的正反向运动中，用 M600，M601 控制输出继电器驱动小车运动。X001，X000 为限位输入信号。运行的过程是：

X000=ON→M600=ON→Y000=ON→小车右行→停电→小车中途停止→上电（M600=ON→Y000=ON）再右行→X001=ON→M600=OFF，M601=ON→Y001=ON（左行）

可见由于 M600 和 M601 具有断电保持，所以在小车中途因停电停止后，一旦电源恢复，M600 或 M601 仍记忆原来的状态，将由它们控制相应输出继电器，小车继续原方向运动。若不用断电保护辅助继电器，当小车中途断电后，再次得电小车也不能运动。

（3）特殊辅助继电器（M8000～M8255）

PLC 内有大量的特殊辅助继电器，它们都有各自的特殊功能。FX_{2N} 系列 PLC 中有 256 个特殊辅助继电器，可分成触点型和线圈型两大类。

① 触点型辅助继电器。其线圈由 PLC 自动驱动，用户只可使用其触点。例如，

M8000：运行监视器（在 PLC 运行时接通），M8001 与 M8000 相反逻辑。

M8002：初始脉冲（仅在运行开始时第一个扫描周期接通），M8003 与 M8002 相反逻辑。

M8011，M8012，M8013 和 M8014：分别是产生 10ms，100ms，1s 和 1min 时钟脉冲的特殊辅助继电器。

M8000，M8002，M8012 的波形图如图 2-5 所示。

② 线圈型辅助继电器。由用户程序驱动线圈后 PLC 执行特定的动作。例如，

M8033：若使其线圈得电，则 PLC 停止时保持输出映像存储器和数据寄存器内容。

M8034：若使其线圈得电，则将 PLC 的输出全部禁止。

M8039：若使其线圈得电，则 PLC 按 D8039 中指定的扫描时间工作。

4）应用举例

图 2-6 所示为软继电器 X，Y，M 应用示例，其逻辑功能为：当输入继电器 X000 的常开触点闭合时，辅助继电器 M0 的线圈得电，同时 M0 的常开触点闭合，输出继电器 Y000 的线圈被驱动。

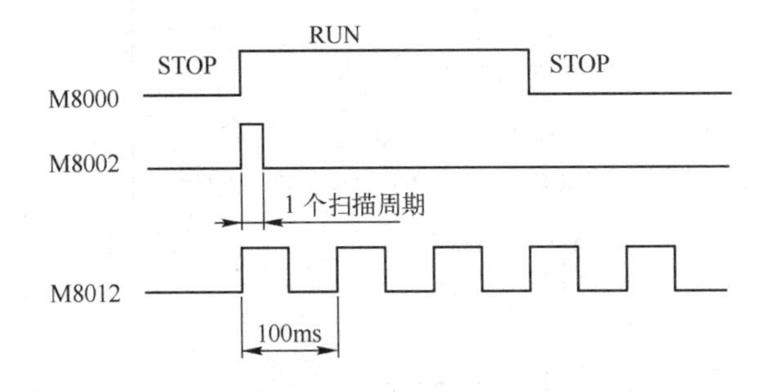

图 2-5　M8000，M8002，M8012 波形图

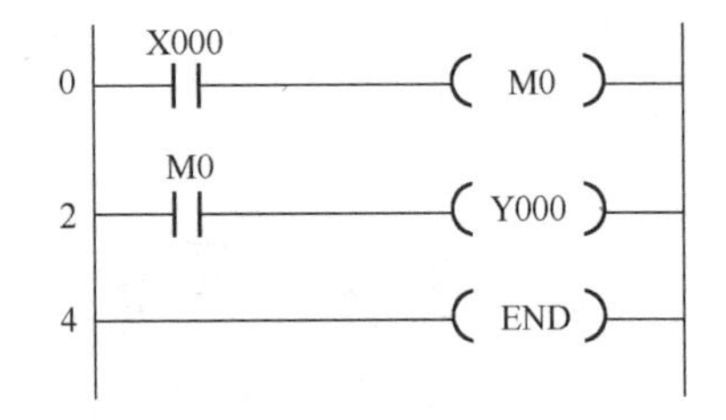

图 2-6　软继电器 X，Y，M 应用示例

2. 逻辑取及驱动线圈指令 LD，LDI，OUT

逻辑取及驱动线圈指令 LD，LDI，OUT 的助记符、功能、梯形图和程序步等指令要素见表 2-2。

（1）指令用法及使用注意事项

① LD：取指令。用于常开触点与母线连接。LD 指令能够操作的元件为 X，Y，M，S，T 和 C。

② LDI：取反指令。用于常闭触点与母线连接。LDI 指令能够操作的元件为 X，Y，M，S，T 和 C。

③ OUT：输出指令。用于线圈驱动，将逻辑运算的结果驱动一个指定的线圈。OUT 指令能够操作的元件为 Y，M，S，T 和 C。

④ LD 与 LDI 指令对应的触点一般与左侧母线相连，若与后述的 ANB，ORB 指令组合，则可用于串、并联电路块的起始触点。

表 2-2　逻辑取及驱动线圈指令要素表

助记符	名称	操作功能	梯形图	目标组件	程序步
LD	取	常开触点逻辑运算起始	X000 Y000	X，Y，M，S，T，C	1
LDI	取反	常闭触点逻辑运算起始	X000 Y000	X，Y，M，S，T，C	1
OUT	输出	线圈驱动	X000 Y000	Y，M，S，T，C	Y，M：1 S、特 M：2 T：3 C：3～5

⑤ 线圈驱动 OUT 指令可并行多次输出（即并行输出），即 OUT 指令可以连续使用若干次，相当于线圈的并联。

⑥ OUT 指令不能用于输入继电器 X，而且线圈和输出类指令应放在梯形图的最右边。

⑦ 对于定时器（T）的定时线圈或计数器（C）的计数线圈，必须在 OUT 指令后设定常数，如 OUT T0 K5。

⑧ 线圈一般不宜重复使用。若同一梯形图中，同一组件的线圈使用两次或两次以上，称为双线圈输出，双线圈输出时，只有最后一次才有效。

图 2-7 所示为同一线圈 Y000 多次使用的情况。设输入采样时，输入映像区中 X000=ON，X001=OFF。最初因 X000=ON，Y000 的映像寄存器为 ON，输出 Y001 也为 ON；紧接着 X001=OFF，Y000 的映像寄存器改写为 OFF。因此，最终的外部输出结果是：Y000 为 OFF，Y001 为 ON。

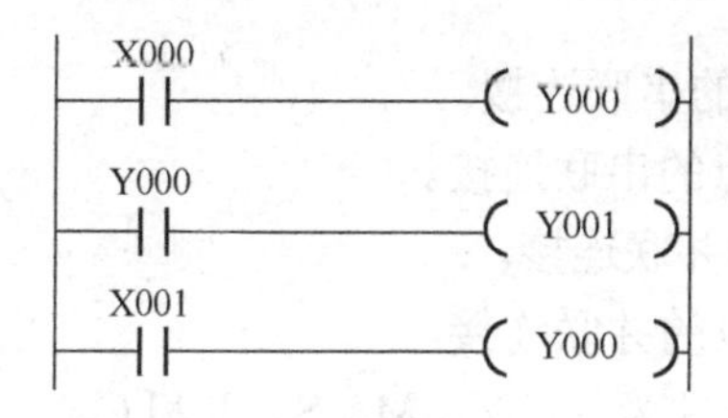

图 2-7　双线圈输出

（2）应用举例

LD，LDI 和 OUT 指令应用举例如图 2-8 所示，其逻辑功能是：当触点 X000 接通时，输出继电器 Y000 接通；当输入继电器 X001 断电时，辅助继电器 M0 接通，同时，定时器 T0 开始定时，定时时间到 2s 后，输出继电器 Y1 接通。图中的 T0 是 100ms 定时器，K20 对应的定时时间为 20×100ms=2s。也可以指定数据寄存器的元件号，用数据寄存器里面的数作为定时器和计数器的设定值，例如，OUT T0 D1。定时器和计数器的使用将在以后项目中详细介绍。

3. 触点串、并联指令 AND，ANI，OR，ORI

触点串、并联指令 AND，ANI，OR，ORI 的助记符、功能、梯形图和程序步等指令要素见表 2-3。

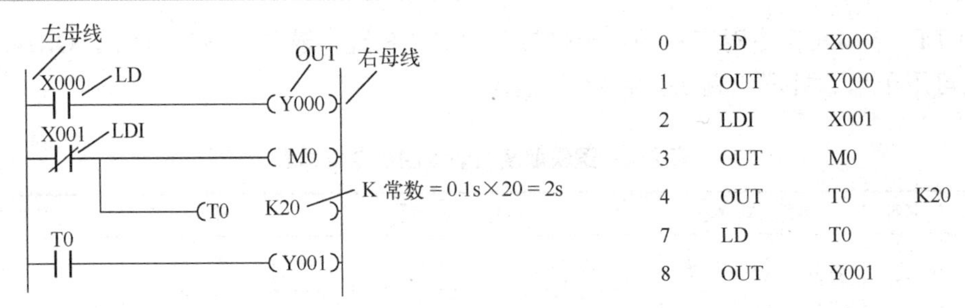

图 2-8 LD，LDI 和 OUT 指令应用举例

表 2-3 触点串、并联指令要素表

助记符	名称	操 作 功 能	梯 形 图	目标组件	程序步
AND	与	常开触点串联连接	X000 X001 Y000	X，Y，M，S，T，C	1
ANI	与非	常闭触点串联连接	X000 X001 Y000	X，Y，M，S，T，C	1
OR	或	常开触点并联连接	X000 Y000 X001	X，Y，M，S，T，C	1
ORI	或非	常闭触点并联连接	X000 Y000 X001	X，Y，M，S，T，C	1

（1）指令用法及使用注意事项

① AND：与指令。用于一个常开触点同另一个触点的串联连接。

② ANI：与非指令。用于一个常闭触点同另一个触点的串联连接。

③ OR：或指令。用于一个常开触点同另一个触点的并联连接。

④ ORI：或非指令。用于一个常闭触点同另一个触点的并联连接。

⑤ AND 和 ANI 指令、OR 与 ORI 指令能够操作的元件为 X，Y，M，S，T 和 C。

⑥ AND 和 ANI 指令是用来描述单个触点与其他触点或触点组组成的电路的串联连接关系。单个触点与左边的电路串联时，使用 AND 或 ANI 指令。AND 和 ANI 指令能够连续使用，即几个触点串联在一起，且串联触点的个数没有限制。

⑦ OR 和 ORI 指令是用来描述单个触点与其他触点或触点组组成的电路的并联连接关系。用于单个触点与前面的电路并联时，并联触点的左侧接到该指令所在的电路块的起始点 LD 处，右端与前一条指令对应的触点的右端相连。OR 和 ORI 指令能够连续使用，即几个触点并联在一起，且并联触点的个数没有限制。

⑧ 在执行 OUT 指令后，通过触点对其他线圈执行 OUT 指令，称为“连续输出”（又称纵接输出），如图 2-9 所示，紧接 OUT M100 后，通过触点 X003 可以输出 OUT

Y001。只要电路设计顺序正确，连续输出可多次使用。

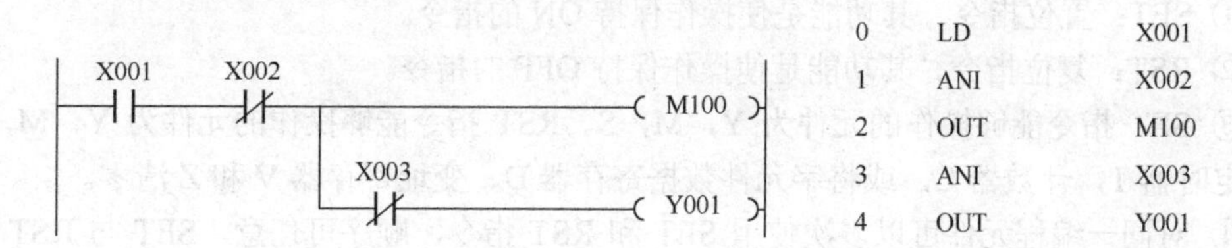

图 2-9　连续输出

但是若 M100 与 X003 和 Y001 交换，则要使用下文介绍的 MPS（进栈）和 MPP（出栈）指令，如图 2-10 所示（不推荐）。

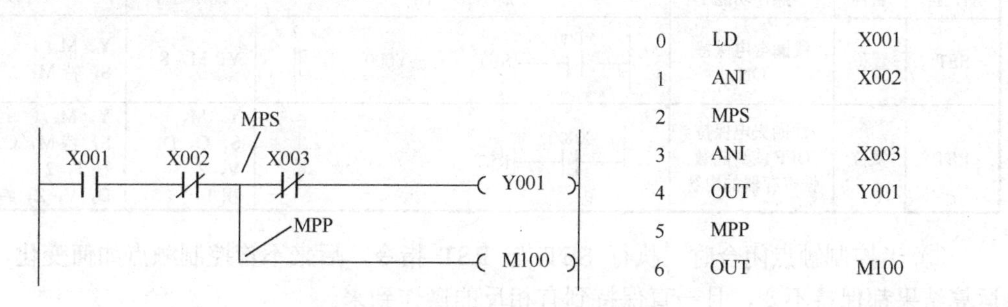

图 2-10　连续输出（不推荐）

（2）应用举例

触点串、并联指令 AND，ANI，OR，ORI 应用举例如图 2-11 所示，常开触点 M102 前面的指令已经将触点 Y000，X003，M101，X004 串并联为一个整体，因此，OR M102 指令把常开触点 M102 并联到该电路上。

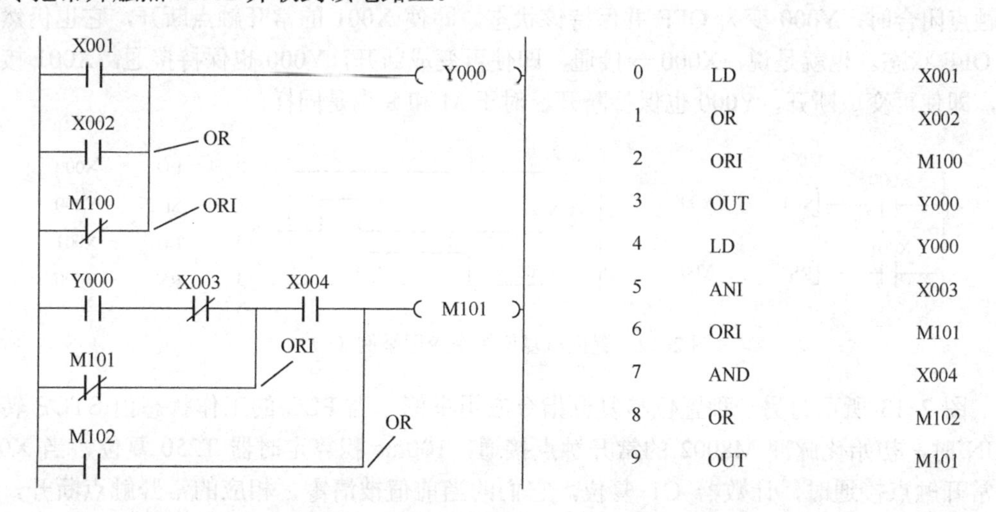

图 2-11　触点串、并联指令 AND，ANI，OR，ORI 应用举例

4．置位与复位指令 SET，RST

置位与复位指令 SET，RST 的助记符、功能、梯形图和程序步等指令要素见表 2-4。

（1）指令用法及使用注意事项

① SET：置位指令。其功能是使操作保持 ON 的指令。

② RST：复位指令。其功能是使操作保持 OFF 的指令。

③ SET 指令能够操作的元件为 Y，M，S。RST 指令能够操作的元件为 Y，M，S，积算定时器 T，计数器 C，或将字元件数据寄存器 D、变址寄存器 V 和 Z 清零。

④ 对同一编程元件可以多次使用 SET 和 RST 指令，顺序可任意，SET 与 RST 指令之间可以插入其他程序。但对于外部输出，则只有最后执行的一条指令才有效。

表 2-4　置位与复位指令要素表

助记符	名称	操作功能	梯　形　图	目标组件	程序步
SET	置位	线圈得电保持 ON	X000 ─┤├─[SET Y000]	Y，M，S	Y，M：1 S，特 M：2
RST	复位	线圈失电保持 OFF 或清除数据寄存器的内容	X000 ─┤├─[RST Y000]	Y，M， S，C，D， V，Z， 积 T	Y，M：1 S，特 M，C， 积 T：2 D，V，Z，特 D：3

⑤ 当控制触点闭合时，执行 SET 与 RST 指令，后来不管控制触点如何变化，逻辑运算结果都保持不变，且一直保持到有相反的操作到来。

⑥ 在任何情况下，RST 指令都优先执行。计数器处于复位状态时，输入的计数脉冲不起作用。

（2）应用举例

图 2-12 所示为一种置位与复位指令应用举例，X000 的常开触点接通，Y000 变为 ON 并保持该状态，即使 X000 的常开触点断开，它也仍然保持 ON 状态。当 X001 的常开触点闭合时，Y000 变为 OFF 并保持该状态，即使 X001 的常开触点断开，它也仍然保持 OFF 状态。也就是说，X000 一接通，即使再变成断开，Y000 也保持接通。X001 接通后，即使再变成断开，Y000 也保持断开，对于 M 和 S 也是同样。

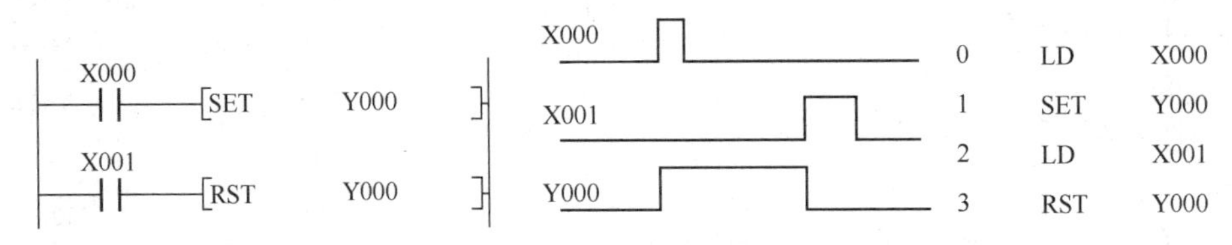

图 2-12　置位与复位指令应用举例（一）

图 2-13 所示为另一种置位与复位指令应用举例，当 PLC 的工作状态由 STOP 转为 RUN 时，初始化脉冲 M8002 的常开触点接通，100ms 积算定时器 T250 复位，当 X002 的常开触点接通时，计数器 C1 复位，它们的当前值被清零，相应的常开触点断开，常闭触点闭合。

如果不希望计数器和积算定时器具有断电保持功能，可以在用户程序开始运行时用 M8002 将它们复位。

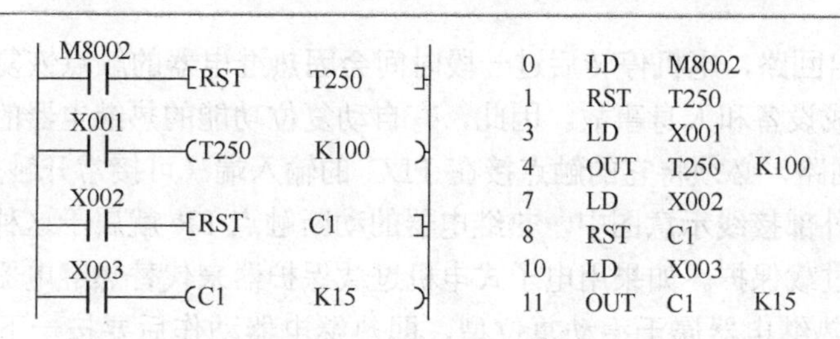

图 2-13　置位与复位指令应用举例（二）

5. 空操作和程序结束指令 NOP，END

空操作和程序结束指令 NOP 和 END 的助记符、功能、梯形图和程序步等指令要素见表 2-5。

（1）指令用法及使用注意事项

① NOP：空操作。其功能是使该步序作空操作，主要用于短路电路及改变电路功能和程序调试时使用。

② 执行完清除用户存储器（即程序存储器）的操作后，用户存储器的内容全部变为空操作 NOP 指令。PLC 一般都有指令的插入与删除功能，实际上 NOP 很少使用。

表 2-5　空操作和程序结束指令要素表

助记符	名　称	操作功能	梯　形　图	目标组件	程序步
NOP	操作	无动作	无	无	1
END	结束	程序结束，程序回到第 0 步	[END]	无	1

③ 若在程序中加入 NOP 指令，则改动或追加程序时，可以减少步序号的改变。

④ 若将 LD，LDI，ANB，ORB 等指令换成 NOP 指令，电路构成将有较大幅度的变化，必须注意。

⑤ END：程序结束指令。若在程序中写入 END 指令，则 END 指令以后的程序就不再执行，将强制结束当前的扫描执行过程，直接进行输出处理；若用户程序中没有 END 指令，则将从用户程序存储器的第一步执行到最后一步。将 END 指令放在用户程序结束处，只执行第一条指令至 END 指令之间的程序。使用 END 指令可以缩短扫描周期。

⑥ 在调试程序时可将 END 指令插在各程序段之后进行分段调试，调试好以后必须把程序中间的 END 指令删去。因此，在编程时插入该指令便于程序的检查和修改。而且，执行 END 指令时，也刷新警戒时钟。

（2）应用举例

NOP 指令应用举例如图 2-14 所示，用 NOP 指令取代 LD X003 和 AND X004 指令，电路结构将有较大幅度的变化。

6. 热继电器过载信号的处理

如果热继电器属于自动复位型，即热继电器动作后电机停转，串接在主回路中的热继电器的热元件冷却，热继电器的触点自动恢复原状。如果这种热继电器的常闭触点仍然接在 PLC 的输出回路，电机停转后过一段时间会因热继电器的触点恢复原状而自动重新运转，可能会造成设备和人身事故。因此，有自动复位功能的热继电器的常闭触点不能接在 PLC 的输出回路，必须将它的触点接在 PLC 的输入端（可接常开触点或常闭触点）。在图 2-15 PLC 外部接线示意图中，热继电器的动断触点 FR 就属于这种情况，借助于梯形图程序来实现过载保护。如果用电子式电机过载保护器来代替热继电器，也应注意它的复位方式。如果热继电器属于手动复位型，即热继电器动作后要按一下它自带的复位按钮，其触点才会恢复原状，即常开触点断开，常闭触点闭合。这种热继电器的常闭触点（动断触点）可以接在 PLC 的输出电路中，也可接在 PLC 的输入电路中，这种方案还可以节约 PLC 的一个输入点。

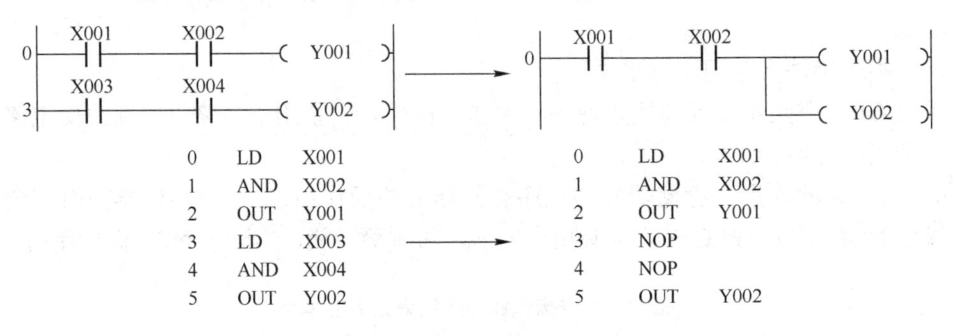

图 2-14　NOP 指令应用举例

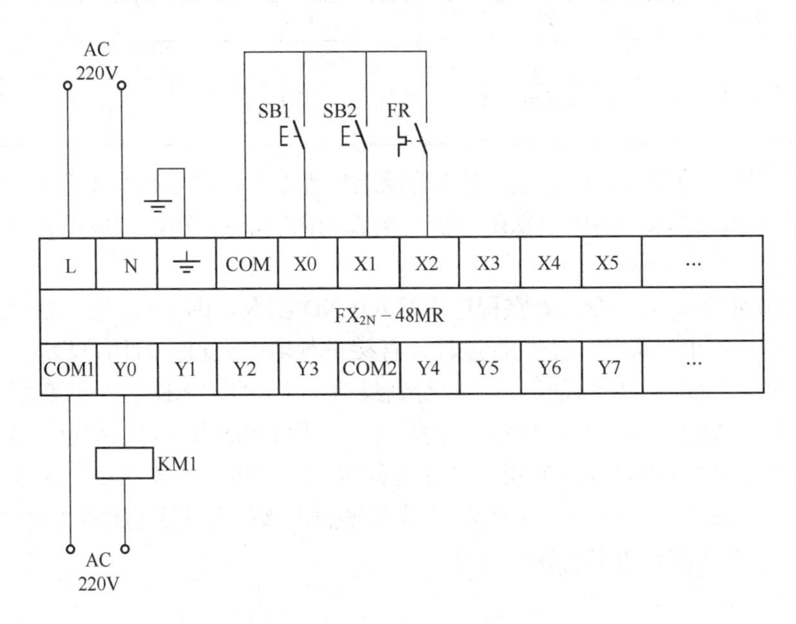

图 2-15　PLC 外部接线示意图

六、项目实施

1．输入/输出端口分配

根据前文的介绍可知：本项目中，与 PLC 端口有联系的输入设备有按钮和热继电

器，输出设备有交流接触器。根据这些硬件与 PLC 中的编程软元件的对应关系，我们可以得到三相异步电动机启停和运行的 PLC 控制系统的输入/输出端口分配表，如表 2-6 所示。

表 2-6　输入/输出端口分配表

输　入			输　出		
设备名称	符　号	端口号	设备名称	符　号	端口号
启动按钮（常开触点）	SB1	X000	接触器	KM	Y000
停止按钮（常开触点）	SB2	X001			
热继电器（常开触点）	FR	X002			

2. PLC 外部接线示意图绘制

根据输入/输出端口分配表，可画出三相异步电动机启停和运行的 PLC 控制系统 PLC 部分的外部接线示意图，如图 2-15 所示。

3. 系统安装

（1）检查元器件

根据项目要求选配齐需要的元器件（注意有些替代元器件的选用），并逐个检查元件的规格是否符合要求，检测元件的质量是否完好。

（2）安装元器件及接线

自行绘制本控制系统安装接线图，根据配线原则及工艺要求，对照绘制的接线图进行安装和接线，元器件安装布局参考如图 2-16 所示。

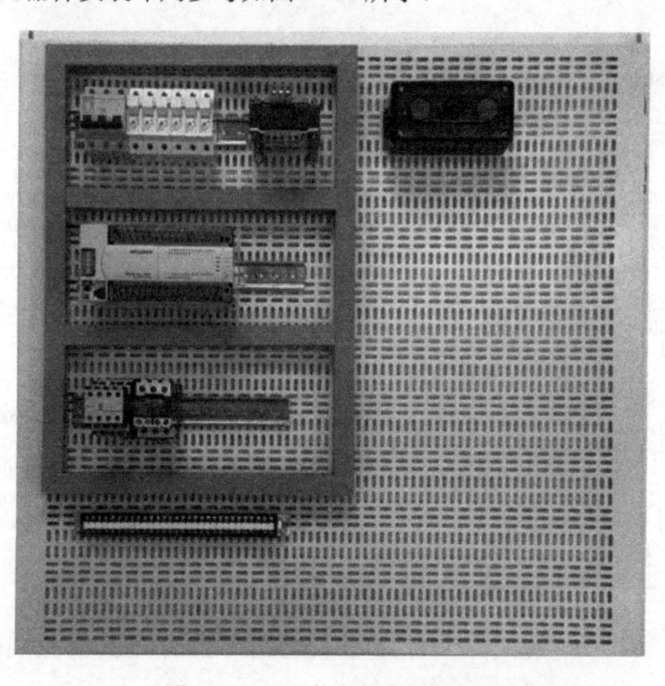

图 2-16　元器件安装布局参考图

（3）自检

① 检查布线。对照接线图检查是否掉线、错线，是否漏、错编号，接线是否牢固等。

② 使用万用表检测安装的电路，如测量与线路图不符，应根据线路图检查是否有错线、掉线、错位、短路等。

4．程序编写

方法一：采用启保停电路编程

启动、保持和停止电路（简称启保停电路）是梯形图中最典型的基本电路，在梯形图中应用较广泛。

启动：当要启动时，按启动按钮 X0，启动信号 X000 变为 ON，X000 的常开触点接通，如果这时 X001（停止按钮提供的信号）和 X002（热继电器提供的信号）为 OFF，X001 和 X002 的常闭触点接通，Y000 的线圈“通电”，它的常开触点同时接通。

保持：放开启动按钮，X000 变为 OFF，其常开触点断开，“能流”经 Y000 的常开触点和 X001，X002 的常闭触点流过 Y000 的线圈，Y000 仍为 ON，这就是所谓的“自锁”或“自保持”功能。

停止：当要停止时，按停止按钮 X001，X001 为 ON，它的常闭触点断开，停止条件满足，使 Y000 的线圈“断电”，其常开触点断开。以后即使放开停止按钮，X001 的常闭触点恢复接通状态，Y000 的线圈仍然“断电”。当电机过载时，X002 为 OFF，使 Y000 的线圈“断电”，其常开触点断开，从而起到过载保护作用。

根据控制要求，其梯形图如图 2-17（a）所示。启动按钮 X000 和停止按钮 X001、热继电器 X002 相串联，并在启动按钮 X000 两端并上自保触点 Y000，然后串接输出线圈 Y000。

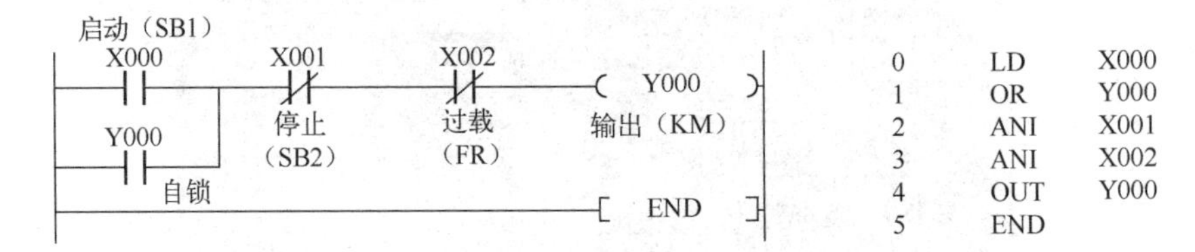

（a）方法一：启保停电路梯形图和指令程序（停止优先）

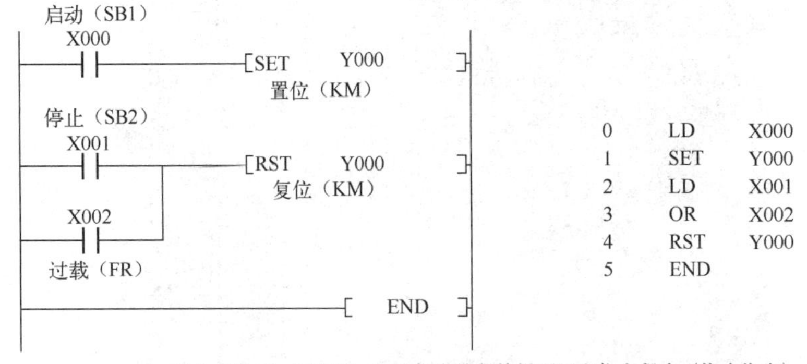

（b）方法二：用 SET，RST 指令编程的梯形图和指令程序（停止优先）

图 2-17 电动机启停控制梯形图和指令程序（停止优先）

方法二：采用 SET、RST 指令编程

三相异步电动机的启停控制也可采用 SET 和 RST 指令进行编程，其梯形图如图 2-17（b）所示。启动按钮 SB1（X000）、停止按钮 SB2（X001）分别驱动 SET 和 RST 指令。当要启动时，按启动按钮 SB1（X000），使输出线圈 Y000 置位并保持；当按停止按钮或电机过载时，X001 或 X002 常开触点闭合，使输出线圈 Y000 复位并保持。

由以上分析可知，方法二的设计方案更佳。

设计时需注意：

① 在方法一的梯形图中，用 X001 的常闭触点；而在方法二中，用 X001 的常开触点，但它们的外部输入接线却完全相同。

② 上述的两个梯形图都为停止优先，即如果启动按钮 SB1（X000）和停止按钮 SB2（X001）同时被按下，则电动机停止；若要改为启动优先，则梯形图如图 2-18 所示。

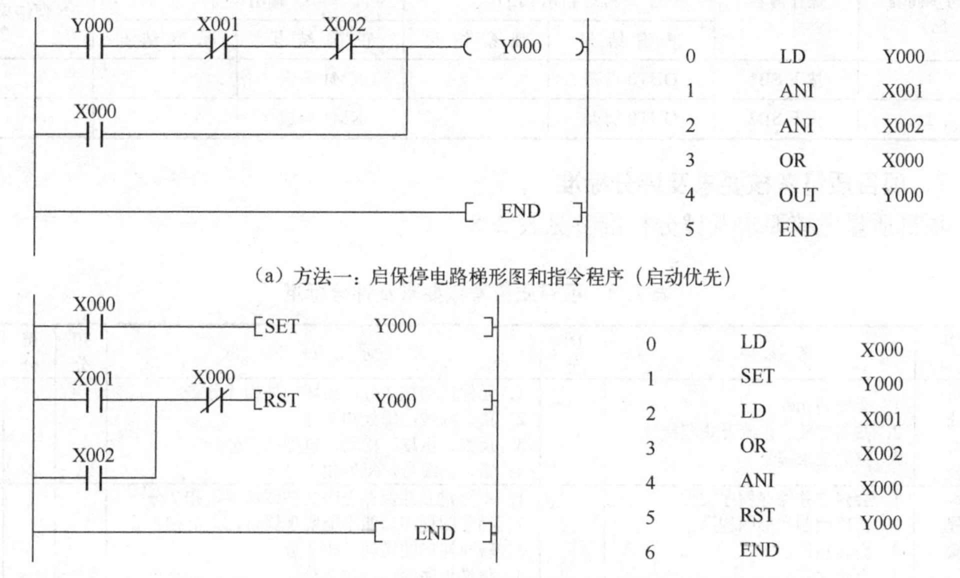

（b）方法二：用 SET 和 RST 指令编程的梯形图及指令程序（启动优先）

图 2-18　电动机启停控制梯形图和指令程序（启动优先）

5. 程序录入

① 在作为编程器的计算机上，运行 SWOPC-FXGP/WIN-C 或 GX Developer 编程软件。

② 创建新文件，选择 PLC 类型为 FX_{2N}。

③ 按照前文介绍的方法，参照图 2-18 或图 2-17 所示的梯形图程序将程序输入到计算机中。

④ 转换梯形图。

⑤ 文件赋名为“项目 2-1.pmw”，确认保存。

⑥ 在断电状态下，连接好 PC/PPI 电缆。

⑦ 将 PLC 运行模式选择开关拨到“STOP”位置，此时 PLC 处于停止状态，可以进

行程序的传送。

⑧ 选择菜单“在线”→“PLC 写入”命令，将程序文件下载到 PLC 中。

6. 系统调试及运行

① 将 PLC 运行模式的选择开关拨到“RUN”位置，使 PLC 进入运行方式。

② 按表 2-7 操作，对程序进行调试运行，观察系统的运行情况。如出现故障，应立即切断电源，分别检查硬件线路接线和梯形图程序是否有误，修改后，应重新调试，直至系统按要求正常工作。

③ 记录系统调试及运行的结果，完成调试及运行情况记录于表 2-7 中。

表 2-7 调试及运行情况记录表

操作步骤（每步间隔 5s）	操作内容	观察内容				电机运行观察结果
		PLC 指示 LED		输出设备		
		正确结果	观察结果	正确结果	观察结果	
1	按下 SB1	OUT0 点亮		KM1 吸合		
2	按下 SB2	OUT0 熄灭		KM1 释放		

7. 项目质量考核要求及评分标准

项目质量考核要求及评分标准参见表 2-8。

表 2-8 项目质量考核要求及评分标准

考核项目	考核要求	配分	评分标准	扣分	得分	备注
系统安装	1. 会安装元件 2. 按图完整、正确及规范接线 3. 按照要求编号	25	1. 元件松动扣 2 分，损坏一处扣 4 分 2. 错、漏线，每处扣 2 分 3. 反圈、压皮、松动，每处扣 2 分 4. 错、漏编号，每处扣 1 分			
编程操作	1. 会建立并保存程序文件 2. 正确编制梯形图程序 3. 会转换梯形图 4. 会传送程序	45	1. 不能建立并保存程序文件或错误，扣 2 分 2. 梯形图程序功能不能实现错误，一处扣 3 分 3. 转换梯形图错误，扣 2 分 4. 传送程序错误，扣 2 分			
运行操作	1. 操作运行系统，分析操作结果 2. 会监控梯形图 3. 会监控元件	20	1. 系统通电操作错误，一处扣 3 分 2. 分析操作结果错误，一处扣 2 分 3. 监控梯形图错误，一处扣 2 分 4. 监控元件错误，一处扣 2 分			
安全生产	自觉遵守安全、文明生产规程	10	1. 每违反一项规定，扣 3 分 2. 发生安全事故，0 分处理 3. 漏接接地线，一处扣 5 分			
时间	4 小时		提前正确完成，每 5 分钟加 2 分 超过定额时间，每 5 分钟扣 2 分			
开始时间：		结束时间：		实际时间：		

七、拓展与提高

1. 边沿检测触点指令 LDP，LDF，ANDP，ANDF，ORP，ORF

边沿检测触点指令 LDP，LDF，ANDP，ANDF，ORP 和 ORF 的助记符、功能、梯形图和程序步等指令要素见表 2-9。

（1）指令用法及使用注意事项

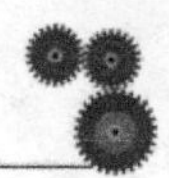

① LDP，ANDP 和 ORP：上升沿检测触点指令。被检测触点的中间有一个向上的箭头，对应的输出触点仅在指定位元件的上升沿（即由 OFF 变为 ON）时接通一个扫描周期。

② LDF，ANDF 和 ORF：下降沿检测触点指令。被检测触点的中间有一个向下的箭头，对应的输出触点仅在指定位元件的下降沿（即由 ON 变为 OFF）时接通一个扫描周期。

③ 边沿检测触点指令可以用于 X，Y，M，T，C 和 S。

表 2-9　边沿检测触点指令要素

助记符	名称	操作功能	梯　形　图	目标组件	程序步
LDP	取上升沿脉冲	上升沿脉冲逻辑运算开始	X000 X001 Y000	X，Y，M，S，T，C	2
LDF	取下降沿脉冲	下降沿脉冲逻辑运算开始	X000 X001 Y000	X，Y，M，S，T，C	2
ANDP	与上升沿脉冲	上升沿脉冲串联连接	X000 X001 Y000	X，Y，M，S，T，C	2
ANDF	与下降沿脉冲	下降沿脉冲串联连接	X000 X001 Y000	X，Y，M，S，T，C	2
ORP	或上升沿脉冲	上升沿脉冲并联连接	X000 X000 Y000	X，Y，M，S，T，C	2
ORF	或下降沿脉冲	下降沿脉冲并联连接	X000 X001 Y000	X，Y，M，S，T，C	2

（2）应用举例

在图 2-19 所示的边沿检测触点指令应用举例中，X001 的上升沿或 X002 的下降沿出现时，Y000 仅在一个扫描周期为 ON；X004 的上升沿出现时，Y001 仅在一个扫描周期为 ON。

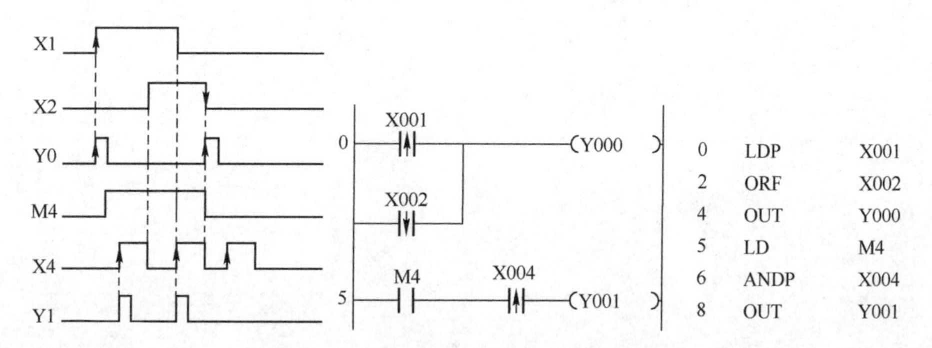

图 2-19　边沿检测触点指令应用举例

八、思考与练习

1．试设计单台电动机运行的 PLC 控制系统，要求能实现两地控制。

2．试设计两台电动机运行的 PLC 控制系统，要求电动机 M1 启动后，电动机 M2 才能启动，两台电动机分别单独设置停止按钮。

九、课外学习指导

本章推荐阅读书目：

郁汉琪．三菱 FX/Q 系列 PLC 应用技术．南京：东南大学出版社，2003

刘小春，黄有全．电气控制与 PLC 技术应用．北京：电子工业出版社，2009

赵俊生．电气控制与 PLC 技术项目化理论与实践．北京：电子工业出版社，2009

瞿彩萍．PLC 应用技术（三菱）．北京：中国劳动社会保障出版社，2009

项目三　工作台自动往返的PLC控制

一、学习目标

1. 知识目标

① 掌握基本指令MC，MCR，ANB，ORB，MPS，MRD，MPP，MC，MCR。

② 掌握梯形图的基本设计方法——继电器电路转换法。

2. 技能目标

① 会用继电器电路转换方法来设计编写工作台自动往返的PLC控制梯形图程序。

② 熟练操作编程软件并完成程序录入。

③ 会进行PLC的外部接线和系统的调试及运行操作。

二、项目要求

有些生产机械，要求工作台在一定的行程内能自动往返运行，以实现对工件的连续加工。图3-1所示为工作台自动往返的工作示意图，工作台在A和B两处自动往返，SQ1和SQ2分别为前进和后退的行程开关，SQ3和SQ4分别为A和B两处极限保护的行程开关。图3-2所示为工作台自动往返的控制电路原理图。试用PLC来实现工作台自动往返运行的控制系统。

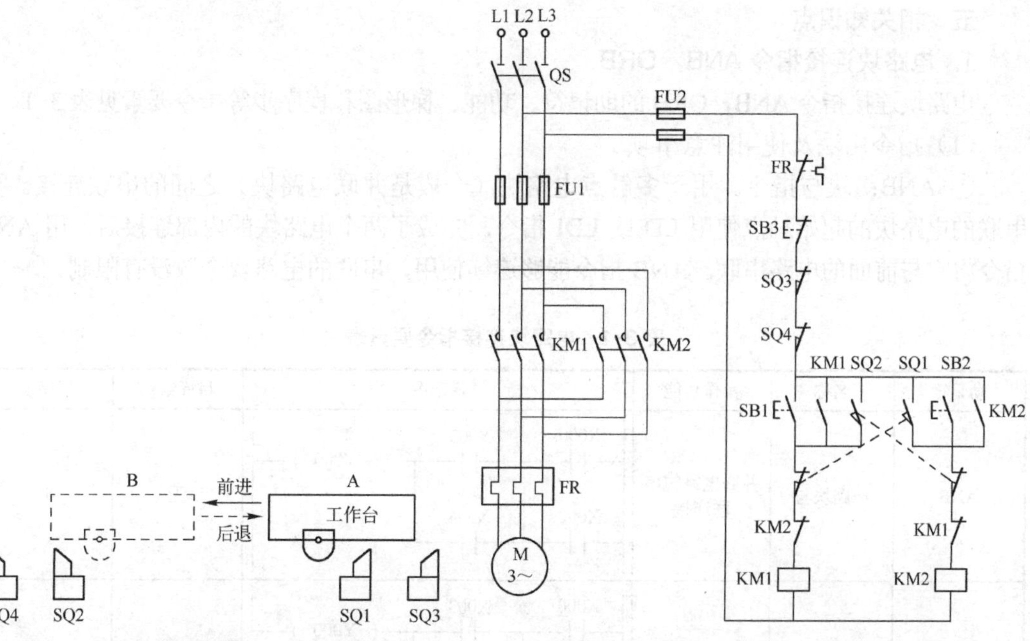

图3-1　工作台自动往返的工作示意图　　　图3-2　工作台自动往返的控制电路原理图

三、工作流程图

本项目的工作流程如图3-3所示。

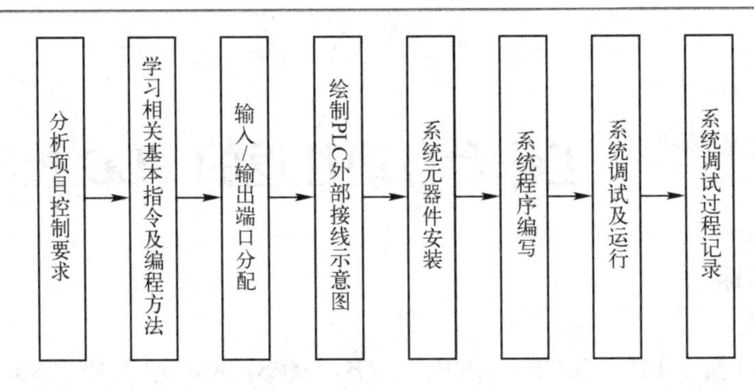

图 3-3　项目的工作流程图

四、项目分析

根据图 3-1 和图 3-2 可知，合上电源刀开关 QS，按下正向启动按钮 SB1，线圈 KM1 得电，KM1 主触点闭合，电动机正转，工作台前进。当前进到位后，挡块压下 SQ2，线圈 KM2 得电，KM2 主触点闭合，电动机反转，工作台后退。当后退到位后，挡块压下 SQ1，工作台又转到前进运动，进行下一个工作循环，直到按下停止按钮 SB3 才会停止。如果开始按下反向启动按钮 SB2，则运动方向刚好相反。图中 SQ3 和 SQ4 分别为 A 和 B 两处极限保护的行程开关，当 SQ1 和 SQ2 失灵时，避免工作台因超出极限位置而发生事故。如果用 PLC 来实现其控制要求，那么我们就需要将按钮、行程开关、接触器等硬件设备连接在 PLC 的输入或输出端口，通过编程来实现原来由硬件电路所实现的逻辑功能，为了理解方便我们可以用继电器电路转换方法来设计和编写程序。

五、相关知识点

1. 电路块连接指令 ANB，ORB

电路块连接指令 ANB，ORB 的助记符、功能、梯形图和程序步等指令要素见表 3-1。

（1）指令用法及使用注意事项

① ANB：块与指令。用于多触点电路块（一般是并联电路块）之间的串联连接。要串联的电路块的起始触点使用 LD 或 LDI 指令，完成了两个电路块的内部连接后，用 ANB 指令将它与前面的电路串联。ANB 指令能够连续使用，串联的电路块个数没有限制。

表 3-1　电路块连接指令要素表

助记符	名称	操作功能	梯形图	目标组件	程序步
ANB	电路块与	并联电路的串联连接	X000 X003 X002 X004 Y000	无	1
ORB	电路块或	串联电路的并联连接	X000 X003 X002 X004 Y000	无	1

② ORB：块或指令。用于多触点电路块（一般是串联电路块）之间的并联连接。要并联的电路块的起始触点使用 LD 或 LDI 指令，完成电路块的内部连接后，用 ORB 指令将它与前面的电路并联。ORB 指令能够连续使用，并联的电路块个数没有限制。

③ ANB 是并联电路块的串联连接指令，ORB 是串联电路块的并联连接指令。ANB 和 ORB 指令都不带元件号，只对电路块进行操作，可以多次重复使用。但是，连续使用时，应限制在 8 次以下。

（2）应用举例

图 3-4 为电路块连接指令 ANB，ORB 指令应用举例。

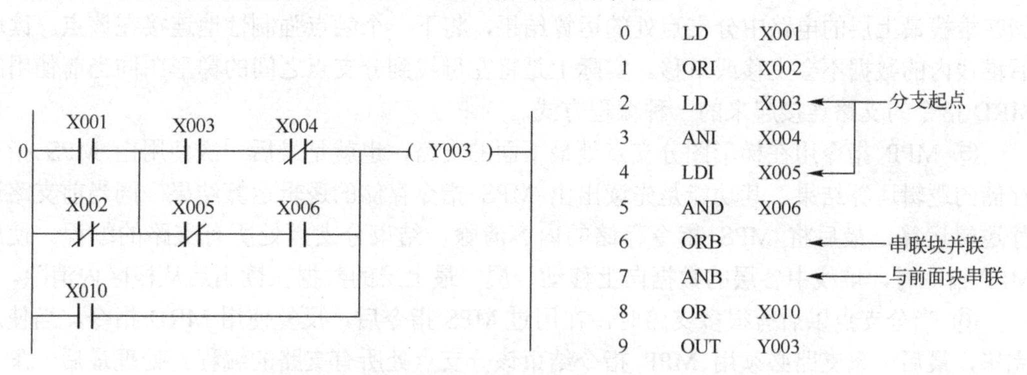

图 3-4　电路块连接指令 ANB，ORB 指令应用举例

2．多重输出电路指令 MPS，MRD，MPP

FX 系列 PLC 有 11 个存储中间运算结果的堆栈存储器，堆栈采用“先进后出”的数据存取方式。多重输出电路指令 MPS，MPD 和 MPP 的助记符、功能、梯形图和程序步等指令要素见表 3-2。

表 3-2　多重输出电路指令 MPS，MRD，MPP 的指令要素

助记符	名称	操作功能	梯形图	目标组件	程序步
MPS	进栈	进栈	X000 MPS X001 Y000	无	1
MRD	读栈	读栈	MRD X002 Y001	无	1
MPP	出栈	出栈	MPP X003 Y002	无	1

（1）指令用法及使用注意事项

① MPS：进栈指令。即将该指令处以前的逻辑运算结果存储起来。

MRD：读栈指令。读出由 MPS 指令存储的逻辑运算结果。

MPP：出栈指令。读出并清除由 MPS 指令存储的逻辑运算结果。

MPS，MRD，MPP 实际上是用来解决如何对具有分支的梯形图进行编程的一组指令，用于多重输出电路。

② MPS 指令用于存储电路中有分支处的逻辑运算结果，其功能是将左母线到分支点

之间的逻辑运算结果存储起来，以备下面处理有线圈的支路时可以调用该运算结果。每使用一次 MPS 指令，当时的逻辑运算结果压入堆栈的第一层，堆栈中原来的数据依次向下一层推移。

③ MPS 指令可将多重电路的公共触点或电路块先存储起来，以便后面的多重输出支路使用。多重电路的第一个支路前使用 MPS 进栈指令，多重电路的中间支路前使用 MRD 读栈指令，多重电路的最后一个支路前使用 MPP 出栈指令。该组指令没有操作元件。

④ MRD 指令用在 MPS 指令支路以下、MPP 指令以上的所有支路。其功能是读取存储在堆栈最上层的电路中分支点处的运算结果，将下一个触点强制性地连接在该点。读取后堆栈内的数据不会上移或下移。实际上是将左母线到分支点之间的梯形图同当前使用的 MRD 指令的支路连接起来的一种编程方式。

⑤ MPP 指令用在梯形图分支点处最下面的支路，也就是最后一次使用由 MPS 指令存储的逻辑运算结果，其功能是先读出由 MPS 指令存储的逻辑运算结果，同当前支路进行逻辑运算，最后将 MPS 指令存储的内容清除，结束分支点处所有支路的编程。使用 MPP 指令时，堆栈中各层的数据向上移动一层，最上层的数据在读出后从栈区内消除。

⑥ 当分支点以后有很多支路时，在用过 MPS 指令后，反复使用 MRD 指令，当使用完毕，最后一条支路必须用 MPP 指令结束该分支点处所有支路的编程。处理最后一条支路时必须使用 MPP 指令，而不是 MRD 指令，且 MPS 和 MPP 的使用必须不多于 11 次，并且要成对出现。

⑦ 用编程软件生成梯形图程序后，如果将梯形图转换为指令表程序，编程软件会自动加入 MPS，MRD 和 MPP 指令。写入指令表程序时，必须由用户来写入 MPS，MRD 和 MPP 指令。

（2）应用举例

图 3-5 和图 3-6 分别给出了使用一层栈和使用多层栈的举例。每一条 MPS 指令必须有一条对应的 MPP 指令，处理最后一条支路时必须使用 MPP 指令，而不是 MRD 指令。

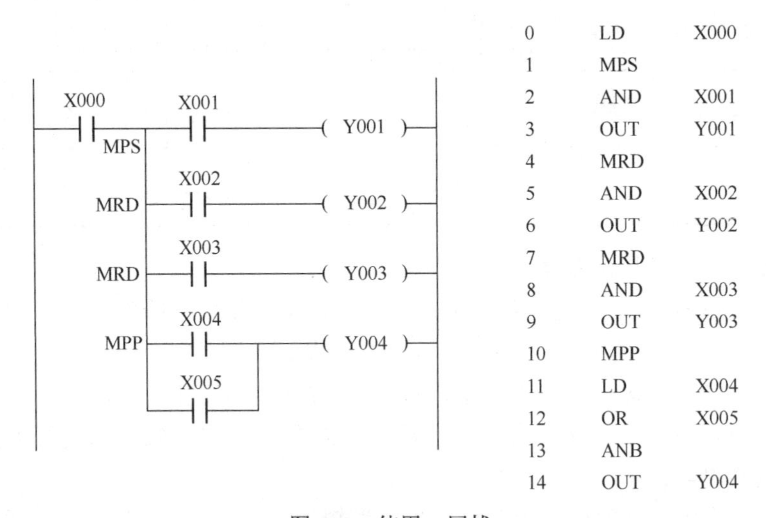

图 3-5 使用一层栈

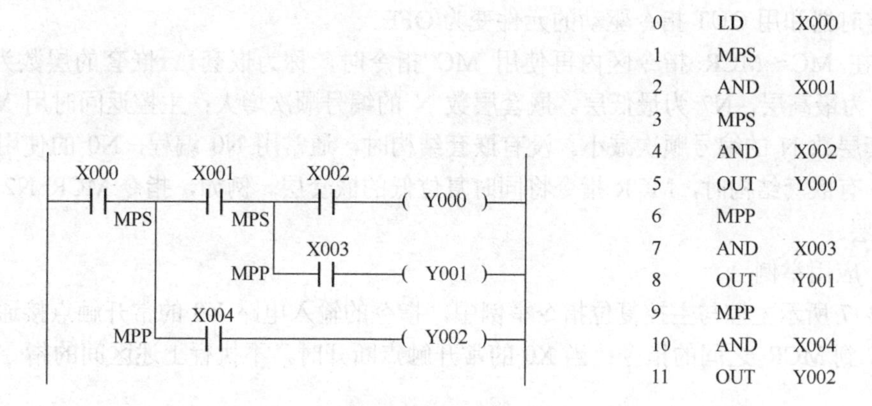

图 3-6　使用多层栈

3. 主控与主控复位指令 MC，MCR

在编程时，经常会遇到许多线圈同时受一个或一组触点控制的情况，如果在每个线圈的控制电路中都串入同样的触点，将占用很多存储单元，主控指令可以解决这一问题。使用主控指令的触点称为主控触点，它在梯形图中与一般的触点垂直，主控触点是控制一组电路的总开关。

主控与主控复位指令的助记符、功能、梯形图和程序步等指令要素见表 3-3。

（1）指令用法及使用注意事项

① MC：主控指令，或称公共触点串联连接指令。用于表示主控区的开始，MC 指令能够操作的元件为 Y 和 M（不包括特殊辅助继电器）。

② MCR：主控指令 MC 的复位指令。用来表示主控区的结束。MC 是主控起点，操作数 N（0～7 层）为嵌套层数，操作元件为 M 和 Y，特殊辅助继电器不能用做 MC 的操作元件。MCR 是主控结束，主控电路块的终点，操作数 N（0～7）。在程序中 MC 与 MCR 必须成对使用。

③ MC 指令不能直接从左母线开始。与主控触点相连的触点必须用 LD 或 LDI 指令，即执行 MC 指令后，母线移到主控触点的后面，MCR 指令使母线回到原来的位置。

表 3-3　主控触点指令要素

助记符	名称	操作功能	梯形图	目标组件	程序步
MC	主控	主控电路块起点	0 X000 [MC N0 M1]	Y，M（不包括特殊辅助继电器）	3
MCR	主控复位	主控电路块终点	N0= =M1 4 [MCR N0]		2

④ 当主控指令的控制条件为逻辑 0 时，在 MC 与 MCR 之间的程序只是处于停控状态，PLC 仍然扫描这一段程序，不能简单地认为 PLC 跳过了此段程序，其中的积算定时器、计数器、用复位 / 置位指令驱动的软元件保持其当时的状态，其余的元件被复位，如

非积算定时器和用 OUT 指令驱动的元件变为 OFF。

⑤ 在 MC～MCR 指令区内再使用 MC 指令时，称为嵌套，嵌套的层数为 N0～N7，N0 为最高层，N7 为最低层。嵌套层数 N 的编号顺次增大；主控返回时用 MCR 指令，嵌套层数 N 的编号顺次减小。没有嵌套结构时，通常用 N0 编程，N0 的使用次数没有限制。有嵌套结构时，MCR 指令将同时复位低的嵌套层。例如，指令 MCR N2 表示复位 2～7 层。

（2）应用举例

图 3-7 所示主控与主控复位指令举例中，指令的输入电路 X0 的常开触点接通时，执行从 MC 到 MCR 之间的指令；当 X0 的常开触点断开时，不执行上述区间的指令。

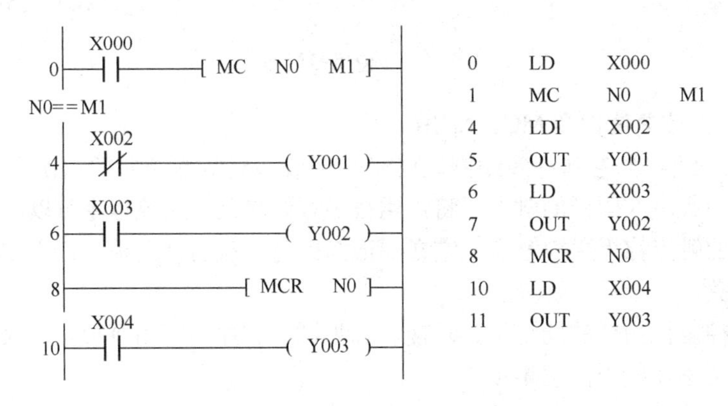

图 3-7　主控与主控复位指令举例

如图 3-8 所示为 MC 和 MCR 指令中包含嵌套的情况。

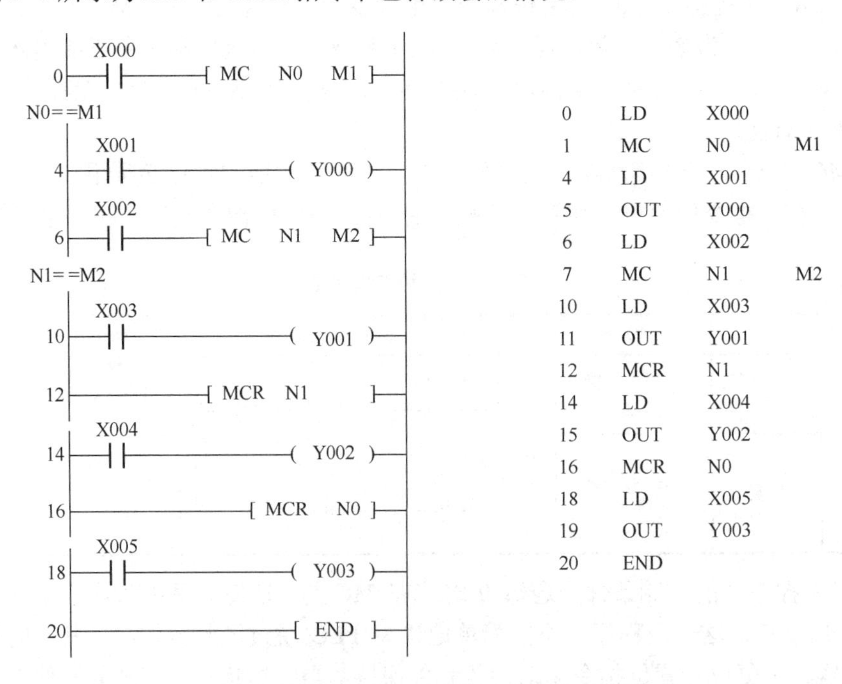

图 3-8　MC 和 MCR 指令中包含嵌套的举例

4．PLC梯形图程序设计的基本规则

梯形图作为 PLC 程序设计的一种最常用的编程语言，被广泛应用于工程现场的系统设计，为更好地使用梯形图语言，下面介绍梯形图的一些程序设计基本规则。

（1）触点可串可并无限制

触点可以用于串行电路，也可用于并行电路，且使用次数不受限制，所有输出继电器也都可以作为辅助继电器使用。

（2）线圈右边无触点

梯形图中每一逻辑行都是始于左母线，终于右母线。每行的左边是触点的组合，表示驱动逻辑线圈的条件，而表示结果的逻辑线圈、功能指令只能接在右边的母线上（可允许省略右母线）。注意：触点不能接在线圈的右边，线圈也不能直接与左母线连接，必须通过触点连接，所以，图 3-9（a）所示梯形图程序应改为图 3-9（b）所示。

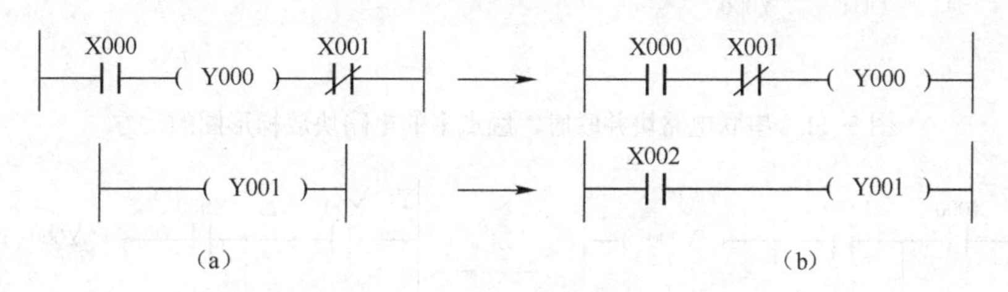

图 3-9　线圈右边无触点

（3）触点水平不垂直

触点应画在水平线上，不能画在垂直线上。如图 3-10（a）中触点 X004 与其他接点之间的连接关系不能识别，此类桥式电路是不能进行编程的，要将其转化为连接关系明确的电路。按从左至右、从上到下的单向性原则，可以看出有 4 条从左母线到达线圈 Y000 的不同支路，于是就可以将图 3-10（a）不可编程的电路转化为在逻辑功能上等效的图 3-10（b）的可编程电路。

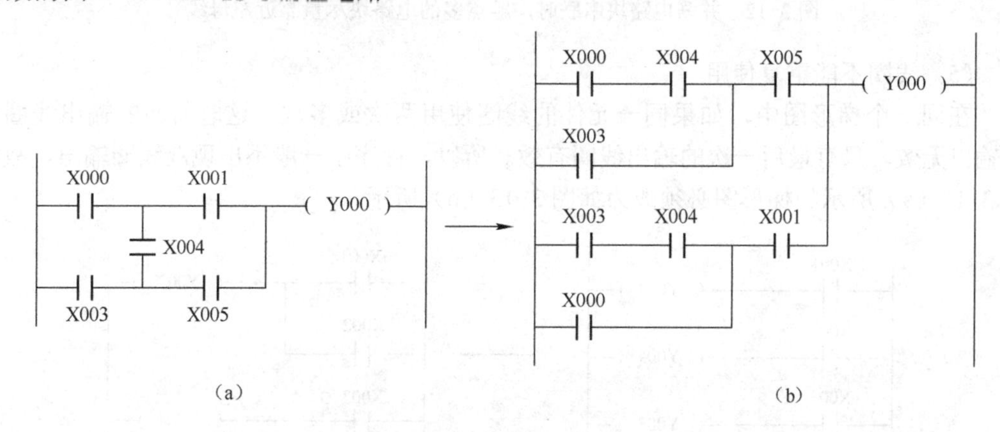

图 3-10　触点水平不垂直

（4）触点多上并左

串联电路块并联时，应将触点多的电路块放梯形图的上方；并联电路块串联时，应

将触点多的电路块尽量靠近梯形图的左母线，这样可以使编制的程序简洁，减少指令语句和程序步数。图 3-11（a）中，多了 ORB 指令，而图 3-11（b）中就不需要 ORB 指令。图 3-12（a）中，多了 ANB 指令，图 3-12（b）中就不需要 ANB 指令。

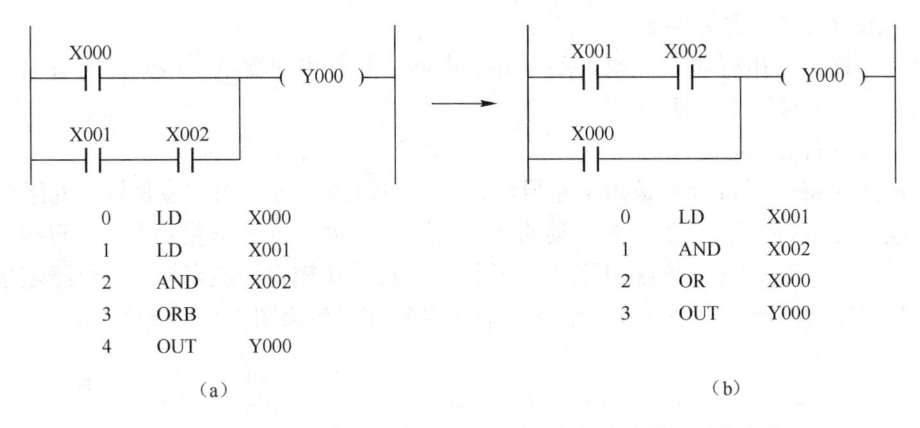

图 3-11　串联电路块并联时，触点多的电路块放梯形图的上方

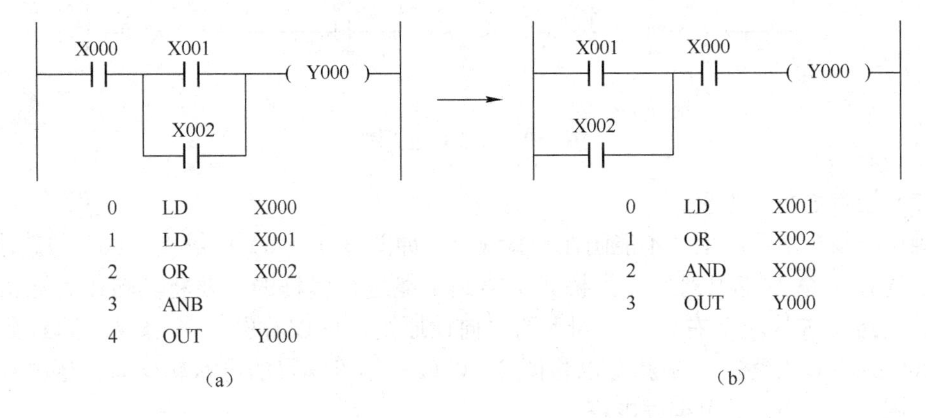

图 3-12　并联电路块串联时，触点多的电路块尽量靠近左母线

（5）线圈不能重复使用

在同一个梯形图中，如果同一元件的线圈使用两次或多次，这时前面的输出线圈对外输出无效，只有最后一次的输出线圈有效。所以，程序中一般不出现双线圈输出，故如图 3-13（a）所示的梯形图必须改为如图 3-13（b）所示。

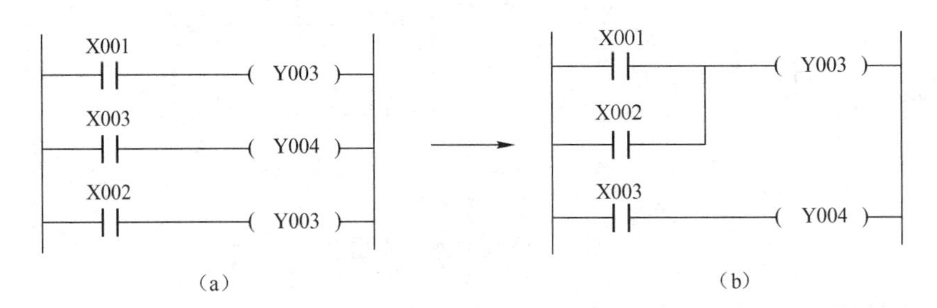

图 3-13　线圈不能重复使用

（6）程序顺序不同，执行结果不同

PLC 的运行是按照自上而下、从左至右的顺序执行的，这是由 PLC 的扫描方式决定的。因此，在 PLC 的编程中应注意：程序的顺序不同，其执行结果有可能不同。图 3-14（a）中，X000=ON 时，执行结果是 Y000=ON，Y001=ON，Y002=OFF；图 3-14（b）中，X000=ON 时，执行结果是 Y000=ON，Y002=ON，Y001=OFF。

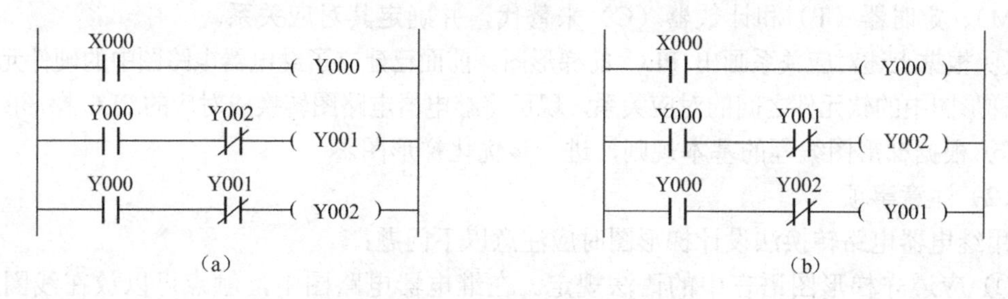

图 3-14　程序不同执行结果不同

（7）程序结束时使用 END 指令

即在程序结束处必须使用 END 指令。

5. 梯形图的基本设计方法——继电器电路转换法

梯形图程序设计是指用户编写程序的设计过程，即结合被控制对象的控制要求和现场信号，对照 PLC 的软元件，画出梯形图，进而写出指令表程序的过程。梯形图程序设计有许多种方法，如继电器电路转换法、经验设计法、逻辑设计法和顺序控制设计法等。如何从这些方法中掌握程序设计的技巧，这不是一件容易的事，它需要编程人员熟练掌握程序设计的方法，在此基础上积累一定的编程经验，程序设计的技巧就自然形成了。下面介绍继电器电路转换法，其他方法将在下文其他项目中陆续介绍。

继电器电路转换法就是将继电器电路图转换成与原有功能相同的 PLC 内部梯形图。这种等效转换是一种简便快捷的编程方法，其主要优点在于：原继电控制系统经过长期使用和考验，已经被证明能完成系统要求的控制功能；继电器电路图与 PLC 的梯形图在表示方法和分析方法上有很多相似之处，因此根据继电器电路图来设计梯形图简便快捷；另外这种设计方法一般不需要改动控制面板，保持了原有系统的外部特性，操作人员不用改变长期形成的操作习惯。缺点是：用转换法设计梯形图的前提是必须有继电器控制电路图，因此，对于没有继电器控制电路图的控制系统，就无法使用这种方法。

用继电器电路转换法来设计 PLC 的梯形图时，关键是要抓住继电器控制电路图和 PLC 梯形图之间的一一对应关系，即控制功能、逻辑功能的对应以及继电器硬件元件和 PLC 软元件的对应关系。

（1）继电器电路转换法设计的一般步骤

① 分析继电器电路图，掌握控制系统的工作原理，熟悉被控设备的工艺过程和机械的动作情况。

② 确定 PLC 的输入信号和输出信号，画出 PLC 的外部接线示意图。继电器电路图中的按钮开关、限位开关、接近开关、控制开关和各种传感器信号等的触点接在 PLC 的

输入端，用 PLC 的输入继电器替代，用来给 PLC 提供控制命令和反馈信号。交流接触器和电磁阀等执行机构的硬件线圈接在 PLC 的输出端，用 PLC 的输出继电器来替代，确定输入继电器和输出继电器的元件号，画出 PLC 的外部接线图。

③ 确定 PLC 梯形图中的辅助继电器（M）和定时器（T）和计数器（C）的元件号。继电器电路图中的中间继电器、时间继电器和计数器的功能用 PLC 内部的辅助继电器（M）、定时器（T）和计数器（C）来替代，并确定其对应关系。

④ 根据上述对应关系画出 PLC 的梯形图。前面已建立了继电器电路图中的硬件元件和 PLC 梯形图中的软元件之间的对应关系，现可将继电器电路图转换成对应的 PLC 梯形图。

⑤ 根据梯形图编程的基本规则，进一步优化梯形图。

（2）注意事项

用继电器电路转换法设计梯形图时应注意以下问题：

① 应遵守梯形图语言中的语法规定。在继电器电路图中，触点可以放在线圈的左边，也可以放在线圈的右边，但是在梯形图中，线圈和输出类指令（如 RST、SET 和应用指令等）必须放在梯形图的最右边。

② 设置中间单元。在梯形图中，若多个线圈都受某一触点（或触点的串并联电路）的控制，在梯形图中可设置用该触点（或电路）控制的辅助继电器简化电路，也可用主控指令简化电路。

③ 分离交织在一起的电路。在继电器电路中，为了减少使用的器件和少用触点，从而节省硬件成本，各个线圈的控制电路往往互相关联，交织在一起。设计梯形图时以线圈为单位，分别考虑继电器电路图中每个线圈受到哪些触点和电路的控制，然后画出相应的等效梯形图。

④ 时间继电器瞬动触点的处理。时间继电器除了有延时动作的触点外，还有在线圈通电或断电时马上动作的瞬动触点。对于有瞬动触点的时间继电器，可以在梯形图中对应的定时器的线圈两端并联辅助继电器的线圈，用辅助继电器的触点来代替时间继电器的瞬动触点。

⑤ 断电延时的时间继电器的处理。FX 系列 PLC 没有相同功能的定时器，但是，可以用通电延时的定时器来实现断电延时功能。

⑥ 常闭触点提供的输入信号的处理。设计输入电路时，应尽量采用常开触点，以便梯形图中对应触点的常开/常闭类型与继电器电路图中的相同。如果只能使用常闭触点，则梯形图中对应触点的常开/常闭类型应与继电器电路图中的相反。

⑦ 外部联锁电路的设立。为了防止控制正反转的两个接触器同时动作，造成三相电源短路，应在 PLC 外部设置硬件联锁电路。

⑧ 梯形图电路的优化。为了减少指令表的指令条数，在串联电路中，单个触点应放在电路块的右边；在并联电路中，单个触点应放在电路块的下面。

⑨ 尽量减少 PLC 的输入和输出信号。PLC 的价格与 I/O 点数有关，减少 I/O 的点数是降低硬件费用的主要措施。例如，某些器件的触点如果在继电器电路图中只出现一次，并且与 PLC 输出端的负载串联（如具有手动复位功能的热继电器的常闭触点等），可以将它们放在 PLC 外部的输出回路，仍与相应的外部负载串联。另外，继电器控制系统中某

些相对独立且比较简单的部分，可以用继电器电路控制，这样也可以减少 PLC 的输入和输出点。

⑩ 外部负载的额定电压。PLC 的继电器输出模块和双向晶闸管输出模块，一般只能驱动额定电压 AC220V 的负载，如果系统原来的交流接触器的线圈电压为 380V 时，应将线圈换成 220V 的，或在 PLC 外部设置中间继电器。

六、项目实施

1. 输入/输出端口分配

根据前文分析可知：本项目中输入设备有按钮、行程开关、热继电器；输出设备有交流接触器。根据这些硬件与 PLC 中的编程软元件的对应关系，我们可以得到工作台自动往返运行的 PLC 控制系统的输入/输出端口分配表，见表 3-4。

表 3-4　输入/输出端口分配表

输　入			输　出		
设备名称	符号	端口号	设备名称	符号	端口号
正转前进启动按钮（常开触点）	SB1	X000	正转前进接触器	KM1	Y000
反转后退启动按钮（常开触点）	SB2	X001	反转后退接触器	KM2	Y001
停止按钮（常闭触点）	SB3	X002			
热继电器（常闭触点）	FR	X003			
正转前进到位行程开关	SQ2	X004			
反转后退到位行程开关	SQ1	X005			
正转前进到位极限行程开关	SQ4	X006			
反转后退到位极限行程开关	SQ3	X007			

2. PLC 接线示意图

根据输入/输出端口分配表，可画出工作台自动往返运行的 PLC 控制系统 PLC 部分的外部接线示意图，如图 3-15 所示。

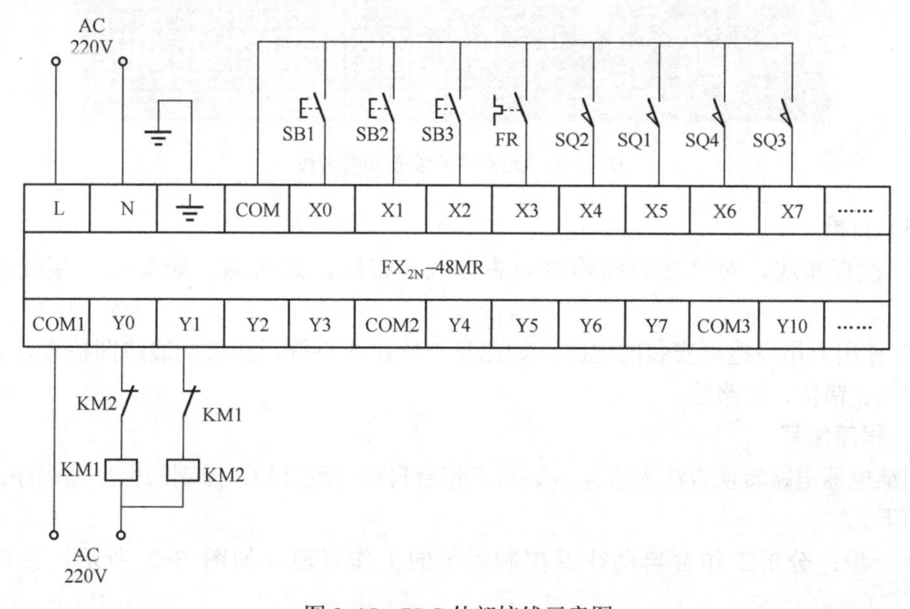

图 3-15　PLC 外部接线示意图

3．系统安装

（1）检查元器件

根据项目要求选配齐需要的元器件（注意有些替代元器件的选用），并逐个检查元件的规格是否符合要求，检测元件的质量是否完好。

（2）安装元器件及接线

自行绘制本控制系统安装接线图，根据配线原则及工艺要求，对照绘制的接线图进行安装和接线，元器件安装布局参考如图 3-16 所示。

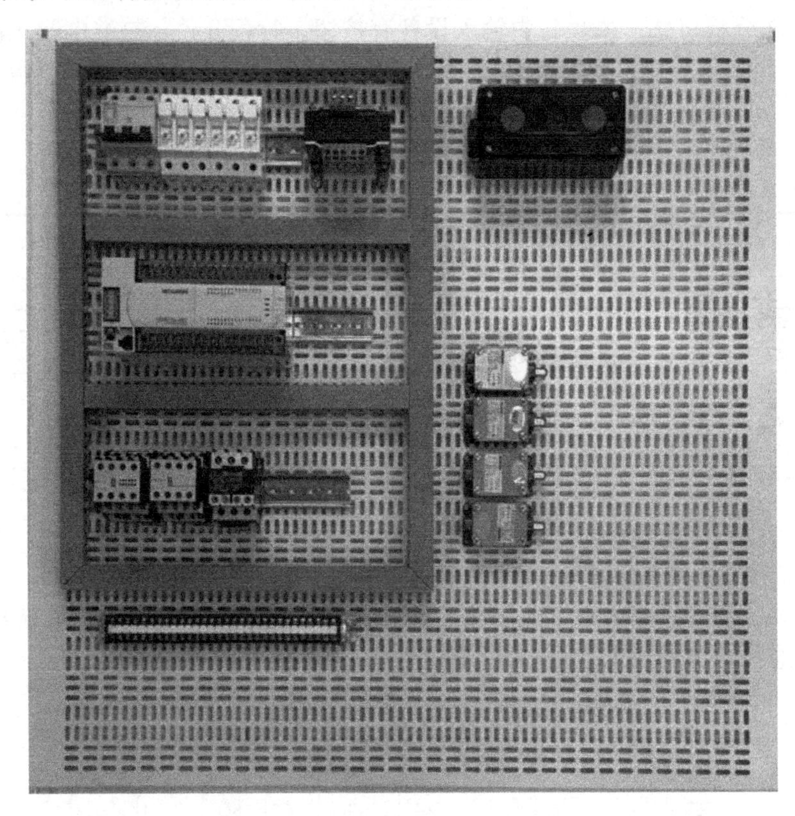

图 3-16　元器件安装布局参考图

（3）自检

① 检查布线。对照接线图检查是否掉线、错线，是否漏、错编号，接线是否牢固等。

② 使用万用表检测安装的电路，如测量与线路图不符，应根据线路图检查是否有错线、掉线、错位、短路等。

4．程序编写

用继电器电路转换方法来设计、编写工作台自动往返 PLC 控制的梯形图程序，具体过程如下。

第一步：分析工作台自动往返控制系统的工作原理（如图 3-2 所示，读者自行分析）。

第二步：确定该系统的输入/输出信号，写出端口地址分配表，见表 3-4。

第三步：选用型号为 FX_{2N}-48MR 的 PLC，画出外部接线示意图（如图 3-15 所示）。

第四步：根据图 3-2，画出直接转换后的梯形图，如图 3-17 所示。

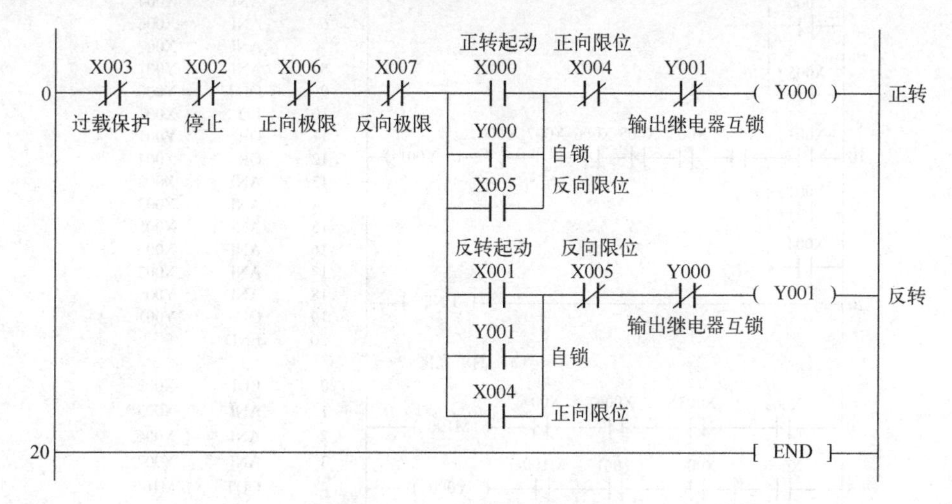

图 3-17 直接转换后的梯形图

第五步：对直接转换后的梯形图进行优化。对直接转换后的梯形图用不同方法进行进一步优化，可分别得到图 3-18（a）、图 3-18（b）和图 3-18（c）所示的梯形图和指令程序。

5．梯形图程序录入

① 在作为编程器的计算机上，运行 SWOPC-FXGP/WIN-C 或 GX Developer 编程软件。

② 创建新文件，选择 PLC 类型为 FX_{2N}。

③ 按照前文介绍的方法，参照图 3-18 所示的梯形图程序将程序输入到计算机中。

④ 转换梯形图。

⑤ 文件赋名为“项目 3-1”，确认保存。

⑥ 在断电状态下，连接好 PC/PPI 电缆。

⑦ 将 PLC 运行模式选择开关拨到“STOP”位置，此时 PLC 处于停止状态，可以进行程序的传送。

⑧ 利用菜单“在线”→“PLC 写入”命令，将程序文件下载到 PLC 中。

6．系统调试及运行

① 将 PLC 运行模式的选择开关拨到“RUN”位置，使 PLC 进入运行方式。

② 按表 3-5 操作，对程序进行调试运行，观察系统的运行情况。如出现故障，应立即切断电源，分别检查硬件线路接线和梯形图程序是否有误，修改后，应重新调试，直至系统按要求正常工作。

③ 记录系统调试及运行的结果，完成调试及运行情况记录于表 3-5 中。

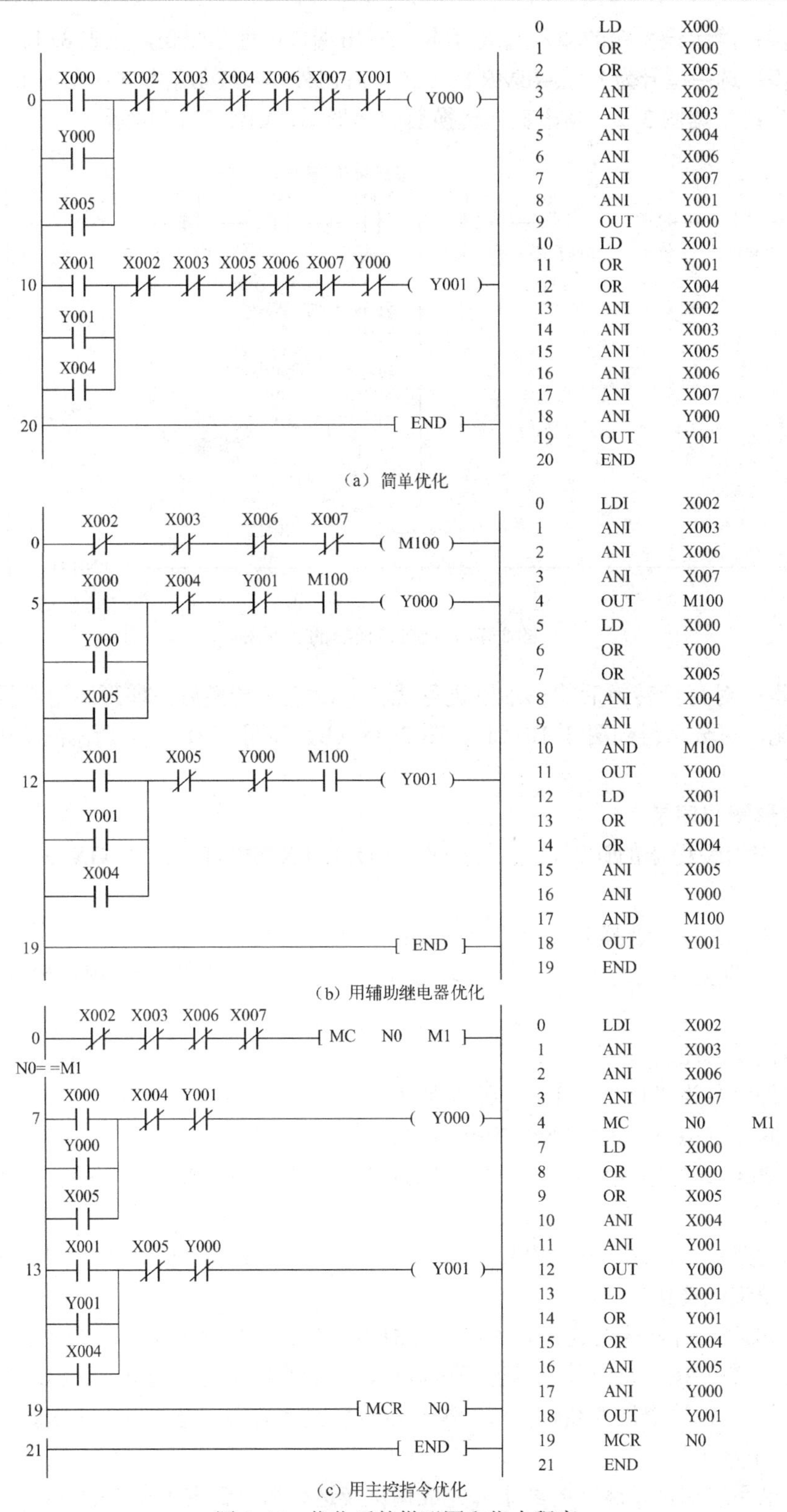

（a）简单优化

（b）用辅助继电器优化

（c）用主控指令优化

图 3-18　优化后的梯形图和指令程序

表 3-5　调试及运行情况记录表

操作步骤（每步间隔 5s）	操作内容	观察内容				工作台运行观察结果（假设工作台先停在 A，B 两处中间）
		PLC 指示 LED		输出设备		
		正确结果	观察结果	正确结果	观察结果	
1	按下 SB1	OUT0 点亮		KM1 吸合		
		OUT1 熄灭		KM2 释放		
2	按下 SQ2	OUT0 熄灭		KM1 释放		
		OUT1 点亮		KM2 吸合		
3	按下 SQ1	OUT0 点亮		KM1 吸合		
		OUT1 熄灭		KM2 释放		
4	按下 SB3	OUT0 熄灭		KM1 释放		
		OUT1 熄灭		KM2 释放		
5	按下 SB2	OUT0 熄灭		KM1 释放		
		OUT1 点亮		KM2 吸合		
6	按下 SQ1	OUT0 点亮		KM1 吸合		
		OUT1 熄灭		KM2 释放		
7	按下 SQ2	OUT0 熄灭		KM1 释放		
		OUT1 点亮		KM2 吸合		
8	按下 SB3	OUT0 熄灭		KM1 释放		
		OUT1 熄灭		KM2 释放		

7. 项目质量考核要求及评分标准

项目质量考核要求及评分标准参见表 3-6。

表 3-6　项目质量考核要求及评分标准

考核项目	考核要求	配分	评分标准	扣分	得分	备注
系统安装	1. 会安装元件 2. 按图完整、正确及规范接线 3. 按照要求编号	25	1. 元件松动扣 2 分，损坏一处扣 4 分 2. 错、漏线，每处扣 2 分 3. 反圈、压皮、松动，每处扣 2 分 4. 错、漏编号，每处扣 1 分			
编程操作	1. 会建立并保存程序文件 2. 正确编制梯形图程序 3. 会转换梯形图 4. 会传送程序	45	1. 不能建立并保存程序文件或错误，扣 2 分 2. 梯形图程序功能不能实现错误，一处扣 3 分 3. 转换梯形图错误，扣 2 分 4. 传送程序错误，扣 2 分			
运行操作	1. 操作运行系统，分析操作结果 2. 会监控梯形图 3. 会监控元件	20	1. 系统通电操作错误，一处扣 3 分 2. 分析操作结果错误，一处扣 2 分 3. 监控梯形图错误，一处扣 2 分 4. 监控元件错误，一处扣 2 分			
安全生产	自觉遵守安全、文明生产规程	10	1. 每违反一项规定，扣 3 分 2. 发生安全事故，0 分处理 3. 漏接接地线，一处扣 5 分			
时间	4 小时		提前正确完成，每 5 分钟加 2 分 超过定额时间，每 5 分钟扣 2 分			
开始时间：		结束时间：		实际时间：		

七、拓展与提高

梯形图程序设计有许多种方法，前文介绍了继电器电路转换法，下面我们来介绍经验设计法和逻辑设计法。

1．经验设计法

经验设计法也叫试凑法，是指设计者在掌握了大量的典型电路的基础上，充分理解实际系统的具体要求，将实际控制问题分解成若干典型控制电路，再在典型控制电路的基础上不断调试、修改和完善，最后才能得到一个较为满意的梯形图。

采用经验设计法设计 PLC 梯形图的步骤如下：

① 分析并熟悉控制要求，选择控制原则。

② 设置系统的主令元件、检测元件和执行元件，确定输入/输出设备，并画出 PLC 的 I/O 接线示意图。

③ 设计控制程序。按所给的要求，将生产机械的运动分成各自独立的简单运动，分别设计这些简单运动的基本控制程序。按各运动之间应有的制约关系来设置联锁措施、选择联锁触点、设计联锁程序，这是电控系统能否成功、能否可靠正确运行的关键，必须仔细进行。按照维持运动（或状态）的进行和转换的需要，选择控制原则。对于控制要求比较复杂的控制系统，要正确分析控制要求，确定各输出信号的关键控制点。在以空间位置为主的控制中，关键点为引起输出信号状态改变的位置点；在以时间为主的控制中，关键点为引起输出信号状态改变的时间点。分别画出各输出信号的梯形图和其他控制信号的梯形图。

④ 检查、修改和优化梯形图程序。用经验法设计梯形图时，没有普遍的规律可循，具有很大的试探性和随意性，需要经过反复调试和修改，最后设计出来的结果也不是唯一的，设计所用的时间、设计的质量与设计者的经验有很大的关系，一般用于较简单的梯形图的设计。对于复杂的控制系统，特别是复杂的顺序控制系统，一般采用步进顺控的编程方法。

2．逻辑设计法

逻辑设计法就是应用逻辑代数以逻辑组合的方法和形式设计程序。逻辑设计法的一般做法是根据生产过程各工步之间各个检测组件状态的不同组合和变化，确定所需的中间环节；再按照各执行组件所应满足的动作节拍列出真值表，分别写出相应的逻辑表达式；最后，用触点的串并联组合，即通过具体的物理电路实现所需的逻辑表达式。

用逻辑法设计梯形图，必须在逻辑函数表达式与梯形图之间建立一种一一对应关系，即梯形图中常开触点用原变量（元件）表示，常闭触点用反变量（元件上加一小横线）表示。触点和线圈只有两个取值“1”与“0”，“1”表示触点接通或线圈有电，“0”表示触点断开或线圈无电。触点串联用逻辑“与”表示，触点并联用逻辑“或”表示，其他复杂的触点组合可用组合逻辑表示，它们的对应关系见表 3-7。

表 3-7 逻辑函数表达式与梯形图的对应关系

逻辑函数表达式	梯 形 图	逻辑函数表达式	梯 形 图
逻辑“与” Y0 = X1·X2	X001 X002 (Y000)	“与”运算式 Y0 = X1·X2···Xn	X001 X002 - - Xn (Y000)

续表

逻辑函数表达式	梯　形　图	逻辑函数表达式	梯　形　图
逻辑“或” Y0=X1+X2	X001 X002 (Y000)	“或/与”运算式 Y0=(X1+Y0)·$\overline{X2}$·X3	X001　X002　X003 (Y000) Y000
逻辑“非” Y0=$\overline{X1}$	X001 (Y000)	“与或运算式” Y0=(X1 · X2)+(X3 · X4)	X001　X002 (Y000) X003　X004

采用逻辑设计法设计 PLC 梯形图的步骤如下：

① 分析系统控制要求，明确控制任务和控制内容。

② 确定 PLC 的软元件（输入继电器 X、输出继电器 Y、辅助继电器 M 和定时器 T），画出 PLC 的外部接线图。

③ 将控制任务、控制要求转换为逻辑函数（线圈）和逻辑变量（触点），分析触点与线圈的逻辑关系，列出真值表。

④ 根据真值表写出逻辑函数表达式。

⑤ 根据逻辑函数表达式画出梯形图。

⑥ 优化梯形图。

八、思考与练习

图 3-19 所示为两台电机顺序运行的控制电路，功能要求如下：

① 接上电源，电机不动作。

② 按 SB2 后，泵电机动作；再按 SB4 后，主电机才会动作。

③ 未按 SB2，而先按 SB4 时，主电机不会动作。

④ 按 SB3 后，只有主电机停转，而按 SB1 后，两台电动机同时停转。

试将其改用 PLC 控制系统，编程要求如下：

① 列出输入/输出端口分配表。

② 画出接线图。

③ 编写梯形图。

④ 写出指令表。

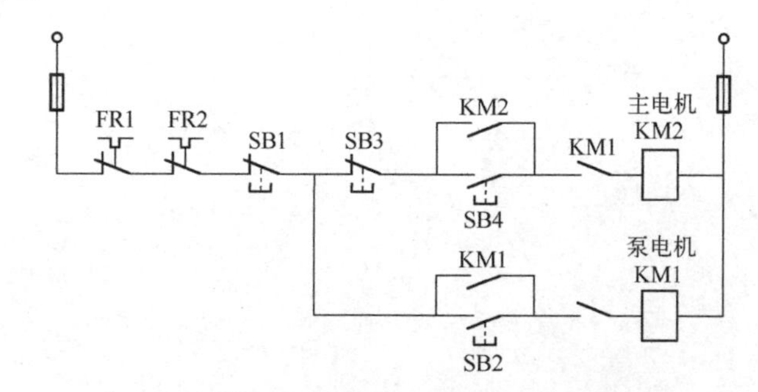

图 3-19　两台电动机顺序运行的控制电路

九、课外学习指导

本章推荐阅读书目：

郁汉琪. 三菱 FX/Q 系列 PLC 应用技术. 南京：东南大学出版社，2003
刘小春，黄有全. 电气控制与 PLC 技术应用. 北京：电子工业出版社，2009
赵俊生. 电气控制与 PLC 技术项目化理论与实践. 北京：电子工业出版社，2009
瞿彩萍. PLC 应用技术（三菱）. 北京：中国劳动社会保障出版社，2009

项目四　输送带的PLC控制

一、学习目标

1. 知识目标

① 掌握软元件T、C。

② 掌握PLC梯形图程序设计的原则。

③ 掌握用启保停的方式来设计梯形图程序。

2. 技能目标

① 会采用基本指令编写输送带PLC控制的梯形图程序。

② 能完成整个系统的安装、调试与运行监控。

二、项目要求

某车间生产线有一套物料输送装置，工作时要求物料从供料装置出来后，由输送带输送到包装工位进行打包，其工作示意图如图3-1所示。输送带上有检测器来检测物料。具体控制要求如下：

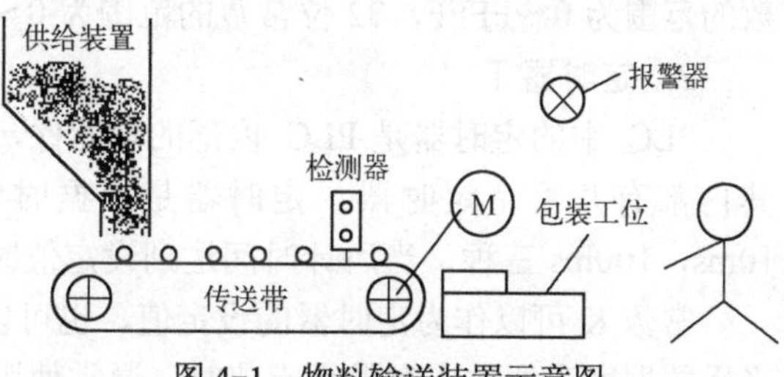

图4-1　物料输送装置示意图

① 运行过程中，若输送带上15s内无物料通过则报警，报警时间延续30s后输送带停止运行。物料的有无通过检测器来检测。

② 每15个工件为一箱进行打包，打包过程中系统暂停10s等待打包，打包完成后系统继续运行。

③ 有必要的安全保护措施。

三、工作流程图

本项目的工作流程如图4-2所示。

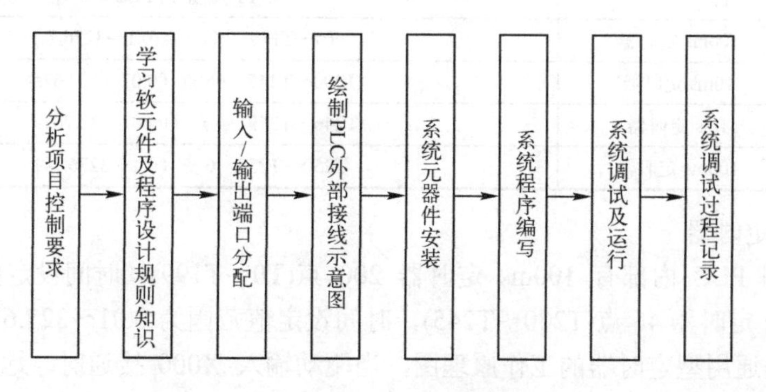

图4-2　项目的工作流程图

四、项目分析

具体分析如下：

① 在系统正常运行过程中，由供料装置向输送带进行供料，在输送带的另一端由检测装置来检测进入包装箱的工件个数，当检测器检测到 15 个工件进入包装箱后，供料装置和输送带都暂停运行，等打包完成后，系统再继续运行，这时检测器的计数装置应该清零，重新开始计数。

② 意外情况处理，如果检测器连续 15s 没有检测到工件，则系统报警，提醒工作人员，但是系统仍然运行；当超过 30s 没有检测到工件时，系统暂停，这时计数器不清零，等故障排除后继续运行。

③ 按下停止按钮后，系统立即停止，计数器清零。

五、相关知识点

1. 常数 K

常数 K 用来表示十进制常数，16 位常数的范围为-32 768～+32 767，32 位常数的范围为-2 147 483 648～+2 147 483 647。

常数 H 用来表示十六进制常数，十六进制包括 0～9 和 A～F 这 16 个数字，16 位常数的范围为 0～FFFF，32 位常数的范围为 0～FFFFFFFF。

2. 定时器 T

PLC 中的定时器是 PLC 内部的软元件，其作用相当于继电器系统中的时间继电器，其内部有几百个定时器。定时器是根据时钟脉冲的累积计时的。时钟脉冲有 1ms，10ms，100ms 三种，当所计时间达到设定值时，其输出触点动作。

常数 K 可以作为定时器的设定值，也可以用数据寄存器（D）的内容来设置定时器，当用数据寄存器的内容做设定值时，通常使用失电保持的数据寄存器，这样在断电时不会丢失数据。但应注意，如果锂电池电压降低，定时器及计算器均可能发生误动作。

FX_{2N} 系列 PLC 的定时器分为通用定时器和积算定时器。其定时器的个数和元件编号见表 4-1。

表 4-1 FX_{2N} 系列 PLC 的定时器编号

项　目		FX_{2N} 系列 PLC
通用型	100ms 定时器	T0～T199　200 点(0.1～3276.7s)
	10ms 定时器	T200～T245　46 点（0.01～327.67s）
积算型	1ms 定时器	T246～T249　4 点（0.001～32.767s）
	100ms 定时器	T250～T255　6 点（0.1～3276.7s）

（1）通用定时器

FX_{2N} 系列 PLC 内部有 100ms 定时器 200 点(T0～T199)，时间设定值范围为 0.1～3276.7s；10ms 定时器 46 点(T200～T245)，时间设定值范围为 0.01～327.67s。

图 4-3 是通用型定时器的工作原理图，当驱动输入 X000 接通时，地址编号为 T150 的当前值计数器对 100ms 时钟脉冲进行计数，当该值与设定值 K198 相等时，定时器的常开触点就接通，其常闭触点就断开，即输出触点是在驱动输入接通后的 198×

100ms=19.8s 时动作。驱动输入 X000 断开或发生断电时，当前值计数器就复位，输出触点也复位。

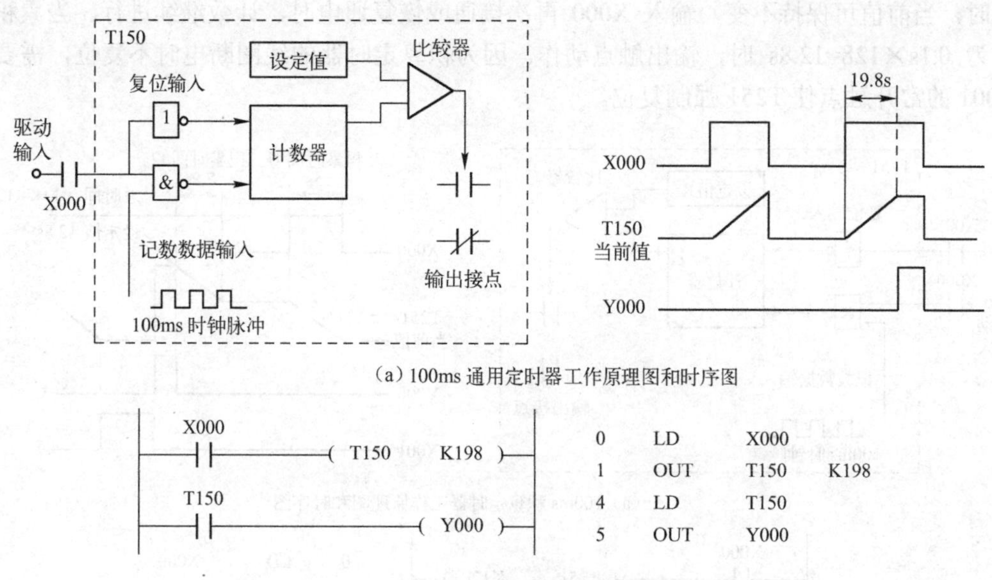

（a）100ms 通用定时器工作原理图和时序图

（b）100ms 通用定时器梯形图和指令程序

图 4-3　通用型定时器的工作原理图

通用定时器没有断电保持功能，相当于通电延时继电器，如果要实现断电延时，可采用图 4-4 所示电路。当 X000 断开时，X000 的常闭触点恢复，定时器 T1 开始计时，当 T1=250×100ms=25s 时，T1 的常闭触点断开，从而实现了断电延时。

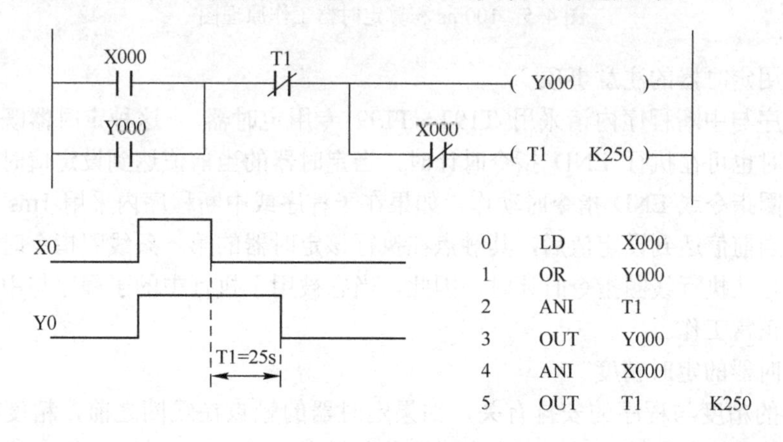

图 4-4　断电延时

（2）积算型定时器

FX_{2N} 系列 PLC 内部有 1ms 积算定时器 4 点(T246～T249)，时间设定值为 0.001～32.767s，100ms 积算定时器 6 点(T250～T255)，时间设定值为 0.1～3276.7s。

图 4-5 是积算定时器工作原理图，当定时器线圈 T251 的驱动输入 X000 接通时，

T251 的当前值计数器开始累积 100ms 的时钟脉冲的个数，当该值与设定值 K128 相等时，定时器的常开触点接通，其常闭触点就断开。当计数过程中驱动输入 X000 断开或停电时，当前值可保持不变，输入 X000 再次接通或恢复通电时，计数继续进行。当累积时间为 0.1s×128=12.8s 时，输出触点动作。因为积算定时器的线圈断电时不复位，需要用 X001 的常开触点使 T251 强制复位。

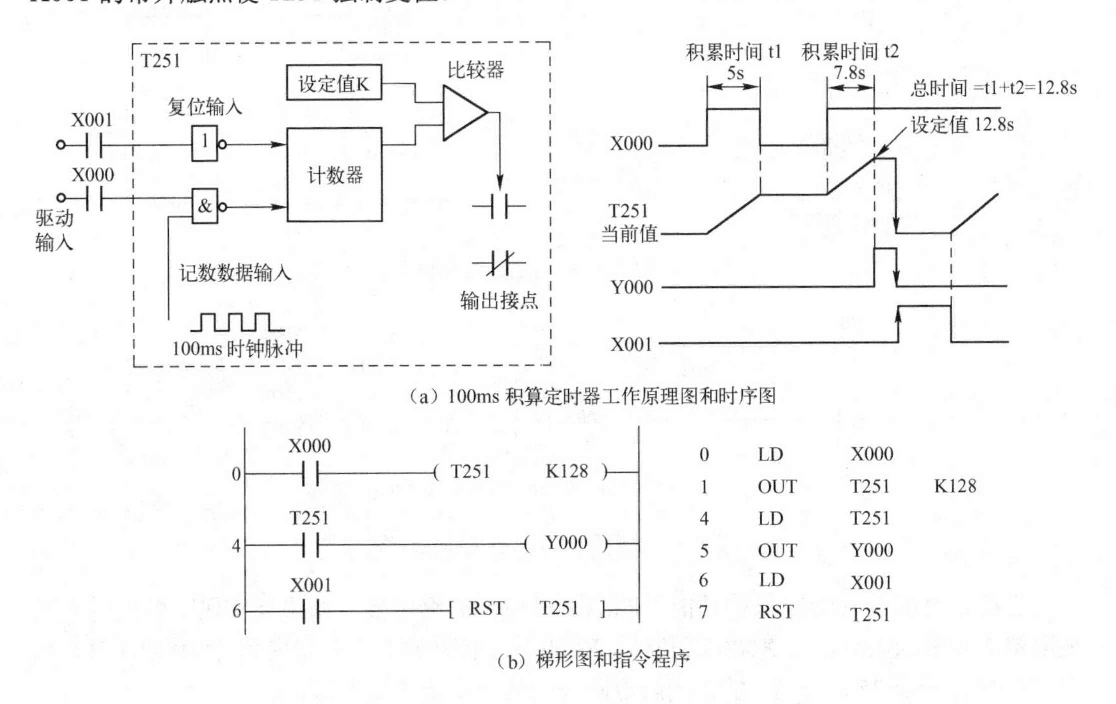

（a）100ms 积算定时器工作原理图和时序图

0	LD	X000	
1	OUT	T251	K128
4	LD	T251	
5	OUT	Y000	
6	LD	X001	
7	RST	T251	

（b）梯形图和指令程序

图 4-5　100ms 积算定时器工作原理图

（3）使用定时器的注意事项

在子程序与中断程序内请采用 T192～T199 专用定时器。 这种定时器既可在执行线圈指令时计时也可在执行 END 指令时计时，当定时器的当前值达到设定值时，其输出触点在执行线圈指令或 END 指令时动作。如果在子程序或中断程序内采用 1ms 累积定时器时，在它的当前值达到设定值后，其触点在执行该定时器的第一条线圈指令时动作。普通的定时器只是在执行线圈指令时计时，因此，当它被用于执行中的子程序与中断程序时不计时，不能正常工作。

（4）定时器的定时精度

定时器的精度与程序的安排有关，如果定时器的触点在线圈之前，精度将会降低。最小定时误差为输入滤波器时间减去定时器的分辨率 1ms、10ms 和 100ms 定时器的分辨率分别 1ms、10ms 和 100ms。

3．计数器 C

FX 系列的计数器如表 4-2 所示，它分内部信号计数器（简称内部计数器）和外部高速计数器（简称高速计数器 HSC）。

表 4-2　FX 系列的计数器

类　型		编　号
内部计数器	16 位通用计数器	100（C0～C99）
	16 位电池后备 / 锁存计数器	100（C100～C199）
	32 位通用双向计数器	20（C200～C219）
	32 位电池后备 / 锁存双向计数器	15（C220～C234）
外部高速计数器	32 位高速双向计数器（HSC）	21（C235～C255）

1）内部计数器

FX 系列 PLC 设有用于内部计数的内部计数器 C0～C234，共 235 点。内部计数器是用来对 PLC 的内部元件（X，Y，M，S，T 和 C）提供的信号进行计数。计数脉冲为 ON 或 OFF 的持续时间，应大于 PLC 的扫描周期，其响应速度通常小于几十赫兹。内部计数器按位数可分为 16 位加计数器、32 位双向计数器，按功能可分为通用型和电池后备/锁存型。

（1）16 位加计数器

16 位加计数器可以分为 16 位通用计数器和 16 位电池后备/锁存计数器，设定值范围为 1～32 767。FX_{2N} 系列的 16 位通用计数器为 C0～C99，共 100 点，16 位电池后备/锁存计数器为 C100～C199，共 100 点。

图 4-6 所示为 16 位加计数器的工作过程。图中 X001 的常开触点接通后，C1 被复位，C1 的常开触点断开，常闭触点接通，同时 C1 的计数当前值被置 0。X002 用来提供计数输入信号，当计数器的复位输入电路断开，同时计数输入电路由断开变为接通（即计数脉冲的上升沿）时，计数器的当前值加 1。当 5 个计数脉冲输入后，C1 的当前值等于设定值 5，C1 的常开触点接通，常闭触点断开。再有计数脉冲输入时 C1 当前值不变，直到复位输入电路接通，计数器的当前值被置为 0，其触点全部复位。计数器也可以通过数据寄存器 D 来指定设定值。

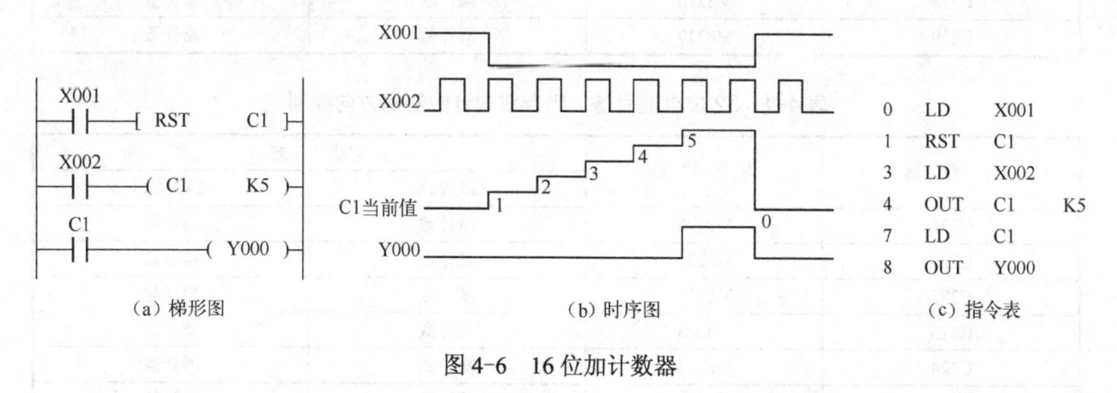

图 4-6　16 位加计数器

具有电池后备/锁存功能的计数器可累计计数，它们在电源断电时可保持其状态信息，重新送电后能立即按断电时的状态恢复工作。即在电源中断时，计数器停止计数，并保持计数当前值不变，电源再次接通后在当前值的基础上继续计数。

（2）32 位双向计数器

计数器可以分为 32 位通用双向计数器和 32 位电池后备/锁存双向计数器，设定值范围为-2 147 483 648～+2 147 483 647。32 位通用双向计数器为 C200～C219，共 20 点；32 位电池后备/锁存双向计数器为 C220～C234，共 15 点。

32 位双向计数器其加/减计数方式由特殊辅助继电器 M8200～M8234 设定，见表 4-3 和表 4-4。当对应的特殊辅助继电器为 ON 时，为减计数；反之，为加计数。计数器的当前值在最大值 2 147 483 647 时加 1 将变为最小值-2 147 483 648。类似地，当前值-2 147 483 648 减 1 时将变为最大值+2 147 483 647，这种计数器称为“环形计数器”。

32 位计数器设定值的设定方法有两个，一是由常数 K 设定，二是通过指定数据寄存器设定。通过指定数据寄存器设定时，32 位设定值存放在元件号相连的两个数据寄存器中，如指定的是 D0，则设定值存放在 D1 和 D0 中。

表 4-3　32 位通用双向计数器的方向控制

计 数 器	方 向 控 制	状　态	
		82XX ON	82XX OFF
C200	M8200	减计数	增计数
C201	M8201	减计数	增计数
C202	M8202	减计数	增计数
C203	M8203	减计数	增计数
C204	M8204	减计数	增计数
C205	M8205	减计数	增计数
C206	M8206	减计数	增计数
C207	M8207	减计数	增计数
…	…	…	…
C215	M8215	减计数	增计数
C216	M8216	减计数	增计数
C217	M8217	减计数	增计数
C218	M8218	减计数	增计数
C219	M8219	减计数	增计数

表 4-4　32 位电池后备 / 锁存双向计数器的方向控制

计 数 器	方 向 控 制	状　态	
		82XX ON	82XX OFF
C220	M8220	减计数	增计数
C221	M8221	减计数	增计数
C222	M8222	减计数	增计数
C223	M8223	减计数	增计数
C224	M8224	减计数	增计数
C225	M8225	减计数	增计数
C226	M8226	减计数	增计数
C227	M8227	减计数	增计数
C228	M8228	减计数	增计数
C229	M8229	减计数	增计数
C230	M8230	减计数	增计数

续表

计数器	方向控制	状态	
		82XX ON	82XX OFF
C231	M8231	减计数	增计数
C232	M8232	减计数	增计数
C233	M8233	减计数	增计数
C234	M8234	减计数	增计数

图4-7所示为32位双向计数器的工作过程，C215的设定值为20，当X001断开时，M8215为OFF，此时C215为加计数。若计数器C215的当前值由19增加到20时，计数器C215的输出触点为ON；当前值大于20时，输出触点仍为ON。当X001接通时，M8215为ON，此时C215为减计数。若计数器C215的当前值由20减少到19时，输出触点为OFF；当前值小于19时，输出触点仍为OFF。当复位输入X002的常开触点接通时，C215被复位，其常开触点断开，常闭触点接通，当前值被置为0。

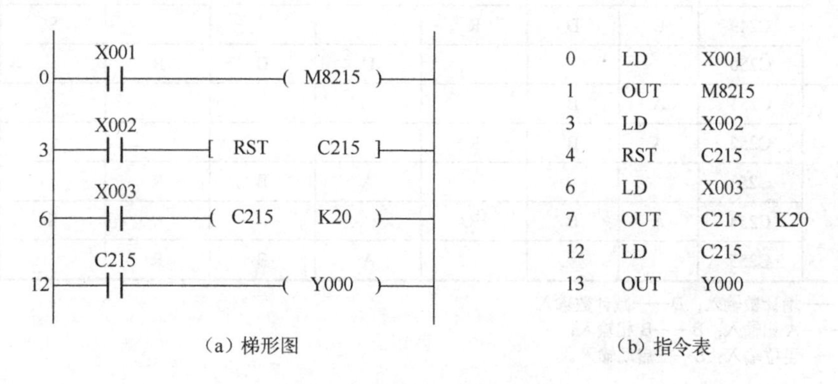

图4-7　32位双向计数器

2）高速计数器（HSO）

用于外部输入端X000～X007计数的高速计数器为C235～C255，共21点，高速计数器均为32位加/减双向计数器。

高速计数器的运行建立在中断的基础上，这意味着事件的触发与扫描时间无关。在对外部高速脉冲计数时，梯形图中高速计数器的线圈应一直通电，以表示与它有关的输入点已被使用。不同类型的高速计数器可以同时使用，它们共用PLC的高速计数器输入端X000～X007。但是，某一输入端同时只能供一个高速计数器使用，因此应注意高速计数器输入点不能有冲突。

高速计数器的选择并不是任意的，它取决于所需计数器的类型及高速输入端子。高速计数器的类型见表4-5。单相和两相双向计数器最高计数频率为10kHz，A-B相计数器最高计数频率为5kHz。

表 4-5　高速计数器按特性分类表

类　型	地址	输入端子							
		X0	X1	X2	X3	X4	X5	X6	X7
单相无启动/复位端	C235	U/D							
	C236		U/D						
	C237			U/D					
	C238				U/D				
	C239					U/D			
	C240						U/D		
单相带启动/复位端	C241	U/D	R						
	C242			U/D	R				
	C243					U/D	R		
	C244	U/D	R					S	
	C245			U/D	R				S
单相双计数输入（双向）	C246	U	D						
	C247	U	D	R					
	C248				U	D	R		
	C249	U	D	R				S	
	C250				U	D	R		S
鉴相式双（A-B 相型）	C251	A	B						
	C252	A	B	R					
	C253				A	B	R		
	C254	A	B	R				S	
	C255				A	B	R		S

注：U——增计数输入；D——减计数输入；
　　A——A 相输入；B——B 相输入；
　　R——复位输入；S——启动输入。

图 4-8 所示为单向高速计数器工作过程，当控制触点 X011 为 ON 时，选择了高速计数器 C236，并且指定了 C236 的计数输入端是 X001，但是它并不在程序中出现，计数信号并不是 X011 提供的。其中，C236 为单相无启动/复位输入端的高速计数器，C244 为单相带启动/复位输入端的高速计数器，M8244 设置 C244 的计数方向，当 M8244 为 ON 时为减计数，当 M8244 为 OFF 时为增计数。C236 只能用 RST 指令来复位。对 C244，X001 和 X006 分别为复位输入端和启动输入端，它们的复位和启动与扫描工作方式无关，其作用是立即的、直接的。如果 X014 为 ON，一旦 X006 变为 ON，立即开始计数，计数输入端为 X000。X006 变为 OFF，立即停止计数。

C244 的设定值由 D0 和 D1 指定。除了用 X001 使之立即复位外，也可以在梯形图中用复位指令复位。如图 4-8 所示，可以通过程序中的 X013 执行复位。

有关高速计数器的用法详见 FX_{2N} 系列 PLC 的技术手册。

3）计数频率

计数器最高计数频率受两个因素限制：一是各个输入端的响应速度，主要是受硬件

的限制；二是全部高速计数器的处理时间，这是高速计数器计数频率受限制的主要因素。因为高速计数器操作是采用中断方式，故计数器用得越少，则可计数频率就越高。如果某些计数器用比较低的频率计数，则其他计数器可用较高的频率计数。

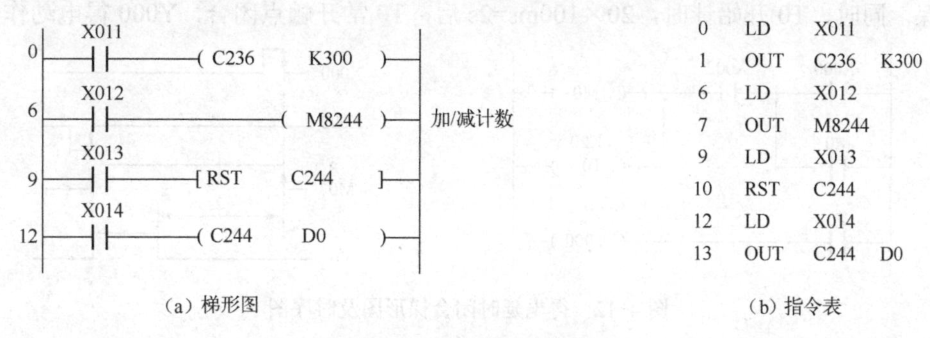

图 4-8　单相高速计数器

4. 常用基本单元电路的编程

作为编程元件及基本指令的应用，本项目中将给出一些基本单元电路的编程。这些基本单元电路常作为梯形图的基本单元出现在程序中，如能灵活应用，这对提高编程水平将有很大的帮助。

1）点动控制电路

点动控制电路梯形图如图 4-9 所示。

当 X001 为 ON 时，Y001 有输出；当 X001 为 OFF 时，Y001 没有输出。

2）连续运转控制电路（自保持电路）

连续运转控制电路梯形图如图 4-10 所示。

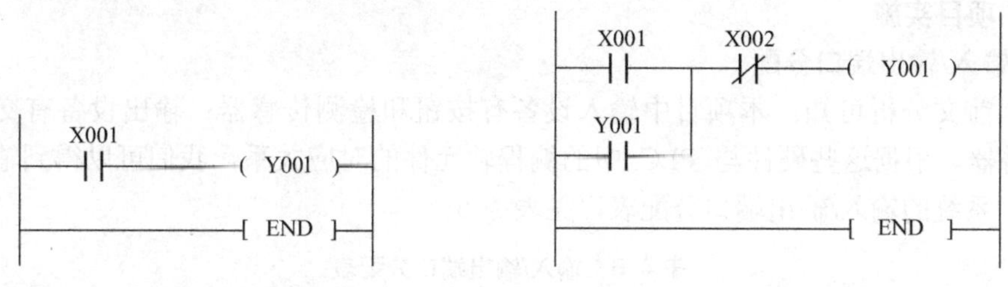

图 4-9　点动控制电路梯形图　　　　图 4-10　连续运转控制电路梯形图

当 X001 为 ON 时，Y001 有输出并自锁，使得能够连续运行；当 X002 为 ON 时，其常闭触点断开，Y001 没有输出，Y001 自锁触头断开。

注意：*本电路可以起到启动、停止的作用，几乎出现在所有的电路中。需要注意的是，若只作启动、停止用，则应采用辅助继电器 M 来实现，如图 4-11 所示。*

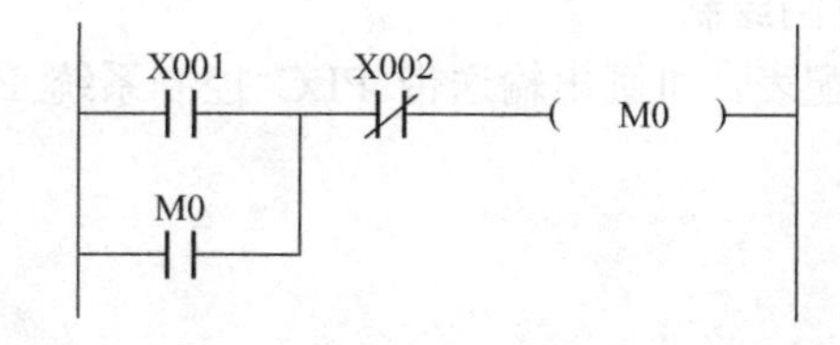

图 4-11　有辅助继电器的连续运转控制电路梯形图

3）计时电路

（1）得电延时闭合

图 4-12 所示梯形图中，当 X000 为 ON 时，其常开触点闭合，辅助继电器 M0 接通并自保，同时，T0 开始计时，20×100ms=2s 后，T0 常开触点闭合，Y000 得电动作。

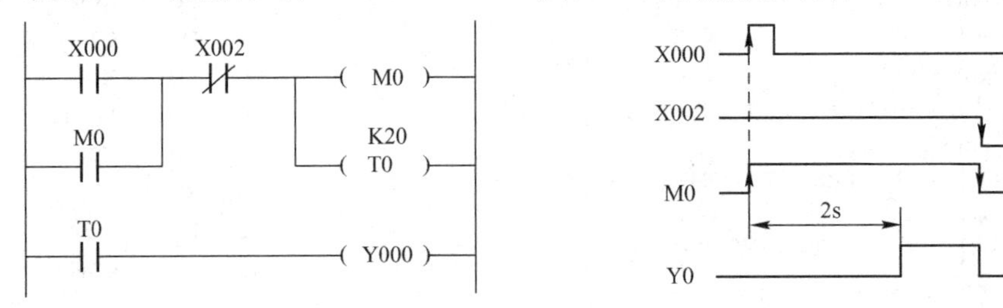

图 4-12　得电延时闭合梯形图及时序图

（2）失电延时断开

图 4-13 所示梯形图中，当 X000 为 ON 时，其常开触点闭合，Y000 接通并自保；当 X000 断开时，定时器 T0 才开始得电延时，当 X000 断开的时间达到定时器的设定时间 10×100ms=1s 时，Y000 才由 ON 变为 OFF，实现失电延时断开。

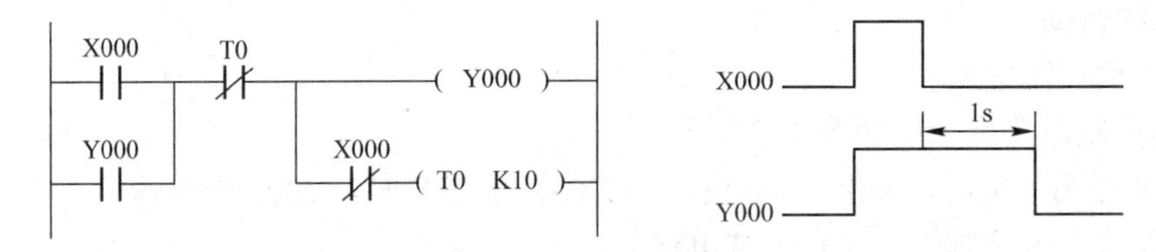

图 4-13　失电延时断开梯形图及时序图

六、项目实施

1. 输入/输出端口分配

根据前文分析可知：本项目中输入设备有按钮和检测传感器；输出设备有交流接触器和报警器。根据这些硬件与 PLC 中的编程软元件的对应关系，我们可以得到输送带的 PLC 控制系统的输入/输出端口分配表，见表 4-6。

表 4-6　输入/输出端口分配表

输　入			输　出		
设备名称	代号	端口号	设备名称	代号	端口号
启动按钮	SB1	X000	接触器	KM	Y001
停止按钮	SB1	X001	报警器	HA	Y002
检测传感器	B1	X002			

2. PLC 外部接线示意图绘制

根据输入/输出端口分配表，可画出输送带 PLC 控制系统 PLC 部分的外部接线示意图，如图 4-14 所示。

3. 系统安装

（1）检查元器件

根据项目要求选配齐需要的元器件（注意有些替代元器件的选用），并逐个检查元件

的规格是否符合要求，检测元件的质量是否完好。

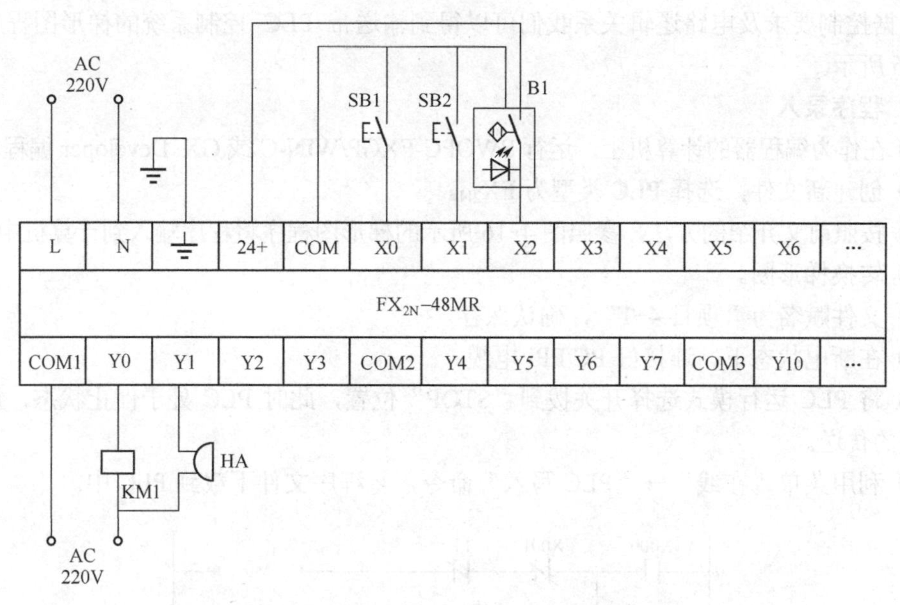

图 4-14　输送带的 PLC 控制系统接线示意图

（2）安装元器件及接线

自行绘制本控制系统安装接线图，根据配线原则及工艺要求，对照绘制的接线图进行配线安装，元器件安装布局参考图如图 4-15 所示。

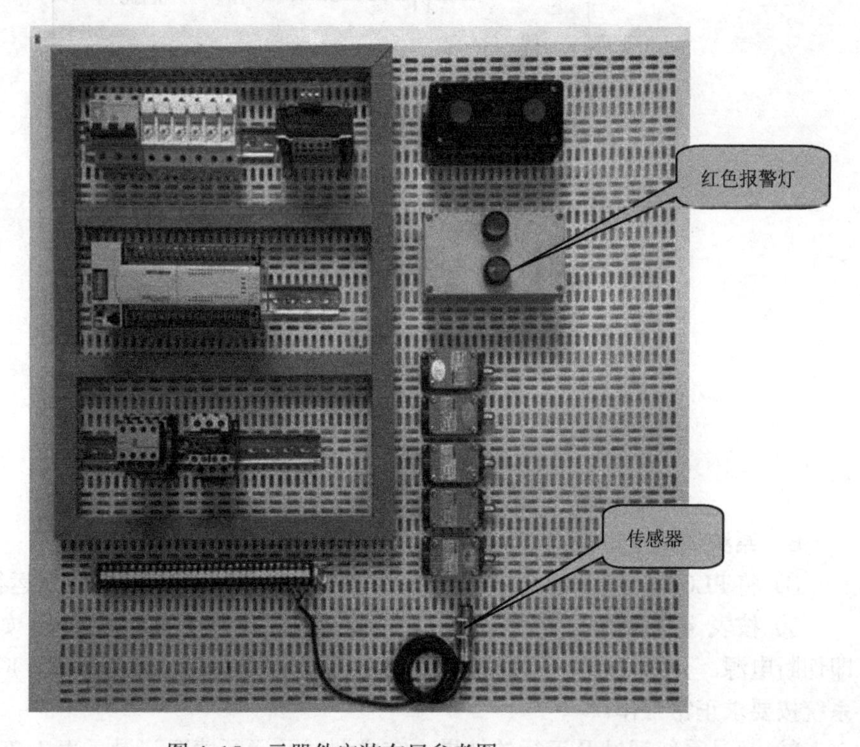

图 4-15　元器件安装布局参考图

4．程序编写

根据控制要求及电路逻辑关系我们可以得到输送带 PLC 控制系统的梯形图程序，如图 4-16 所示。

5．程序录入

① 在作为编程器的计算机上，运行 SWOPC-FXGP/WIN-C 或 GX Developer 编程软件。

② 创建新文件，选择 PLC 类型为 FX_{2N}。

③ 按照前文介绍的方法，参照图 4-16 所示的梯形图程序将程序输入到计算机中。

④ 转换梯形图。

⑤ 文件赋名为“项目 4-1”，确认保存。

⑥ 在断电状态下，连接好 PC/PPI 电缆。

⑦ 将 PLC 运行模式选择开关拨到“STOP”位置，此时 PLC 处于停止状态，可以进行程序的传送。

⑧ 利用菜单“在线”→“PLC 写入”命令，将程序文件下载到 PLC 中。

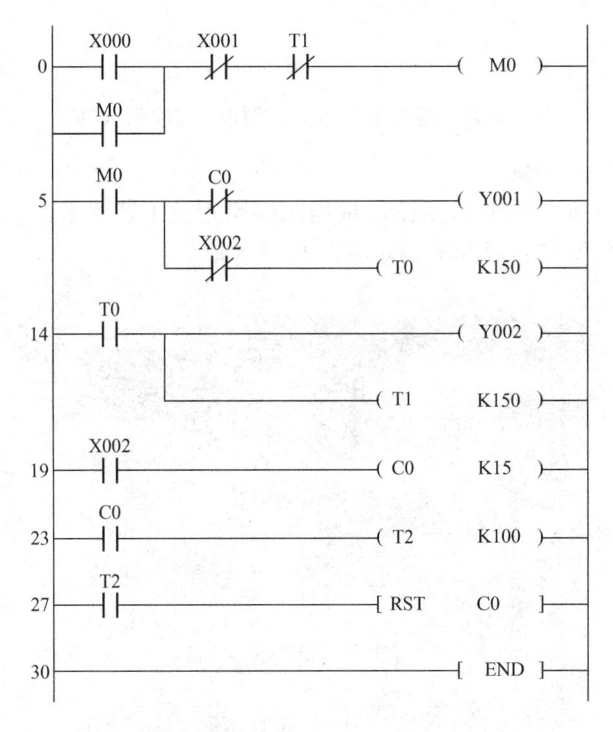

图 4-16　输送带 PLC 控制系统梯形图程序

6．系统调试及运行

① 将 PLC 运行模式的选择开关拨到“RUN”位置，使 PLC 进入运行方式。

② 按表 4-7 操作，对程序进行调试运行，观察系统的运行情况。如出现故障，应立即切断电源，分别检查硬件线路接线和梯形图程序是否有误，修改后，应重新调试，直至系统按要求正常工作。

③ 记录系统调试及运行的结果，完成调试及运行情况记录于表 4-7 中。

表 4-7　调试及运行情况记录表

操作步骤	操作内容	观察内容			
		检测器检测数量	系统运行情况	无料等待时间	系统运行情况
1	按下 SB1	<15		<15s	
		=15		15s<无料<30s	
2	按下 SB2			>30s	

7. 项目质量考核要求及评分标准

项目质量考核要求及评分标准参见表 4-8。

表 4-8　项目质量考核要求及评分标准

考核项目	考核要求	配分	评分标准	扣分	得分	备注
系统安装	1. 会安装元件 2. 按图完整、正确及规范接线 3. 按照要求编号	25	1. 元件松动扣 2 分，损坏一处扣 4 分 2. 错、漏线，每处扣 2 分 3. 反圈、压皮、松动，每处扣 2 分 4. 错、漏编号，每处扣 1 分			
编程操作	1. 会建立并保存程序文件 2. 正确编制梯形图程序 3. 会转换梯形图 4. 会传送程序	45	1. 不能建立并保存程序文件或错误，扣 2 分 2. 梯形图程序功能不能实现错误，一处扣 3 分 3. 转换梯形图错误，扣 2 分 4. 传送程序错误，扣 2 分			
运行操作	1. 操作运行系统，分析操作结果 2. 会监控梯形图 3. 会监控元件	20	1. 系统通电操作错误，一处扣 3 分 2. 分析操作结果错误，一处扣 2 分 3. 监控梯形图错误，一处扣 2 分 4. 监控元件错误，一处扣 2 分			
安全生产	自觉遵守安全、文明生产规程	10	1. 每违反一项规定，扣 3 分 2. 发生安全事故，0 分处理 3. 漏接接地线，一处扣 5 分			
时间	4 小时		提前正确完成，每 5 分钟加 2 分 超过定额时间，每 5 分钟扣 2 分			
开始时间：	结束时间：		实际时间：			

七、拓展与提高

前文学习了定时器和计数器的相关知识，我们掌握了两个软元件的使用方法及应注意的问题。在这个基础上，了解并掌握以下控制程序，将有助于提高我们的编程水平。

1. 脉冲发生器电路

图 4-17 所示的连续脉冲程序和时序图中，利用定时器 T0 产生一个周期可调节的连续脉冲。当 X0 敞开触点闭合后，第一次扫描到 T0 常闭触点时，它是闭合的，于是，T0 线圈得电，经过 1s 的延时，T0 常闭触点断开。T0 常闭触点开后的下一个扫描周期中，当扫描到 T0 常闭触点时，因它已断开，使 T0 线圈失电，T0 常闭触点又随之恢复闭合，这样，在下一个扫描周期到 T0 常闭触点时，又使 T0 线圈得电。重复以上动作，T0 的常开触点连续闭合、断开，就产生了脉宽为一个扫描周期、脉冲周期为 1s 的连续脉冲，改变 T0 常数设定值，就可以改变脉冲周期。

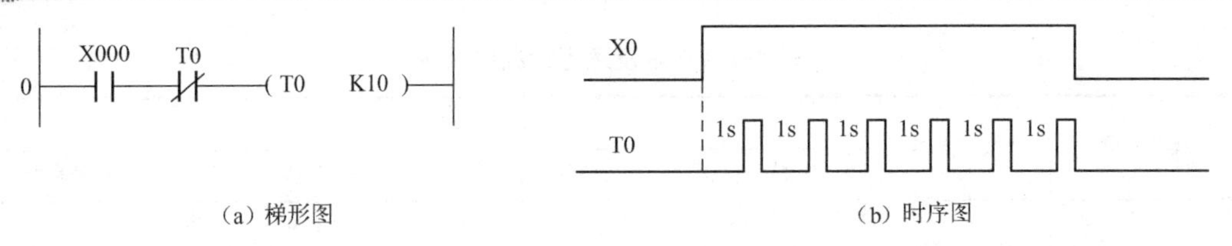

图 4-17　连续脉冲程序和时序图

2．双延时定时器

双延时定时器是通电和失电均延时的定时器，用两个定时器完成双延时控制，其梯形图程序和时序图如图 4-18 所示。

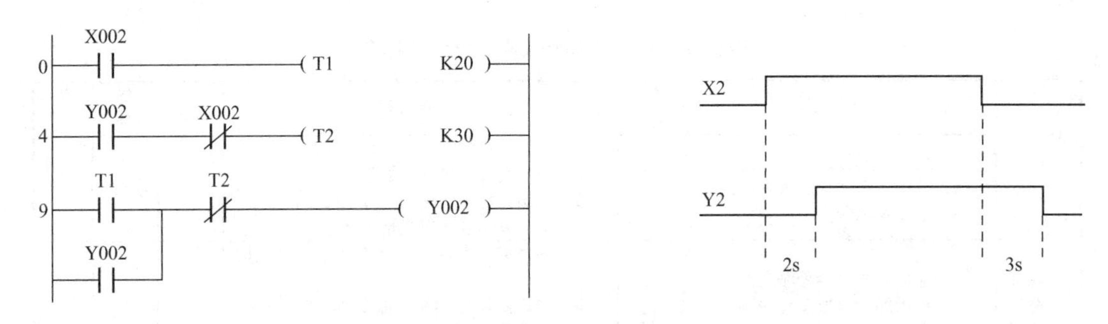

图 4-18　双延时定时器梯形图程序和时序图

当输入 X002 为 ON 时，T1 开始计时，2s 后接通 Y002 并自保持。当输入 X002 由 ON 变 OFF 时，T2 开始计时，3s 后，T2 常闭触点断开，Y002 就没有输出了，实现了输出线圈 Y002 在通电和失电时均产生延时控制的效果。

3．长时定时器

（1）定时器与定时器串级使用

FX 系列 PLC 定时器的延时都有一个最大值，如 100ms 的定时器最大延时时间为 3276.7s。若工程中所需要的延时时间大于选定的定时器的最大值，则可采用多个定时器串级使用进行延时，即先启动一个定时器计时，延时到时，用第一个定时器的常开触点启动第二个定时器延时，再使用第二个定时器启动第三个，如此下去，用最后一个定时器的常开触点去控制被控对象，最终的延时为各个定时器的延时之和，如图 4-19 所示。

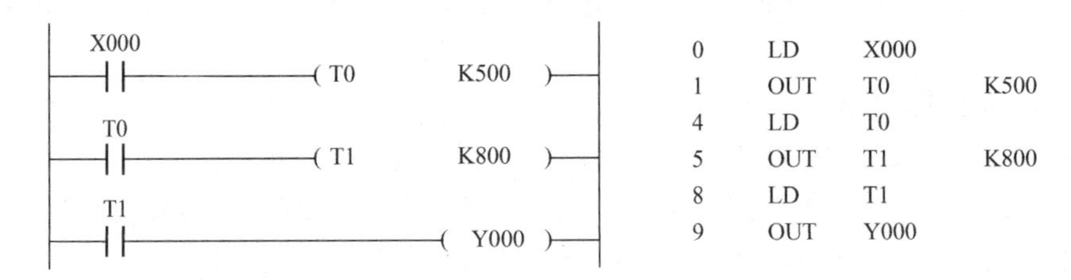

图 4-19　定时器与定时器串级使用

（2）定时器与计数器串级使用

采用计数器配合定时器也可以获得较长时间的延时，如图 4-20 所示。当 X000 保

持接通时，电路工作，定时器 T0 线圈的前面接有定时器 T0 的延时断开的常闭触点，它使定时器 T0 每隔 200s 复位一次；同时，定时器 T0 的延时闭合的常开触点每隔 200s 接通一个扫描周期，使计数器 C1 计一次数，当 C1 计数至设定值 8 时，将被控对象 Y000 接通。其延时时间为定时器的设定时间乘以计数器的设定值，即 t=200s×8=1600s。

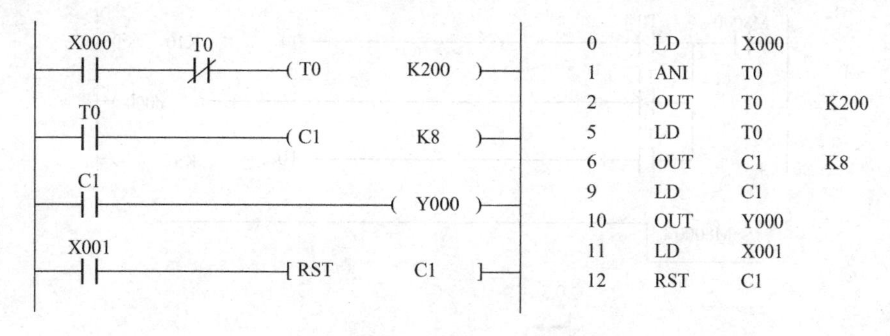

图 4-20　定时器与计数器串级使用

4．闪光电路

闪光电路是广泛应用的一种实用控制电路，它既可以控制灯光的闪烁频率，又可以控制灯光的通断时间比。同样的电路也可控制不同的负载，如电铃、蜂鸣器等。实现灯光控制的方法很多，常用的方法有 4 种。

（1）闪光电路

用 M8013 编程，如图 4-21 所示，当 M8000 为 ON 时，输出继电器 Y000 则按照 0.5s 为 ON、0.5s 为 OFF 反复运行。如果 Y000 输出控制一个灯光的话，则该灯光亮 0.5s、灭 0.5s，如此循环不止。

（2）闪光电路之二

图 4-21 所示为亮暗时间相等且固定不变的程序，若要求亮暗时间不相等则采用图 4-22 所示的电路才能实现。改变 T0 和 Tl 的参数值，可以调整 Y000 输出脉冲宽度。

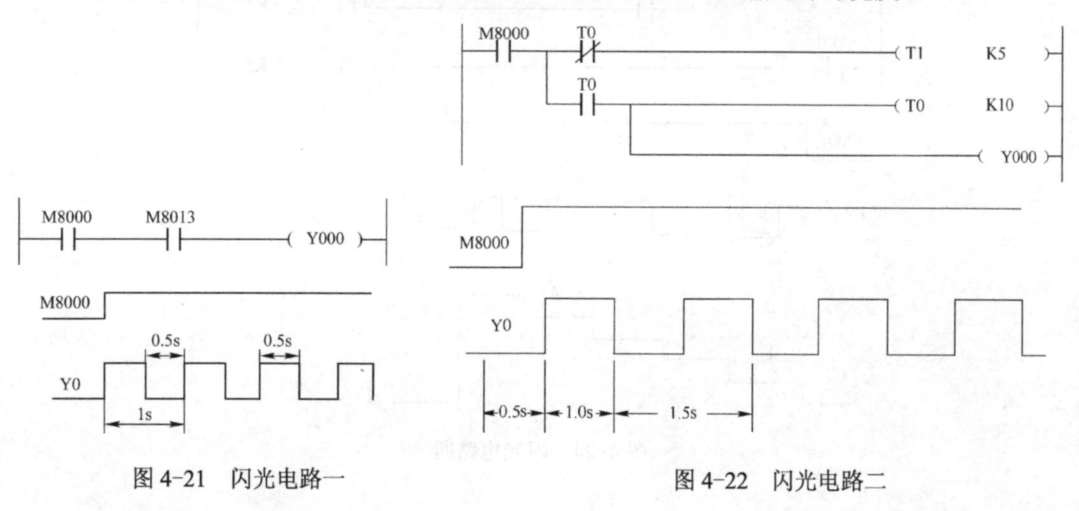

图 4-21　闪光电路一　　图 4-22　闪光电路二

（3）闪光电路三

如图 4-23 所示电路的梯形图，当 M8000 为 ON 时，由于 T1 时间未到，其动断触点闭合，Y000 为 ON。当 T1 整定时间到，Y000 为 OFF，T1 的动合触点闭合，使 T0 开始计时；当 T0 时间到，其动断触点闭合，使 T1 开始计时，同时 Y000 也为 ON，如此循环。

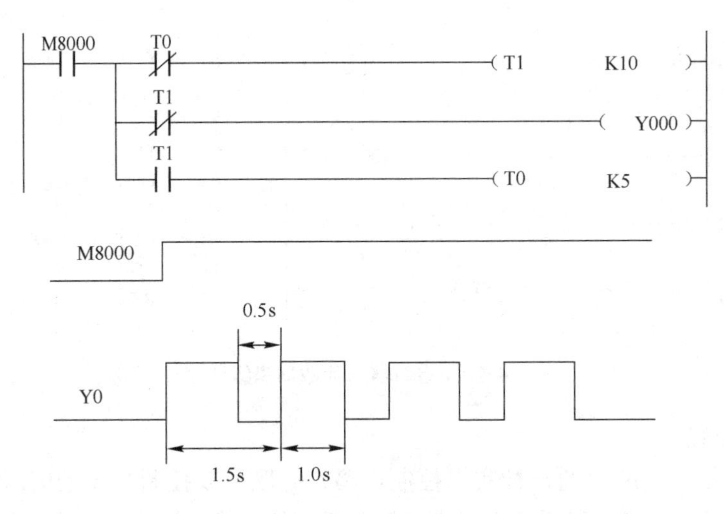

图 4-23　闪光电路三

（4）闪光电路之四

图 4-24 所示是实现闪光灯闪动 5 次就自动停止该功能的电路图，其工作过程请读者自己分析。

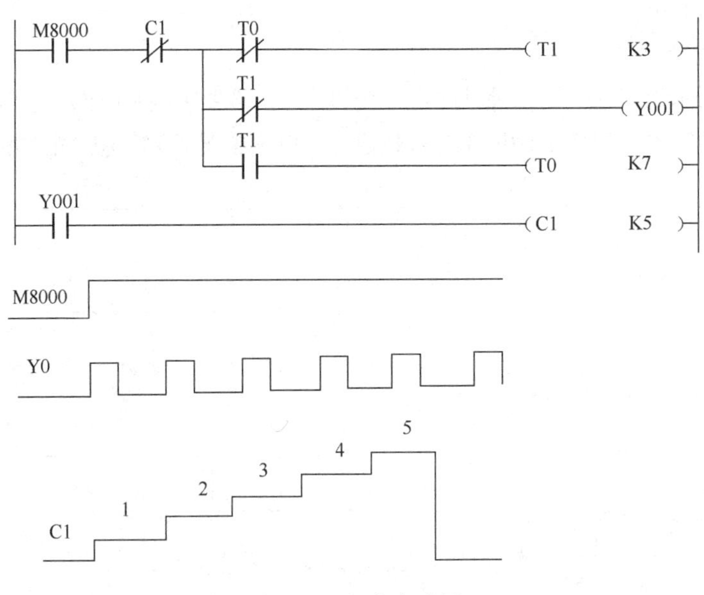

图 4-24　闪光电路四

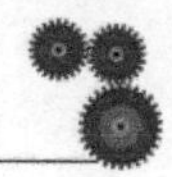

5. 单按钮控制启停电路

通常一个电路的启动和停止控制是由两只按钮分别完成的，当一台 PLC 控制多个这种具有启停操作的电路时，将占用很多输入点。一般，小型 PLC 的输入\输出点是按 3∶2 的比例配置的。由于大多数被控设备是输入信号多，输出信号少，有时在设计一个不太复杂的控制电路时，也会面临输入点不足的问题。因此用单按钮实现启停控制的意义日益重要，这也是目前广泛应用于单按钮控制起停电路的一个直接原因。一般，实现单按钮控制启停电路有 3 个方案。

（1）分频电路编程

用 PLC 可以实现对输入信号的任意分频，如图 4-25 所示是一个二分频电路，将脉冲信号加入 X000 端，在一个脉冲到来时，M100 产生一个扫描周期的单脉冲，使 M100 的动合触点闭合，Y000 有输出并自保持。当第二个脉冲到来时，由于 M100 的动触点断开一个扫描周期，Y000 自保持消失，Y000 线圈断开。当第三个脉冲到来时，M100 又产生单脉冲，Y000 再次输出并自保持。当第四个脉冲到来时，Y000 输出再次消失，以后循环往复，重复上述过程，从波形图看出 Y000 是 X000 的二分频。

如果 Y000 控制电动机的接触器，X000 为单按钮信号，这样，单按钮第一次接通时，电动机启动运行；当 X0 单按钮第二次接通时，Y0 线圈失电，电动机便停止运行。单按钮第三次接通时，电动机启动；第四次接通时，电动机停止运行，实现了单按钮启停控制电路的功能。

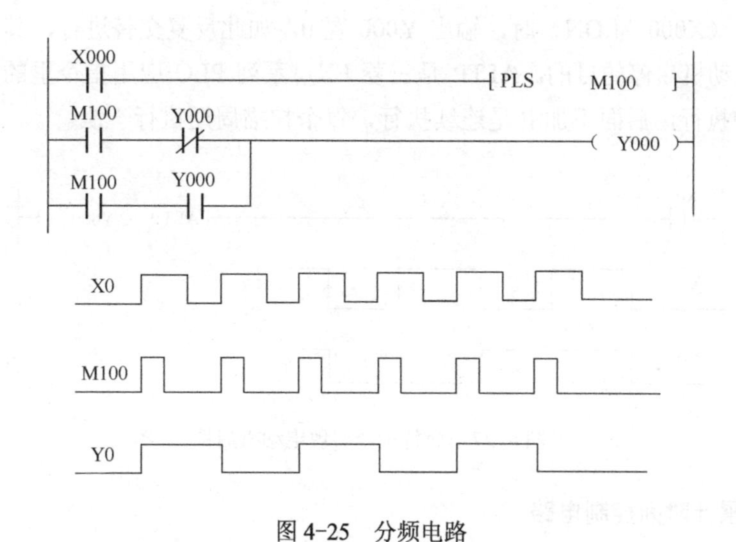

图 4-25　分频电路

（2）用计数器电路编程

如图 4-26 所示，当 X000 为 ON 时，由脉冲微分指令 PLS 使 M100 产生一个扫描周期的方波脉冲，该方波脉冲周期时间内，Y000 输出并自保持，同时启动计数器 C0 工作；当 C0 的计数值达到设定值 K=2 时，计数器 C0 动作，其常开触点使 C0 复位，为下

次计数做准备，其常闭触点断开 Y000 电路，实现一个按钮完成的单数次计数启动、双数次计数停止的控制。

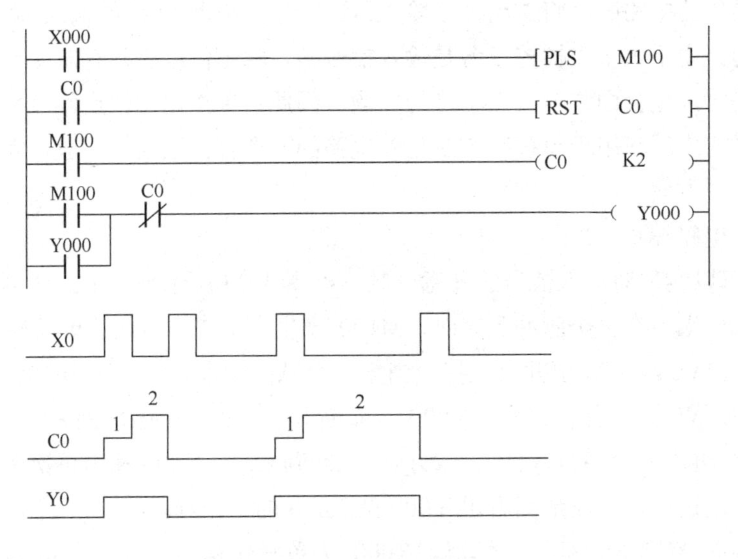

图 4-26 计数器电路编程

（3）用交替指令实现电动机启停

如图 4-27 所示，在第一次按下按钮 SB1（X000 为 ON）时，输出 Y000 置 1；再次按下按钮 SB1（X000 为 ON）时，输出 Y000 置 0，如此反复交替进行，其效果达到单按钮可以控制电动机启停的目的。ALTP 是三菱 FX_{2N} 系列 PLC 应用指令里的交替指令。后面加 P 是脉冲执行，后面不加 P 是连续执行，每个扫描周期执行一次。

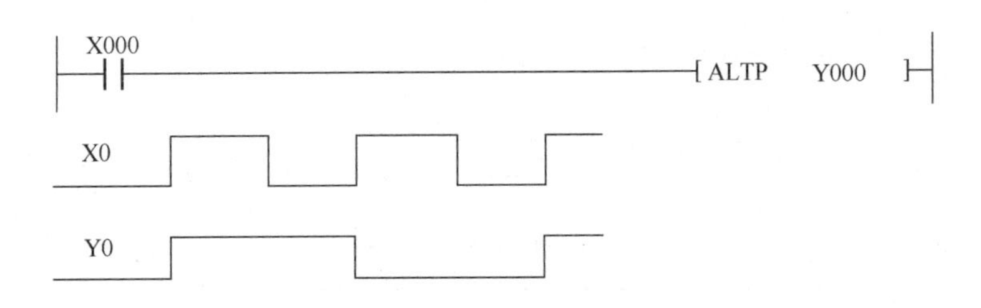

图 4-27 交替指令实现电动机启停

6. 开机累计时间控制电路

开机累计时间控制电路如图 4-28 所示，它通过 M8000 运行常开触点、M8013s 脉冲触点和计数器结合组成秒、分、时、天、年的显示电路。需要说明的是，计数器必须采用断电保持型才能保证每次开机的时间累计计时。本例中，计数器采用 C101～C104，属于断电保持型的。

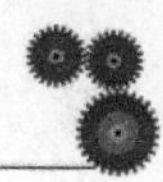

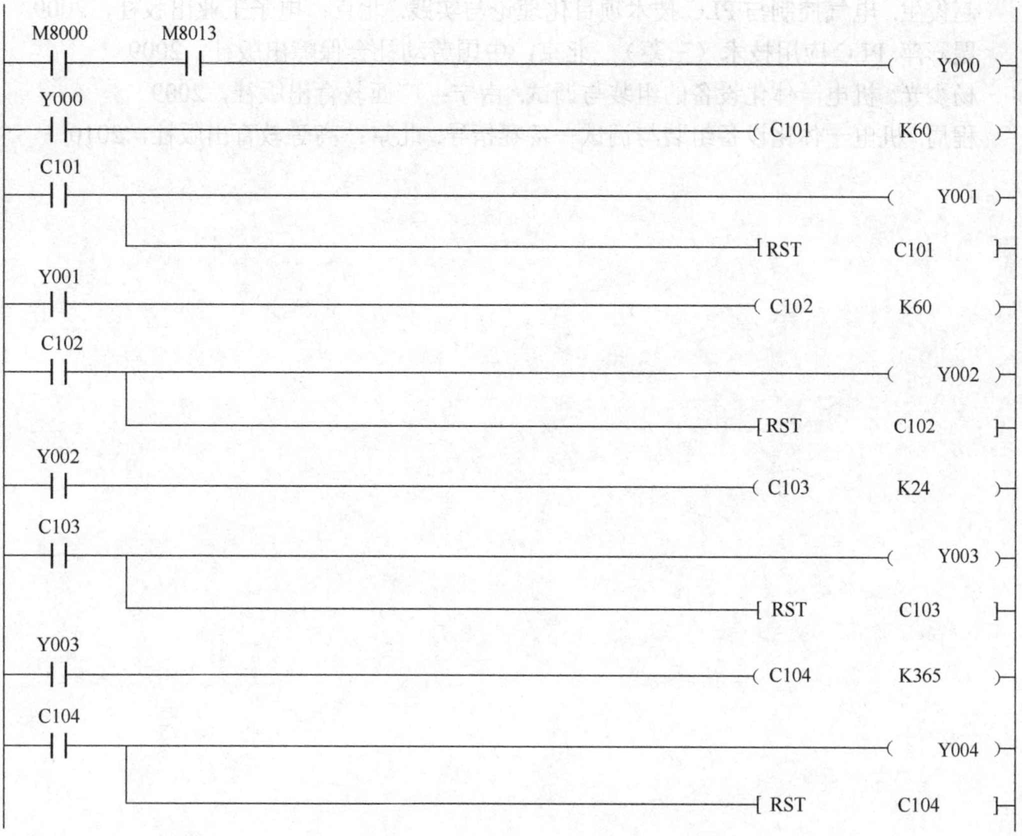

```
M8000   M8013
--| |-----| |----------------------------( Y000 )
Y000
--| |--------------------------------( C101   K60 )
C101
--| |----+-------------------------------( Y001 )
         +---------------------------[ RST   C101 ]
Y001
--| |--------------------------------( C102   K60 )
C102
--| |----+-------------------------------( Y002 )
         +---------------------------[ RST   C102 ]
Y002
--| |--------------------------------( C103   K24 )
C103
--| |----+-------------------------------( Y003 )
         +---------------------------[ RST   C103 ]
Y003
--| |--------------------------------( C104   K365 )
C104
--| |----+-------------------------------( Y004 )
         +---------------------------[ RST   C104 ]
```

图 4-28　开机累计时间控制电路

八、思考与练习

1. 某路口有一单向红绿灯控制系统，其控制要求如下：

（1）按下启动按钮 SB，绿灯亮 5s，然后闪 3 次。

（2）黄灯亮 3s。

（3）红灯亮 6s。

（4）循环。

试编写该系统梯形图控制系统。

2. 有两台三相异步电动机 M1 和 M2，要求：

（1）M1 启动后，M2 才能启动。

（2）M1 停止后，M2 延时 30s 后才能停止。

试编写梯形图控制程序。

九、课外学习指导

本章推荐阅读书目：

郁汉琪. 三菱 FX/Q 系列 PLC 应用技术. 南京：东南大学出版社，2003

刘小春，黄有全. 电气控制与 PLC 技术应用. 北京：电子工业出版社，2009
赵俊生. 电气控制与 PLC 技术项目化理论与实践. 北京：电子工业出版社，2009
瞿彩萍. PLC 应用技术（三菱）. 北京：中国劳动社会保障出版社，2009
杨少光. 机电一体化设备的组装与调试. 南宁：广西教育出版社，2009
程周. 机电一体化设备组装与调试—备赛指导. 北京：高等教育出版社，2010

项目五　液体混合装置的 PLC 控制

一、学习目标

1. 知识目标

① 掌握状态三要素和单序列状态编程原则及方法。

② 掌握状态元件。

③ 掌握 STL 和 RET 指令。

2. 技能目标

会用步进指令编写液体混合装置控制的梯形图程序，完成整个系统的安装、调试与运行监控。

二、项目要求

液体混合装置的工作示意如图 5-1 所示。每个液面到达不同高度时均由液位传感器进行检测，SL1，SL2，SL3 为 3 个液位传感器，液体淹没时接通。进液阀 YV1 和 YV2 分别控制 A 液体和 B 液体进液，出液阀 YV3 控制混合液体出液。具体控制要求如下。

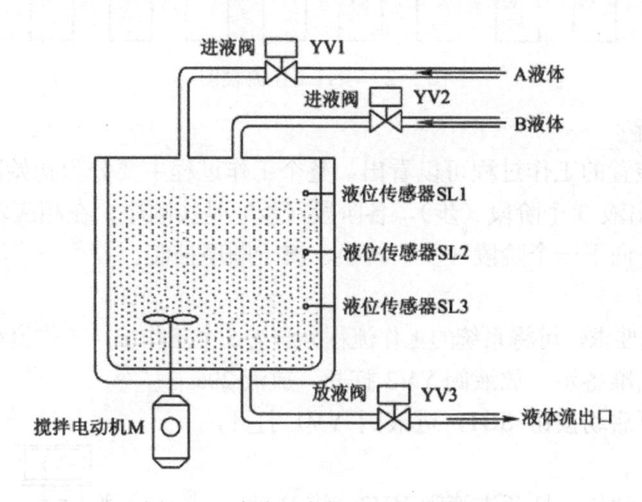

图 5-1　液体混合装置的工作示意图

（1）初始状态

当装置投入运行时，进液阀 YV1 和 YV2 关闭，搅拌电动机 M 关闭，出液阀 YV3 打开 20s 将容器中的残存液体放空后关闭。

（2）启动操作

按下启动按钮 SB1，液体混合装置开始按以下顺序工作：

① 进液阀 YV1 打开，A 液体流入容器，液位上升。

② 当液位上升到 SL2 处时，进液阀 YV1 关闭，A 液体停止流入，同时打开进液阀

YV2，B 液体开始流入容器。

③ 当液位上升到 SL1 处时，进液阀 YV2 关闭，B 液体停止流入，同时搅拌电动机开始工作。

④ 搅拌 1min 后，停止搅拌，放液阀 YV3 打开，开始放液，液位开始下降。

⑤ 当液位下降到 SL3 处时，装置继续放液，将容器放空，20s 后关闭放液阀 YV3，自动开始下一个循环。

（3）停止操作

工作中，若按下停止按钮 SB2，在当前过程完成以后，再自动停止。

三、工作流程图

本项目的工作流程如图 5-2 所示

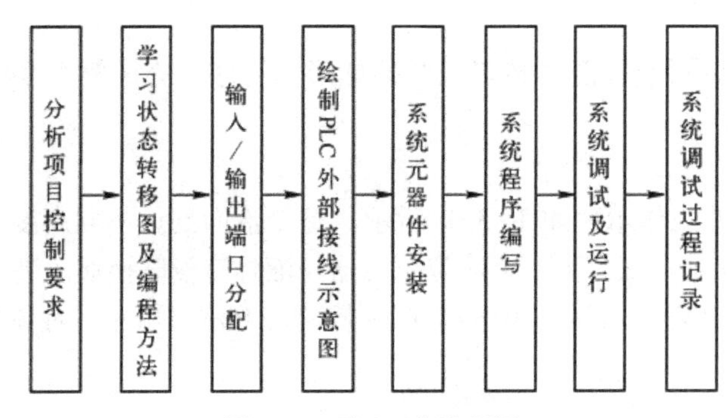

图 5-2　项目工作流程图

四、项目分析

从液体混合装置的工作过程可以看出，整个工作过程主要分为初始准备、进 A 液、进 B 液、搅拌、出液 5 个阶段（步），各阶段（步）是按顺序，在相应转换信号的指令下从一个阶段（步）向下一个阶段（步）转换，属于顺序控制。

（1）起动操作

分析系统控制要求，可将系统的工作流程分解为 5 个工作步，工作流程如图 5-3 所示。

第一步：初始准备步，放液阀 YV3 打开，放液 20s。

第二步：按下启动按钮 SB1，进液阀 YV1 打开，进 A 液。

第三步：SL2 动作，打开进液阀 YV2，进 B 液。

第四步：SL1 动作，搅拌电动机 M 工作，搅拌混合液体 1min。

第五步：1min 时间到，打开放液阀 YV3。放液至 SL3 处，继续放液 20s 后，开始下一个循环。

（2）停止操作

在工作过程中，按下停止按钮后，装置不会立即停止，而是完成当前工作循环后才会自动停止。

工作流程图是一种描述顺序控制系统功能的图解表

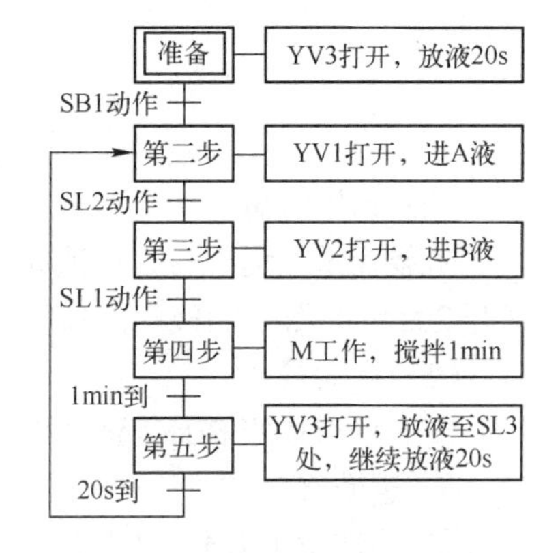

图 5-3　液体混合装置工作流程图

示法。对于复杂的顺控系统，内部关系非常复杂，若用梯形图来编写其程序步就会很长，可读性大大降低。这里，我们采用 SFC 语言的状态转移图方式编程，可以解决复杂的顺控程序，使问题得到解决。

五、相关知识点

图 5-3 很清晰地描述了系统的整个工艺流程，将复杂的工作过程分解成若干步，各步包含了驱动功能、转移条件和转移方向。这种将整体程序分解成若干步编程的思想就是状态编程的思想，而状态编程的主要方法是应用状态元件编制状态转移图。

1．FX_{2N} 系列 PLC 的状态元件

（1）状态元件 S

状态元件是构成状态转移图的基本元素，是可编程控制器的软元件之一。FX_{2N} 系列 PLC 的状态元件的类别、元件编号、数量、用途及特点见表 5-1。

表 5-1　FX_{2N} 系列 PLC 的状态元件

类　别	元件编号	数　量	用途及特点
初始状态	S0～S9	10	用做初始状态
返回状态	S10～S19	10	多运行模式控制中，用做返回原点状态
一般状态	S20～S499	480	用做中间状态
掉电保持状态	S500～S899	400	用于停电回复后需继续执行的场合
信号报警状态	S900～S999	100	用做报警元件使用

注：（1）状态编号必须在指定范围选择。

（2）在不用步进顺控指令时，状态元件可作为辅助继电器在程序中使用。

（2）状态转移图

为了说明状态转移图 SFC 编程思路，先看一个实例。两台电动机 M1 和 M2，工作状态如下：M1 启动 5s 后，M2 开始启动；M2 启动 10s 后，M1，M2 同时停止。

为设计本控制系统的状态转移图，先分析其输入口、输出口。电机 M1 启动由 PLC 的输出点 Y1 控制，电机 M2 启动由 Y2 控制。为了解决延时 5s，选用定时器 T0；延时 10s，选用定时器 T1。启动按钮 SB1 接于 X0。

下面以两台电机的顺序启动为例，说明运用状态编程思想设计状态转移图（SFC）的方法和步骤。

① 将整个过程按任务要求分解，其中每个工序均对应一个状态，并分配状态元件见表 5-2。

表 5-2　状态分配表

状　态	状态元件
初始状态	S0
电机 M1 启动	S20
延时 5s	S21
电机 M2 启动	S22
延时 10s	S23
两电机同时停止	S24

② 弄清每个状态的功能、作用。

S0：初始状态，PLC 上电做好工作准备。

S20：M1 电机保持（置位 Y1，使 M1 电机保持运转）。

S21：延时 5s（定时器 T0，设定为 5s，延时到 T0 动作）。

S22：同 S21。

③ 找出每个状态的转移条件，即在什么条件下，将下一个状态“激活”。状态转移图就是状态和状态转移条件及转移方向构成的流程图，弄清转移条件当然是必要的。

经分析可知，本例中各状态的转移条件如下。

S0 转移条件：M8002（初始状态无特殊要求，一般由 PLC 初始脉冲 M8002 激活）。

S20 转移条件：SB1。

S21 转移条件：T0。

S22 转移条件：T1。

状态的转移条件可以是单一的，也可以是多个元件的串、并联组合，如图 5-4 所示。

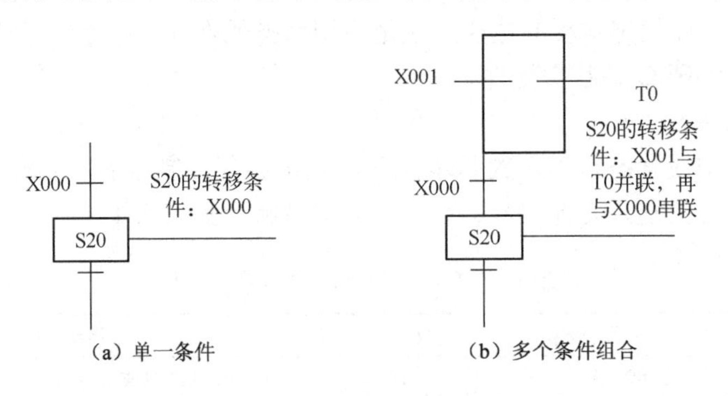

图 5-4　状态转移条件

经过以上 3 步，可得到两台电机顺序启动、同时停止的状态转移图，如图 5-5 所示。

将图 5-3 中的初始准备步用初始状态元件 S0 表示，其他各步用 S20 开始的一般状态元件表示，再将转移条件和驱动功能换成对应的软元件，图 5-3 所示的工作流程图就演变为图 5-6 所示的状态转移图。

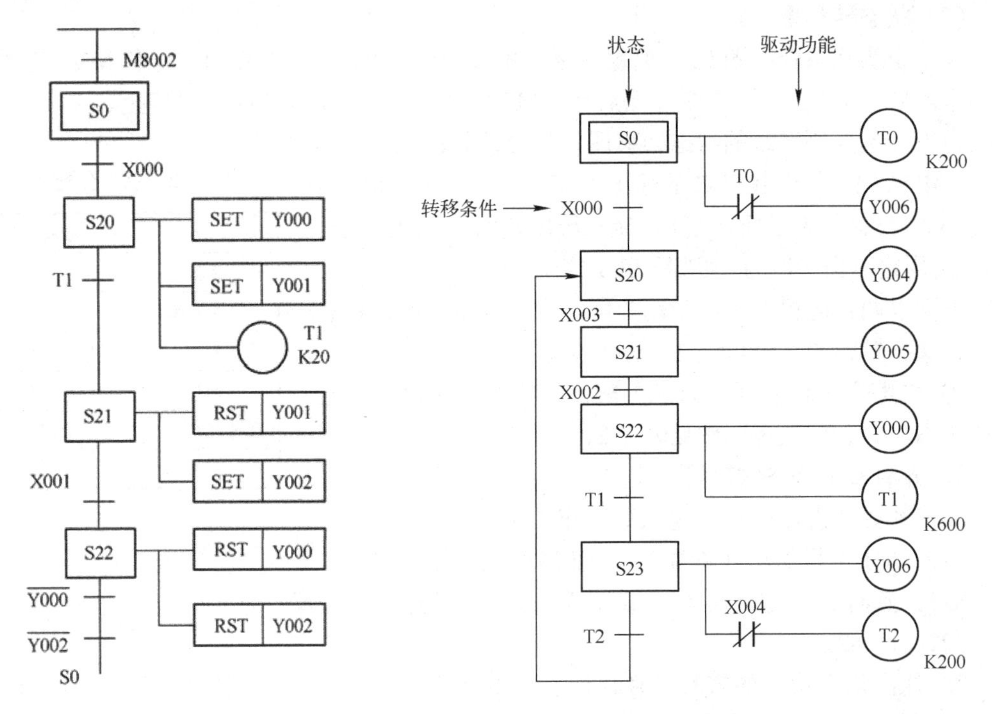

图 5-5　状态转移图

图 5-6　由工作流程图演变而成的状态转移图

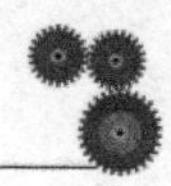

（3）状态三要素

如图 5-6 所示，状态转移图中的状态下有驱动的负载、向下一状态转移的条件和转移的方向，三者构成了状态转移图的三要素。以 S20 状态为例，驱动的负载为 Y004，向下一状态转移的条件为 X003，转移的方向为 S31。

在状态三要素中，是否驱动负载视具体控制情况而定，但转移条件和转移方向是必不可少的。所以，初始状态 S0 也必须要有转移条件，否则无法开启激活它，通常采用 PLC 的特殊辅助继电器 M8002 实现。M8002 的作用是在 PLC 运行的第一个扫描周期接通，产生一个扫描周期的初始化脉冲。液体混合装置状态转移图如图 5-7 所示。

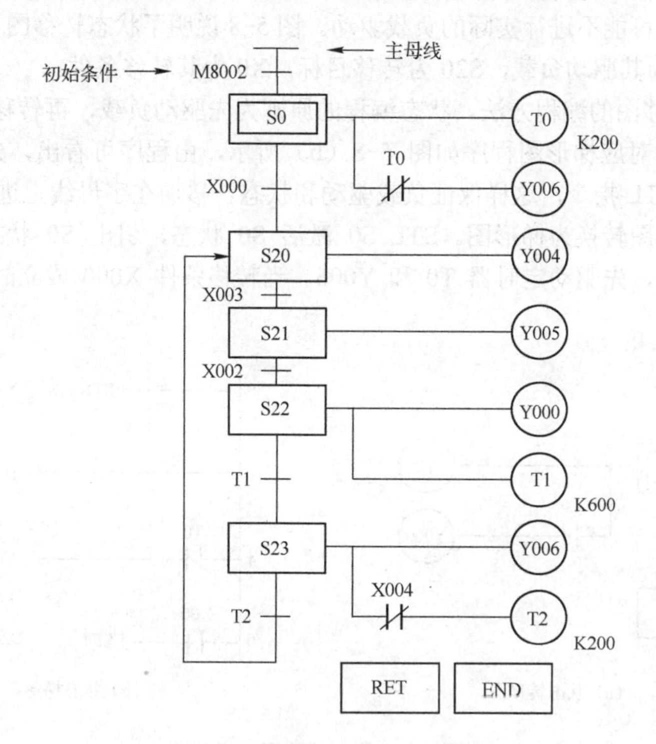

图 5-7　液体混合装置状态转移图

2. FX_{2N} 系列 PLC 的步进顺控指令

1）步进指令

FX_{2N} 系列 PLC 的步进指令有两条：步进接点指令 STL 和步进返回指令 RET。

① 步进接点指令（STL）。指令 STL 用于激活某个状态，从主母线上引出状态接点，建立子母线，以使该状态下的所有操作均在子母线上进行，其符号为 ─|STL|─。

② 步进返回指令（RET）。指令 RET 用于步进控制程序返回主母线。由于非状态控制程序的操作在主母线上完成，而状态控制程序均在子母线上进行，为了防止出现逻辑错误，在步进控制程序结束时必须使用 RET 指令，让步进控制程序执行完毕后返回主母线，其符号为─[RET]。

2）单流程状态转移图的编程

（1）单流程

所谓单流程，是指状态转移只可能有一种顺序。本项目介绍的液体混合装置控制过程只有一种顺序：S0→S20→S21→S22→S23→S0，没有其他可能，所以叫单流程。

当然，现实当中并非所有的顺序控制均为一种顺序。含多种路径的叫分支流程。下文将介绍选择和并联分支流程。

（2）单流程状态转移图的编程方法

① 状态的三要素。对状态转移图进行编程，不仅是使用 STL 和 RET 指令的问题，还要弄清楚状态的特性及要素。状态转移图中的状态有驱动负载、指定转移目标和指定转移条件 3 个要素。其中，指定转移目标和指定转移条件是必不可少的，而驱动负载则视具体情况而定，也可能不进行实际的负载驱动。图 5-8 说明了状态转移图和梯形图的对应关系，其中，T0 为其驱动负载，S20 为转移目标，X0 为其转移条件。

② 状态转移图的编程方法。状态编程的原则为先驱动负载，再转移。图 5-8（a）所示状态转移图的对应梯形图程序如图 5-8（b）所示，由程序可看出，先负载驱动后转移处理。要使用 STL 指令，这样保证负载驱动和状态转移均在字母线上进行。以 S0 状态为例，将状态转移图转换为梯形图。STL S0 激活 S0 状态，引出 S0 状态接点，建立子母线。在子母线上，先驱动定时器 T0 和 Y006。当转移条件 X000 成立时，S0 状态向状态 S20 转移。

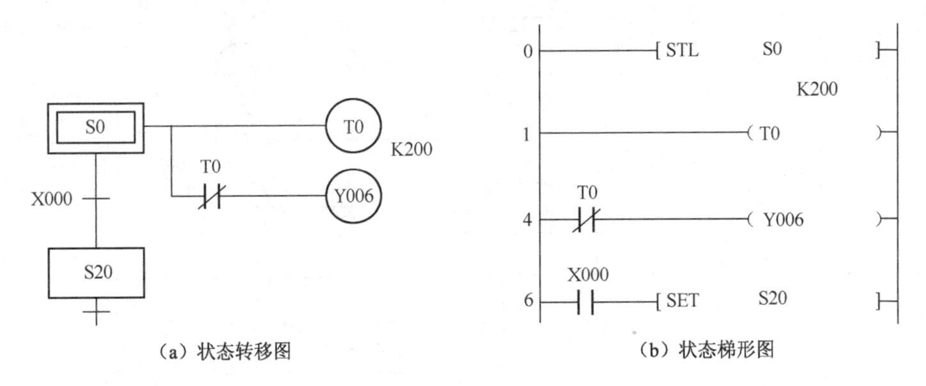

（a）状态转移图　　（b）状态梯形图

图 5-8　状态转移图与梯形图

③ 编程要点及注意事项。

a．状态编程顺序为：先进行驱动，再进行转移，不能颠倒。

b．对状态处理，编程时必须使用步进接点指令 STL。

c．程序的最后必须使用步进返回指令 RET，返回主母线。

d．负载的驱动、状态转移条件可能为多个元件的逻辑组合，视具体情况，按串、并联关系处理，不遗漏。

e．若为顺序不连续转移，不能使用 SET 指令进行状态转移，应改用 OUT 指令进行状态的转移。

f．在 STL 和 RET 指令之间不能使用 MC，MCR 指令。

g．初始状态可由其他状态驱动，但运行开始必须用其他方法预先作好驱动，否则状态流程不可能向下进行。一般用系统的初始条件，若无初始条件，可用 M8002 进行驱

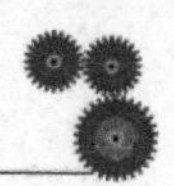

动。需在停电恢复后继续原状态运行时，可使用 S500～S899 掉电保持状态元件。

六、项目实施

1. 输入/输出端口分配

根据前文分析可知：本项目中输入设备有按钮和传感器；输出设备有交流接触器以及电磁阀。根据这些硬件与 PLC 中的编程软元件的对应关系，我们可以得到液体混合装置 PLC 控制系统的输入 / 输出端口分配表，如表 5-3 所示。

表 5-3　液体混合装置 PLC 控制系统输入/输出端口分配表

输　入			输　出		
设备名称	符号	端口号	设备名称	符号	端口号
启动按钮	SB1	X000	交流接触器	KM	Y000
停止按钮	SB2	X001	进液电磁阀	YV1	Y004
液位传感器	SL1	X002	进液电磁阀	YV2	Y005
液位传感器	SL2	X003	出液电磁阀	YV3	Y006
液位传感器	SL3	X004			

2. PLC 外部接线示意图绘制

根据输入/输出端口分配表，可画出液体混合装置 PLC 控制系统 PLC 部分的外部接线示意图，如图 5-9 所示。

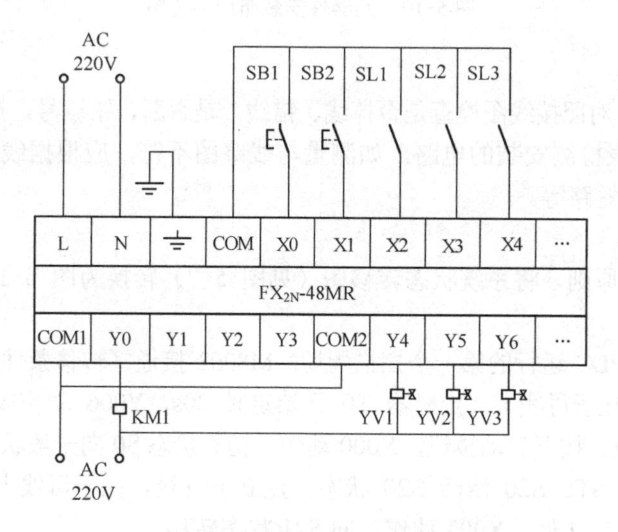

图 5-9　液体混合装置 PLC 外部接线示意图

3. 系统安装

（1）检查元器件

根据项目要求选配齐需要的元器件（注意有些替代元器件的选用），并逐个检查元件的规格是否符合要求，检测元件的质量是否完好。

（2）安装元器件及接线

自行绘制本控制系统安装接线图，根据配线原则及工艺要求，对照绘制的接线图进行安装和接线，元器件安装布局参考图如图 5-10 所示。

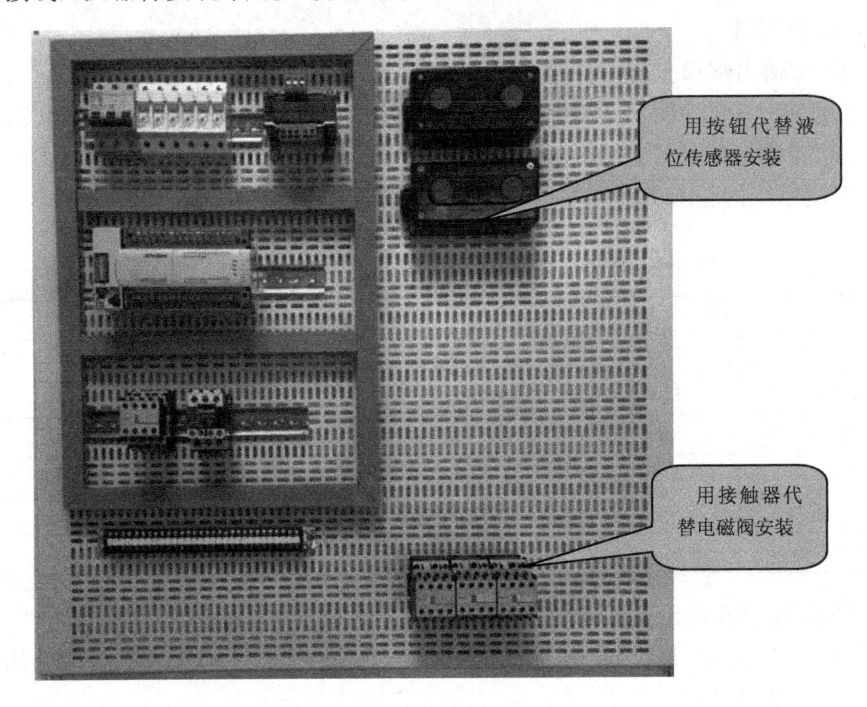

图 5-10　元器件安装布局参考图

（3）自检

① 检查布线。对照接线图检查是否掉线、错线，是否漏、错编号，接线是否牢固等。

② 使用万用表检测安装的电路，如测量与线路图不符，应根据线路图检查是否有错线、掉线、错位、短路等。

4．程序编写

根据状态编程原则，将系统状态转移图（见图 5-7）转换为图 5-11 所示的梯形图，其执行原理如下：

① S0 状态。PLC 运行的第一个扫描周期，M8002 接通（转移条件成立），激活 S0 状态，建立子母线。在子母线上，定时器 T0 开始定时 20s，Y006 动作放液。定时时间到，Y006 复位停止放液。按下启动按钮，X000 动作，初始状态 S0 向一般状态 S20 转移。

② S20 状态。STL S20 激活 S20 状态，建立子母线。在子母线上，Y004 动作进 A 液。当液位上升至 SL2 处，X003 动作，向 S21 状态转移。

③ S21 状态。STL S21 激活 S21 状态，建立子母线。在子母线上，Y005 动作进 B 液。液位上升至 SL1 处，X002 动作，向 S22 状态转移。

④ S22 状态。STL S22 激活 S22 状态，建立子母线。在子母线上，T1 开始计时，Y000 动作，搅拌混合液体。60s 时间到，向 S23 状态转移。

⑤ S23 状态。STL S23 激活 S23 状态，建立子母线。在子母线上，Y006 动作放液。液位下降至 SL3 处，X004 复位，开始定时 20s，时间到向 S20 状态转移，自动进入下一个循环。

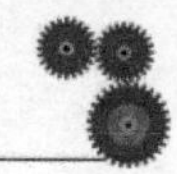

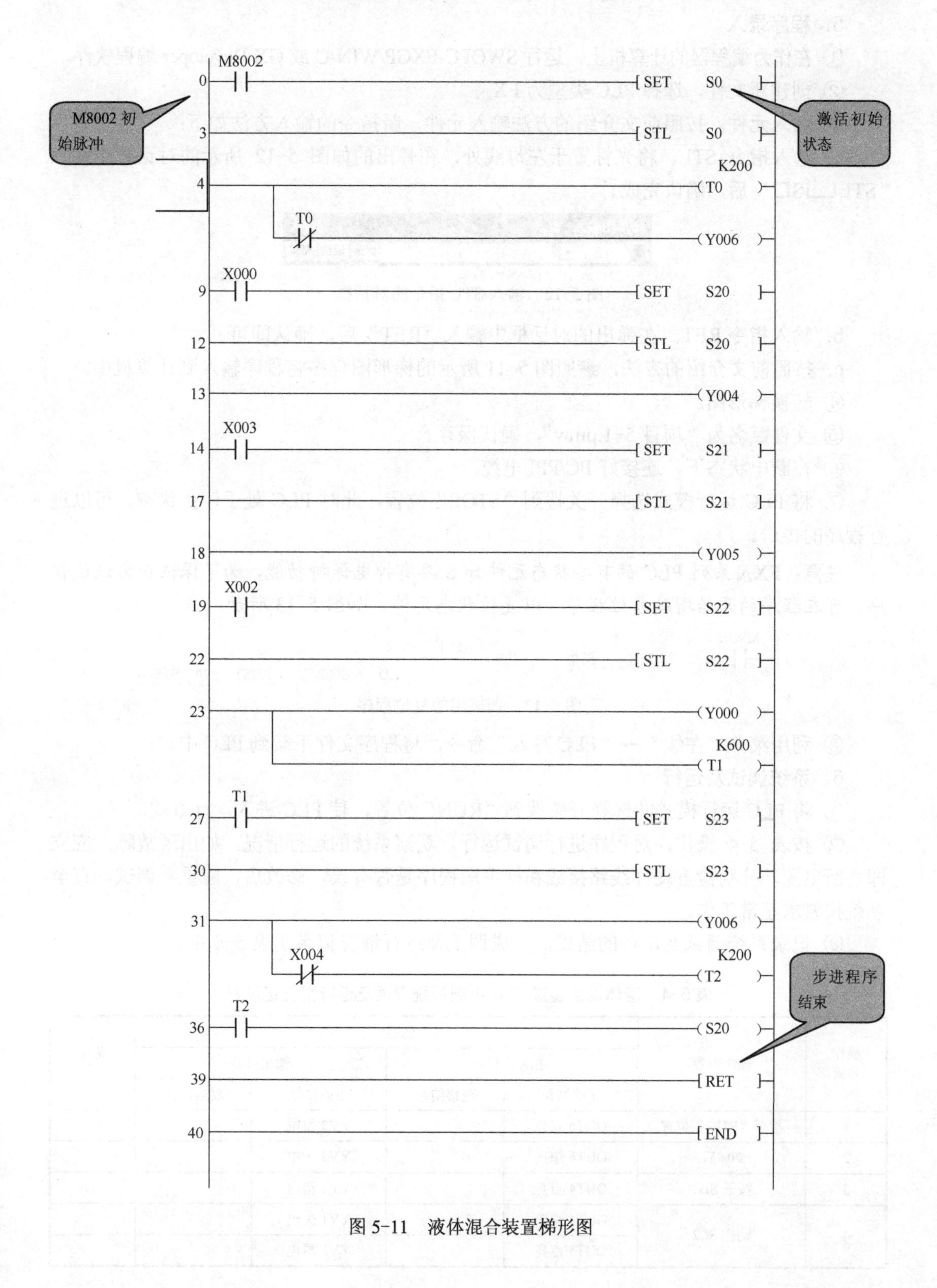

图 5-11　液体混合装置梯形图

5．程序录入

① 在作为编程器的计算机上，运行 SWOPC-FXGP/WIN-C 或 GX Developer 编程软件。

② 创建新文件，选择 PLC 类型为 FX_{2N}

③ 输入元件。按照前文介绍的方法输入元件，新指令的输入方法如下：

a．输入指令 STL。将光标置于左母线处，在弹出的如图 5-12 所示的对话框中输入“STL␣S□”后，确认完成。

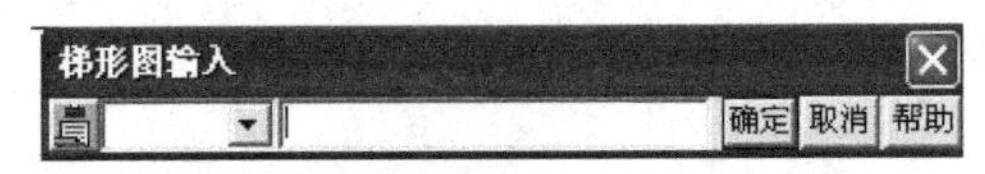

图 5-12　输入 STL 指令的对话框

b．输入指令 RET。在弹出的对话框中输入“RET”后，确认即可。

c．按照前文介绍的方法，参照图 5-11 所示的梯形图程序将程序输入到计算机中。

④ 转换梯形图。

⑤ 文件赋名为“项目 5-1.pmw”，确认保存。

⑥ 在断电状态下，连接好 PC/PPI 电缆。

⑦ 将 PLC 运行模式选择开关拨到“STOP”位置，此时 PLC 处于停止状态，可以进行程序的传送。

注意：FX_{2N} 系列 PLC 的有些状态元件如 S 具有掉电保持功能，为了保证正常调试程序，可在程序的开始增编复位程序，以复位状态元件，如图 5-13 所示。

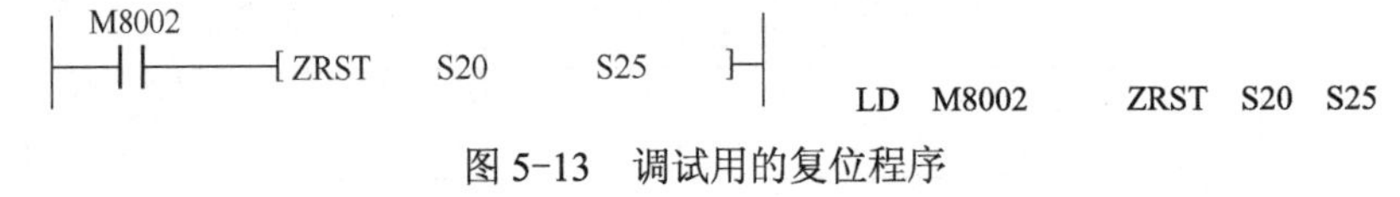

图 5-13　调试用的复位程序

⑧ 利用菜单“在线”→“PLC 写入”命令，将程序文件下载到 PLC 中。

6．系统调试及运行

① 将 PLC 运行模式的选择开关拨到“RUN”位置，使 PLC 进入运行方式。

② 按表 5-4 操作，对程序进行调试运行，观察系统的运行情况。如出现故障，应立即切断电源，分别检查硬件线路接线和梯形图程序是否有误，修改后，应重新调试，直至系统按要求正常工作。

③ 记录系统调试及运行的结果，完成调试及运行情况记录于表 5-4 中。

表 5-4　液体混合装置 PLC 控制系统调试及运行情况记录表

操作步骤	操作内容	观察内容				备注
		指示 LED		输出设备		
		正确结果	观察结果	正确结果	观察结果	
1	拨至“RUN”位置	OUT6 点亮		YV3 得电		
2	20s 后	OUT6 熄灭		YV3 失电		
3	按下 SB1	OUT4 点亮		YV1 得电		
4	动作 SL2	OUT4 熄灭		YV1 失电		
		OUT5 点亮		YV2 得电		

续表

操作步骤	操作内容	观察内容				备注
		指示LED		输出设备		
		正确结果	观察结果	正确结果	观察结果	
5	按下SB1	无变化		无变化		不能转移
6	动作SL3	无变化		无变化		
7	动作SL1	OUT5熄灭		YV2失电		
		OUT0点亮		KM吸合 M运转		
8	按下SB1	无变化		无变化		不能转移
9	动作SL2	无变化		无变化		
10	60s到 （预先动作SL3）	OUT0熄灭		KM释放 M停转		
		OUT6点亮		YV3得电		
11	复位SL3	OUT6点亮		YV3得电		
12	20s到	OUT6熄灭		YV3失电		
		OUT4点亮		YV1得电		
		自动进入下一循环				

④ 运行结果分析。

a．状态转移图形象直观地反映了系统的顺序控制过程。利用STL节点指令激活某一个状态，上一状态自动关闭，在转移条件成立时，再向下一个状态转移。用户在编程过程中，只需考虑一个状态，无需考虑与其他状态之间的关系。可理解为只干自己的事，无需考虑其他。对于顺序控制的场合，应用状态编程，可使程序的可读性更好、更便于理解，也使程序调试、故障检修变得相对容易。

b．S20状态为插入的中间状态，无任何驱动功能，在本程序中只起关闭上一个状态的作用。在较复杂的状态编程中，有时为了编程的方便，往往采用这种方法。

c．利用主母线上的M0启停程序，记忆启停状态，从而控制S20状态是否向S21状态转移，实现了启动和停止功能。这种方法很好地解决了编程中按下停止按钮后，系统必须完成本循环所有工作后再停止的困难。

7．操作要点

① 应用初始化脉冲M8002激活初始状态S0。

② 在步进控制程序的结束处必须使用RET指令，保证步进控制程序执行完毕时返回主母线。

③ 步进控制程序中，上一个状态必须被“激活”，下一个状态才可能转移；一旦下一个状态被“激活”，上一个状态就自动“关闭”。

④ FX_{2N}系列PLC的所有状态元件S具有掉电保持功能，为了保证正常调试程序，可在程序的开始增编复位程序。

⑤ 通电调试操作必须在老师的监护下进行。

⑥ 本项目应在规定的时间内完成，同时做到安全操作和文明生产。

8．项目质量考核要求及评分标准

项目质量考核要求及评分标准见表5-5。

表 5-5　液体混合装置 PLC 控制系统项目质量考核要求及评分标准

考核项目	考 核 要 求	配分	评 分 标 准	扣分	得分	备注
系统安装	1. 会安装元件 2. 按图完整、正确及规范接线 3. 按照要求编号	30	1. 元件松动扣 2 分，损坏一处扣 4 分 2. 错、漏线，每处扣 2 分 3. 反圈、压皮、松动，每处扣 2 分 4. 错、漏编号，每处扣 1 分			
编程操作	1. 会建立程序新文件 2. 正确绘制状态转移图 3. 正确输入梯形图 4. 正确保存文件 5. 会传送程序 6. 会转换梯形图	40	1. 不能建立程序新文件或建立错误，扣 4 分 2. 绘制状态转移图错误，一处扣 2 分 3. 输入梯形图错误，一处扣 2 分 4. 保存文件错误，扣 4 分 5. 传送程序错误，扣 4 分 6. 转换梯形图错误，扣 4 分			
运行操作	1. 操作运行系统，分析操作结果 2. 会监控梯形图 3. 实现停止功能	30	1. 系统通电操作错误，一处扣 3 分 2. 分析操作结果错误，一处扣 2 分 3. 监控梯形图错误，一处扣 2 分 4. 不能实现停止功能扣 5 分			
安全生产	自觉遵守安全文明生产规程		1. 每违反一项规定，扣 3 分 2. 发生安全事故，0 分处理 3. 漏接接地线，一处扣 5 分			
时间	4 小时		提前正确完成，每 5 分钟加 2 分 超过定额时间，每 5 分钟扣 2 分			
开始时间：		结束时间：		实际时间：		

七、拓展与提高

用辅助继电器设计单流程顺序控制程序：

使用步进顺控指令设计顺控程序的特点是，“激活”下一个状态，自动“关闭”上一个状态。根据这个特点，用辅助继电器也可实现单流程顺序控制程序的设计，其设计方法为使用辅助继电器 M 替代工作步，应用 SET 置位指令“激活”下一状态 M，使用 RST 复位指令“关闭”上一状态 M。如图 5-14 所示，顺序功能图中用辅助继电器 M 替代各工作步（状态 S）。以其状态 M2 为例，当 M1 动作和 X003 接通时，执行指令“SET M2”，即“激活”状态 M2；再执行指令“RST　M1”，即“关闭”状态 M1；最后用 M2 常开触点驱动 Y001，其顺序功能图与梯形图的转换过程如图 5-15 所示。根据此方法将图 5-14 所示功能图转换为单流程顺控梯形图，如图 5-16 所示。

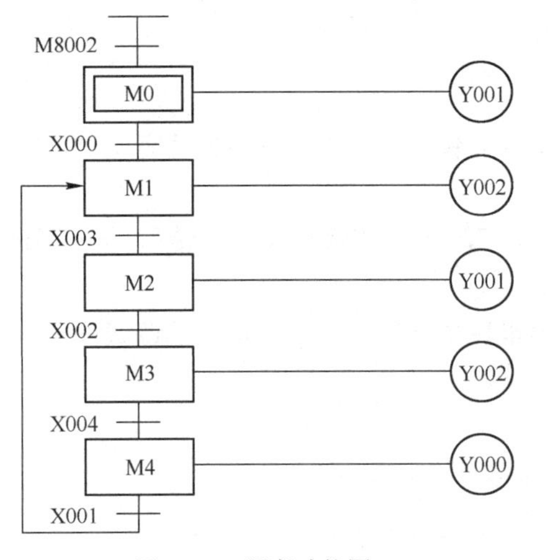

图 5-14　顺序功能图

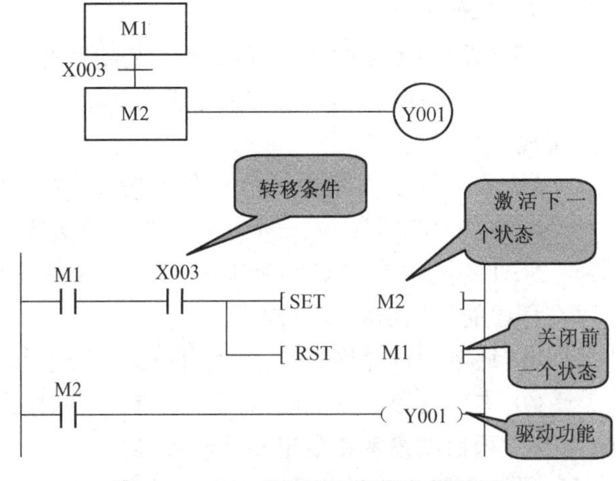

图 5-15　M2 的顺序功能图与梯形图

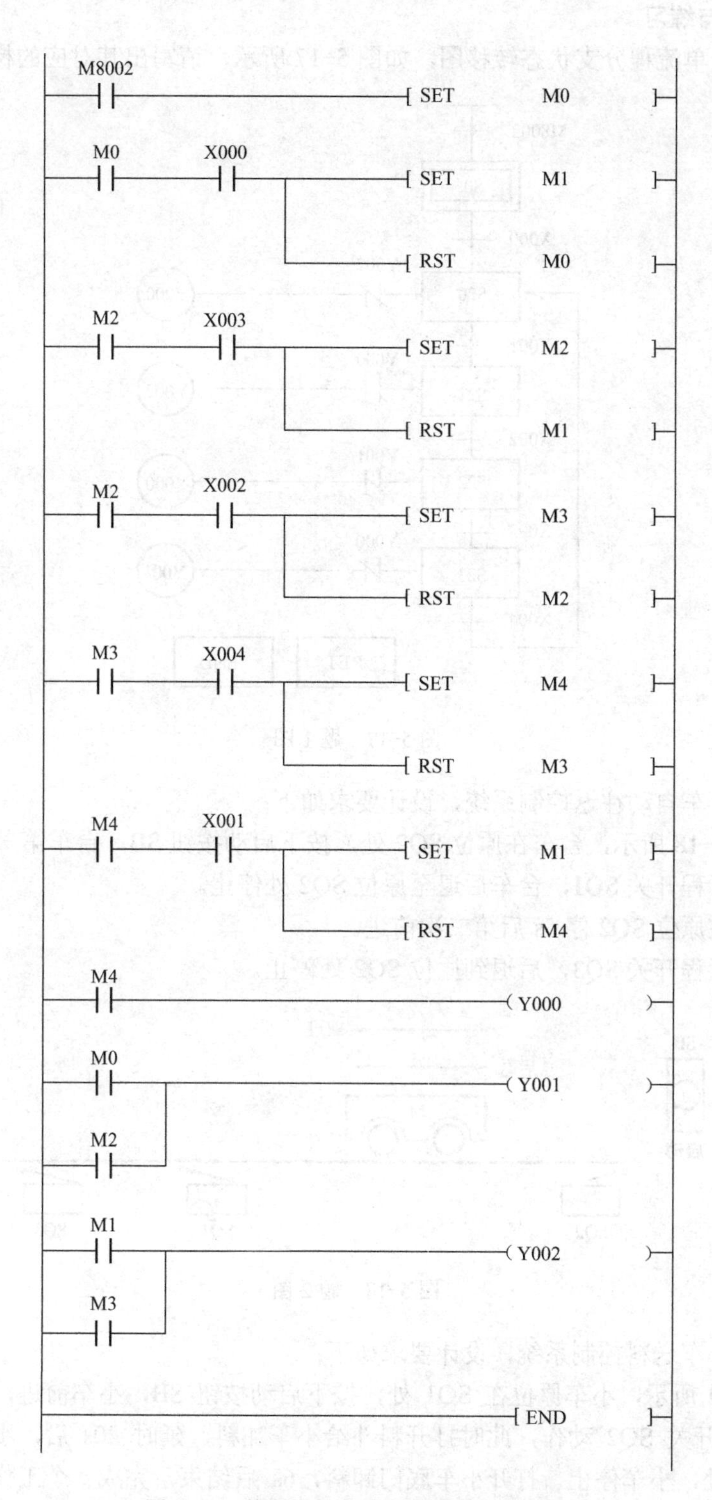

图 5-16　使用置位复位指令编制的梯形图

八、思考与练习

1．有一个单流程分支状态转移图，如图 5-17 所示，请写出其对应的梯形图程序。

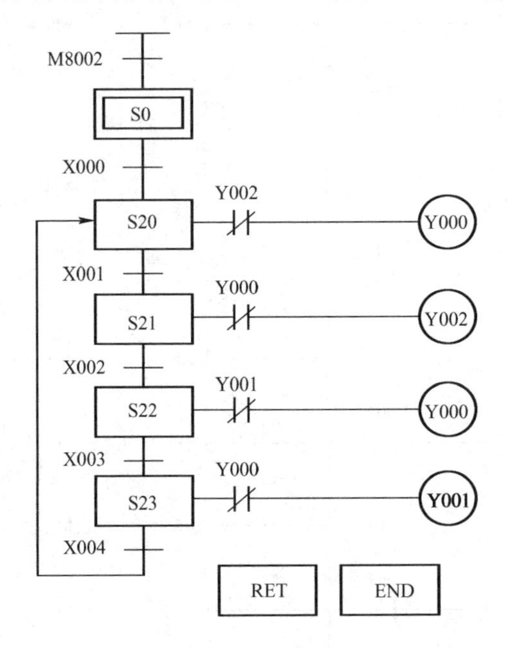

图 5-17　题 1 图

2．设计台车自动往返控制系统，设计要求如下：

① 如图 5-18 所示，台车在原位 SQ2 处，按下启动按钮 SB，台车第一次前进。

② 碰到行程开关 SQ1，台车后退至原位 SQ2 处停止。

③ 台车在原位 SQ2 停 5s 后第二次前进。

④ 碰到行程开关 SQ3，后退到原位 SQ2 处停止。

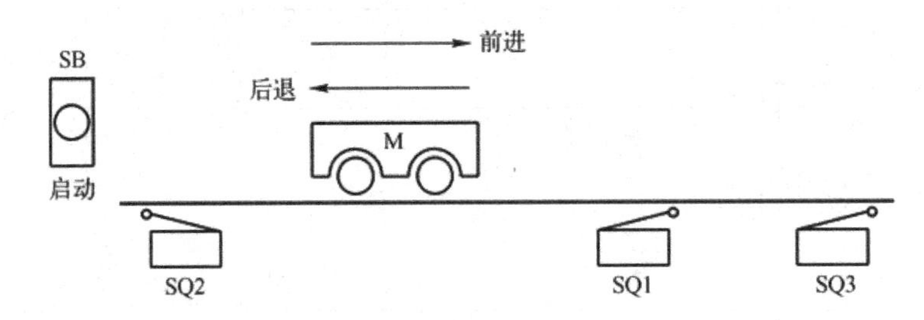

图 5-18　题 2 图

3．设计小车送料控制系统，设计要求如下：

如图 5-19 所示，小车原位在 SQ1 处，按下启动按钮 SB，小车前进，当运行到料斗下方时，限位开关 SQ2 动作，此时打开料斗给小车加料，延时 20s 后，小车后退返回。返回至 SQ1 处，小车停止，打开小车底门卸料，6s 后结束，完成一个工作周期，如此不断循环。

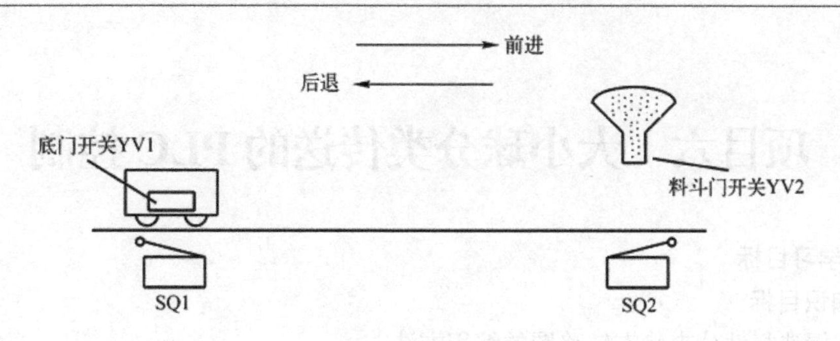

图 5-19　题 3 图

4．全自动洗衣机控制程序设计，设计要求如下：

启动后，洗衣机打开进水阀进水，水位达到高水位时，关闭进水阀停止进水，开始洗涤。正转洗涤 15s，暂停 3s 后反转洗涤 15s，暂停 3s 后再正转洗涤 15s，如此反复 30 次。洗涤结束后打开排水阀开始排水，当水位下降至低水位时，开始脱水（同时开始排水），脱水时间为 10s。这样便完成一次从进水到脱水的大循环。

经过 3 次大循环后，洗衣完成，发出报警，10s 后结束全部过程，自动停机。

5．钻孔动力头控制程序设计。冷加工生产线上有一个钻孔动力头，该动力头的控制要求如下：

① 初始时，动力头停在原位，限位开关 SQ1 动作。按下启动按钮，电磁阀 YVl 接通，动力头快进。

② 动力头快进至限位开关 SQ2 处，电磁阀 YVl 和 YV2 接通，动力头由快进转为工进。

③ 动力头工进至限位开关 SQ3 处，开始定时 10s。

④ 定时时间到，电磁阀 YV3 接通，动力头快退。

⑤ 动力头退回原位时，限位开关 SQ1 动作，动力头停止工作。

九、课外学习指导

本章推荐阅读书目：

郁汉琪. 三菱 FX/Q 系列 PLC 应用技术. 南京：东南大学出版社，2003

刘小春，黄有全. 电气控制与 PLC 技术应用. 北京：电子工业出版社，2009

赵俊生. 电气控制与 PLC 技术项目化理论与实践. 北京：电子工业出版社，2009

瞿彩萍. PLC 应用技术（三菱）. 北京：中国劳动社会保障出版社，2009

项目六　大小球分类传送的 PLC 控制

一、学习目标

1．知识目标

① 掌握选择性分支状态转移图的编程方法。

② 掌握选择性分支状态图转移程序的执行情况。

③ 熟悉编程软件的使用。

2．技能目标

会用选择性步进指令编写大小球分类传送 PLC 控制的梯形图程序，完成整个系统的安装、调试与运行监控。

二、项目要求

在生产过程中，经常要对流水线上的产品进行分拣。如图 6-1 所示是用于分拣大小球的传送装置，其主要功能是将大球吸住送到大球容器中，将小球吸住送到小球容器中，实现大、小球分类。

（1）初始状态

如图 6-1 所示，左上为原点位置，上限位 SQ1 和左限位 SQ3 压合动作，原点指示灯 HL 亮。装置必须停在原点位置时才能启动；若初始时不在原点位置，可通过手动方式调整到原位后再启动。

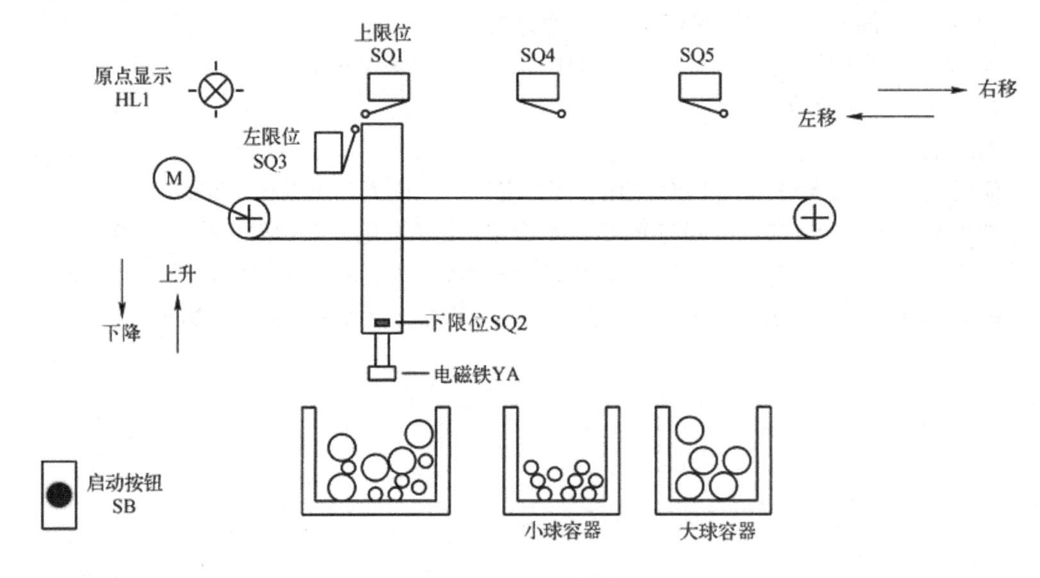

图 6-1　大小球分类传送装置示意图

（2）大小球判断

当电磁铁碰着小球时，下限位 SQ2 动作压合；当电磁铁碰着大球时，SQ2 不动作。

（3）工作过程

按下启动按钮 SB，装置按图 6-2 所示规律工作（下降时间为 2s，吸球放球时间为 1s）。

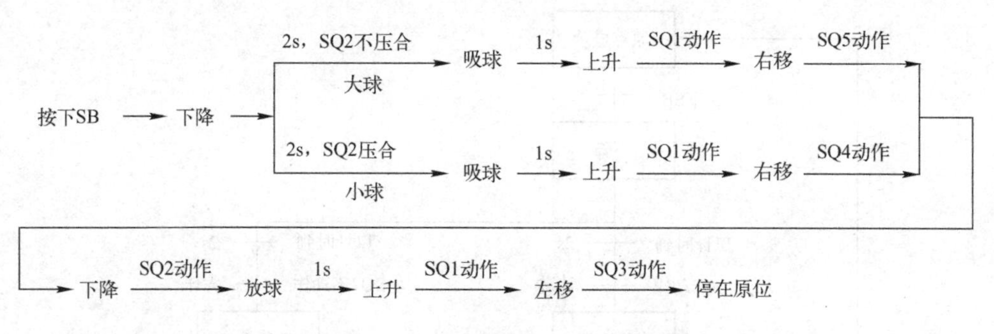

图 6-2　大小球分类传送装置工作过程

三、工作流程图

本项目工作流程如图 6-3 所示。

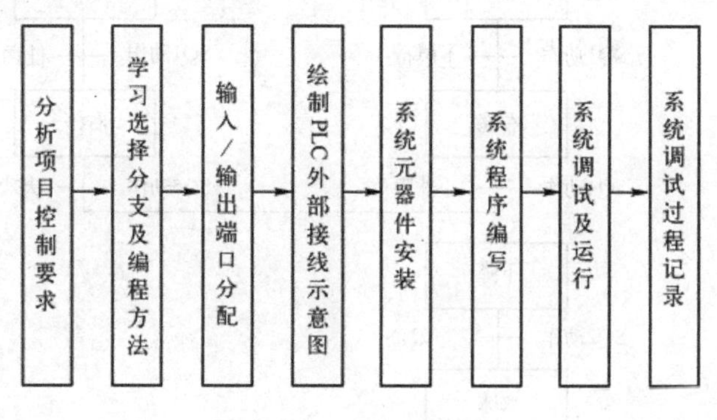

图 6-3　项目工作流程图

四、项目分析

根据大小球分类传送装置的工作过程，以吸住的球的大小作为选择条件，可将工作流程分成两个分支：SQ2 压合时，系统执行小球分支；反之，系统执行大球分支。显然，SQ2 动作与否是判断选择不同分支执行的条件，属于步进顺控程序中的选择性分支。根据步进状态编程的思想，首先将系统的工作过程进行分解，其流程如图 6-4 所示。这里可见，我们可采用选择性分支步进程序设计的基本方法，实现大小球分类传送。

五、相关知识点

分支、汇合状态转移图的程序编制时存在多种工作顺序的状态流程图，称为分支、汇合流程图。分支流程可分为选择性分支流程和并行性流程分支两种。下面介绍选择分支、汇合流程的编程。

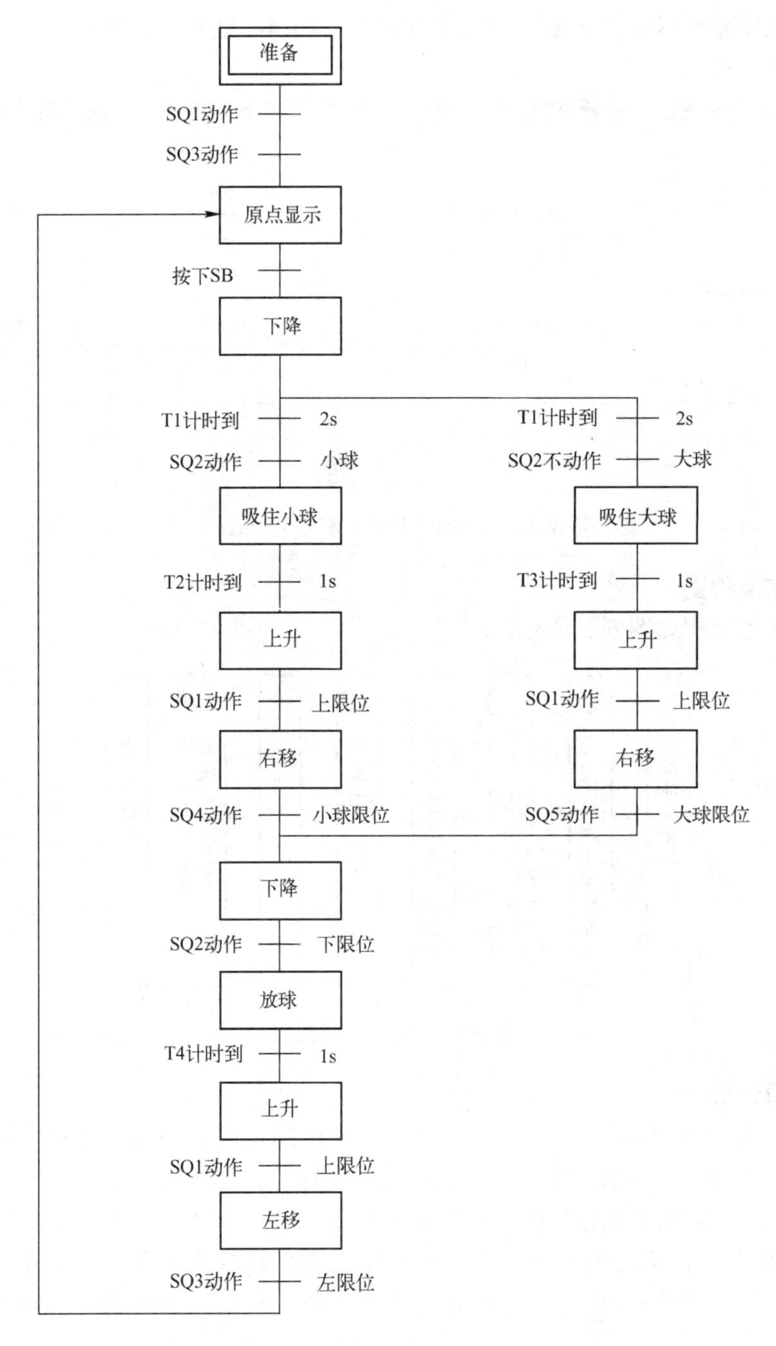

图 6-4　大小球分类传送的 PLC 控制系统工作流程图

1. 选择性分支状态转移的特点

从多个分支流程中选择执行其中一个流程，称为选择分支。如图 6-5 所示即为一个选择性分支的流程图。选择性分支有以下三个特点：

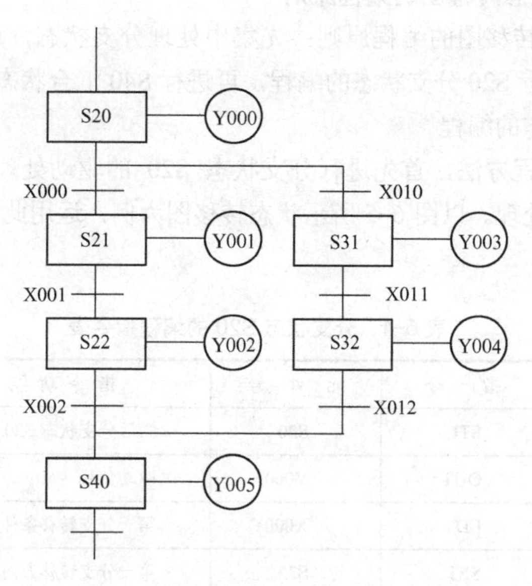

图 6-5　选择性分支状态转移图

① 状态转移图有两个或两个以上分支。

② S20 为分支状态。S20 状态是分支流程的起点，称其为分支状态。在分支状态 S20 下，系统根据不同的条件（X000，X010），选择执行不同的分支，但不能同时成立，只能有一个为 ON，若 X000 为 ON 时，执行图 6-6 所示的分支流程；若 X010 为 ON 时，执行图 6-7 所示的分支流程。X000，X010 不能同时为 ON。

③ S40 为汇合状态。S40 状态是分支流程的汇合点，称其为汇合状态。汇合状态 S40 可由 S22，S32 任一状态驱动。

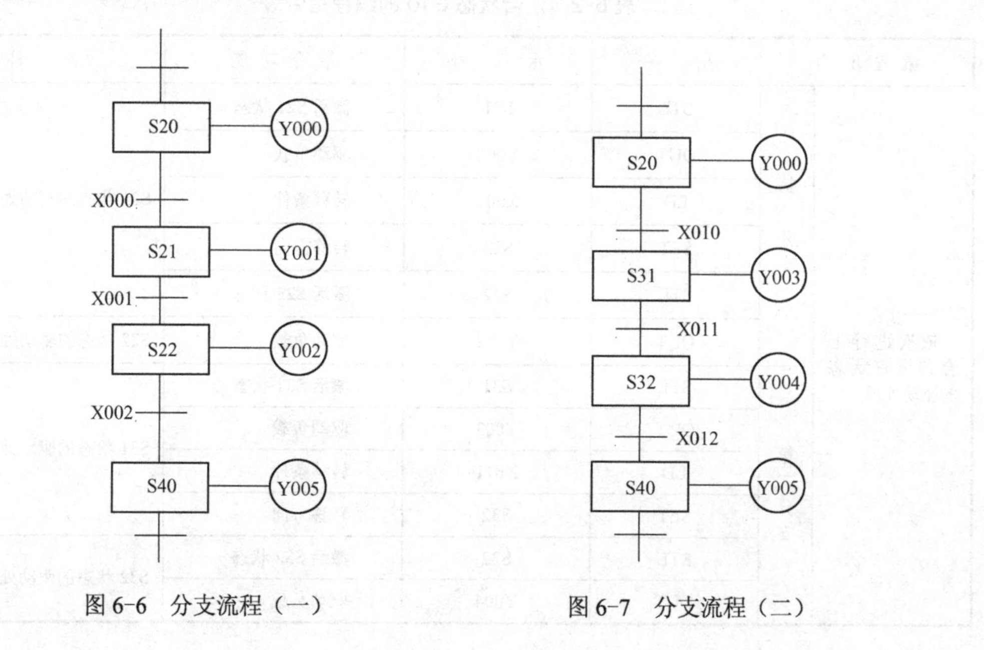

图 6-6　分支流程（一）　　图 6-7　分支流程（二）

2. 选择性分支状态转移图的编程原则

选择性分支状态转移图的编程原则：先集中处理分支状态，后集中处理汇合状态。如图 6-5 所示，先进行 S20 分支状态的编程，再进行 S40 汇合状态的编程。

（1）S20 分支状态的编程

按分支状态的编程方法，首先进行分支状态 S20 的驱动处理，然后按 S21，S22，S40 的顺序进行转移处理。以图 6-5 所示状态转移图为例，运用此方法，分支状态 S20 的编程指令表见表 6-1。

表 6-1　分支状态 S20 的编程指令表

<table>
<tr><th>编程步骤</th><th>指　令</th><th>元件号</th><th>指令功能</th><th>备　注</th></tr>
<tr><td rowspan="2">第一步：
分支状态的驱动处理</td><td>STL</td><td>S20</td><td>激活分支状态 S20</td><td rowspan="2"></td></tr>
<tr><td>OUT</td><td>Y000</td><td>驱动负载</td></tr>
<tr><td rowspan="4">第二步：
依次转移</td><td>LD</td><td>X000</td><td>第一分支转移条件</td><td rowspan="2">向第一分支转移</td></tr>
<tr><td>SET</td><td>S22</td><td>第一分支转移方向</td></tr>
<tr><td>LD</td><td>X001</td><td>第二分支转移条件</td><td rowspan="2">向第二分支转移</td></tr>
<tr><td>SET</td><td>S32</td><td>第二分支转移方向</td></tr>
</table>

（2）S40 汇合状态的编程

汇合状态的编程方法：先依次进行汇合前所有状态的驱动处理，再依次向汇合状态转移。以图 6-5 所示状态转移图为例，运用此方法，汇合状态 S40 的编程指令表见表 6-2。

表 6-2　汇合状态 S40 的编程指令表

<table>
<tr><th colspan="2">编程步骤</th><th>指　令</th><th>元件号</th><th>指令功能</th><th>备　注</th></tr>
<tr><td rowspan="12">第一步：
依次进行汇合前所有状态的驱动处理</td><td rowspan="6">第一分支</td><td>STL</td><td>S21</td><td>激活 S21 状态</td><td rowspan="5">S21 状态的驱动处理</td></tr>
<tr><td>OUT</td><td>Y001</td><td>驱动负载</td></tr>
<tr><td>LD</td><td>X001</td><td>转移条件</td></tr>
<tr><td>SET</td><td>S22</td><td>转移方向</td></tr>
<tr><td>STL</td><td>S22</td><td>激活 S22 状态</td></tr>
<tr><td>OUT</td><td>Y002</td><td>驱动负载</td><td>S22 状态的驱动处理</td></tr>
<tr><td rowspan="6">第二分支</td><td>STL</td><td>S31</td><td>激活 S31 状态</td><td rowspan="4">S31 状态的驱动处理</td></tr>
<tr><td>OUT</td><td>Y003</td><td>驱动负载</td></tr>
<tr><td>LD</td><td>X011</td><td>转移条件</td></tr>
<tr><td>SET</td><td>S32</td><td>转移方向</td></tr>
<tr><td>STL</td><td>S32</td><td>激活 S32 状态</td><td rowspan="2">S32 状态的驱动处理</td></tr>
<tr><td>OUT</td><td>Y004</td><td>驱动负载</td></tr>
</table>

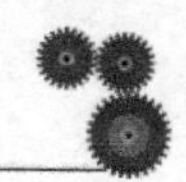

续表

编程步骤	指　令	元件号	指令功能	备　注
第二步：依次向汇合状态转移	STL	S22	再次激活 S22 状态	第一分支向汇合状态转移
	LD	X002	转移条件	
	SET	S40	转移方向	
	STL	S32	再次激活 S32 状态	第二分支向汇合状态转移
	LD	X012	转移条件	
	STL	S40	转移方向	

3. 跳转与重复流程

（1）跳转

向下面状态的直接转移或向系统外的状态转移称为跳转，以符号↓表示转移的目标状态，如图 6-8 所示。

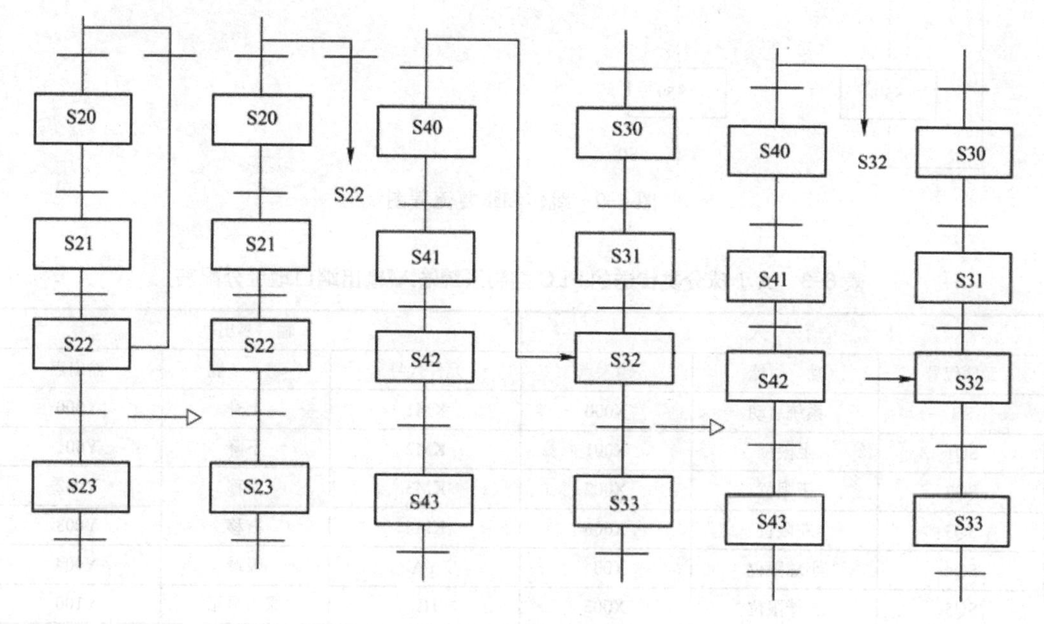

图 6-8　跳转流程图

（2）重复

向上面状态的转移被称为重复，与跳转一样，以符号↓表示转移的目标状态，如图 6-9 所示。

六、项目实施

1. 输入/输出端口分配

根据前文分析可知：本项目中输入设备有按钮和限位开关；输出设备有交流接触器、电磁阀和指示灯。根据这些硬件与 PLC 中的编程软元件的对应关系，我们可以得到大小球分类传送装置的 PLC 控制系统的输入 / 输出端口地址分配表，如表 6-3 所示。

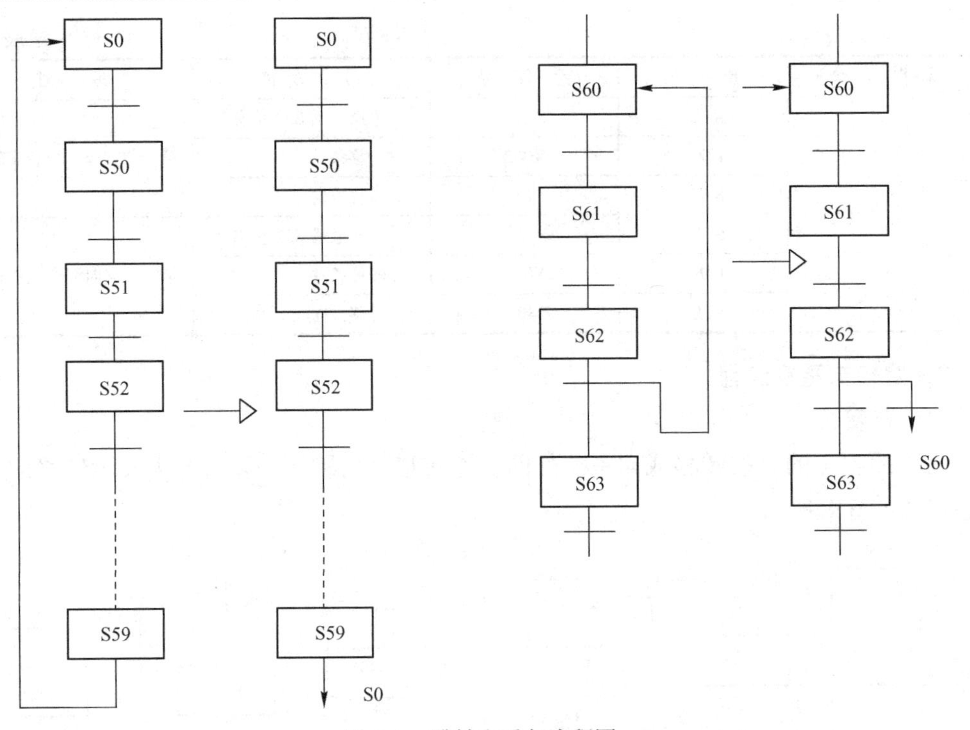

图 6-9　跳转和重复流程图

表 6-3　大小球分类传送的 PLC 控制系统输入/输出端口地址分配表

输　入			输　出		
元件代号	功　能	输入点	元件代号	功　能	输出点
SB	系统启动	X000	KM1	上升	Y000
SQ1	上限位	X001	KM2	下降	Y001
SQ2	下限位	X002	KM3	左移	Y002
SQ3	左限位	X003	KM4	右移	Y003
SQ4	小球限位	X004	YA	吸球	Y004
SQ5	大球限位	X005	HL	原点显示	Y100

2. 系统状态转移图

根据工作流程图与状态转移图的转换方法，将图 6-4 所示工作流程图转换成状态转移图，结果如图 6-10 所示。

3. PLC 外部接线示意图绘制

根据输入/输出端口地址分配表，可画出大小球分类传送装置的 PLC 控制系统 PLC 部分的外部接线示意图，如图 6-11 所示。

4. 系统安装

（1）检查元器件

根据项目要求选配齐需要的元器件（注意有些替代元器件的选用），并逐个检查元件的规格是否符合要求，检测元件的质量是否完好。

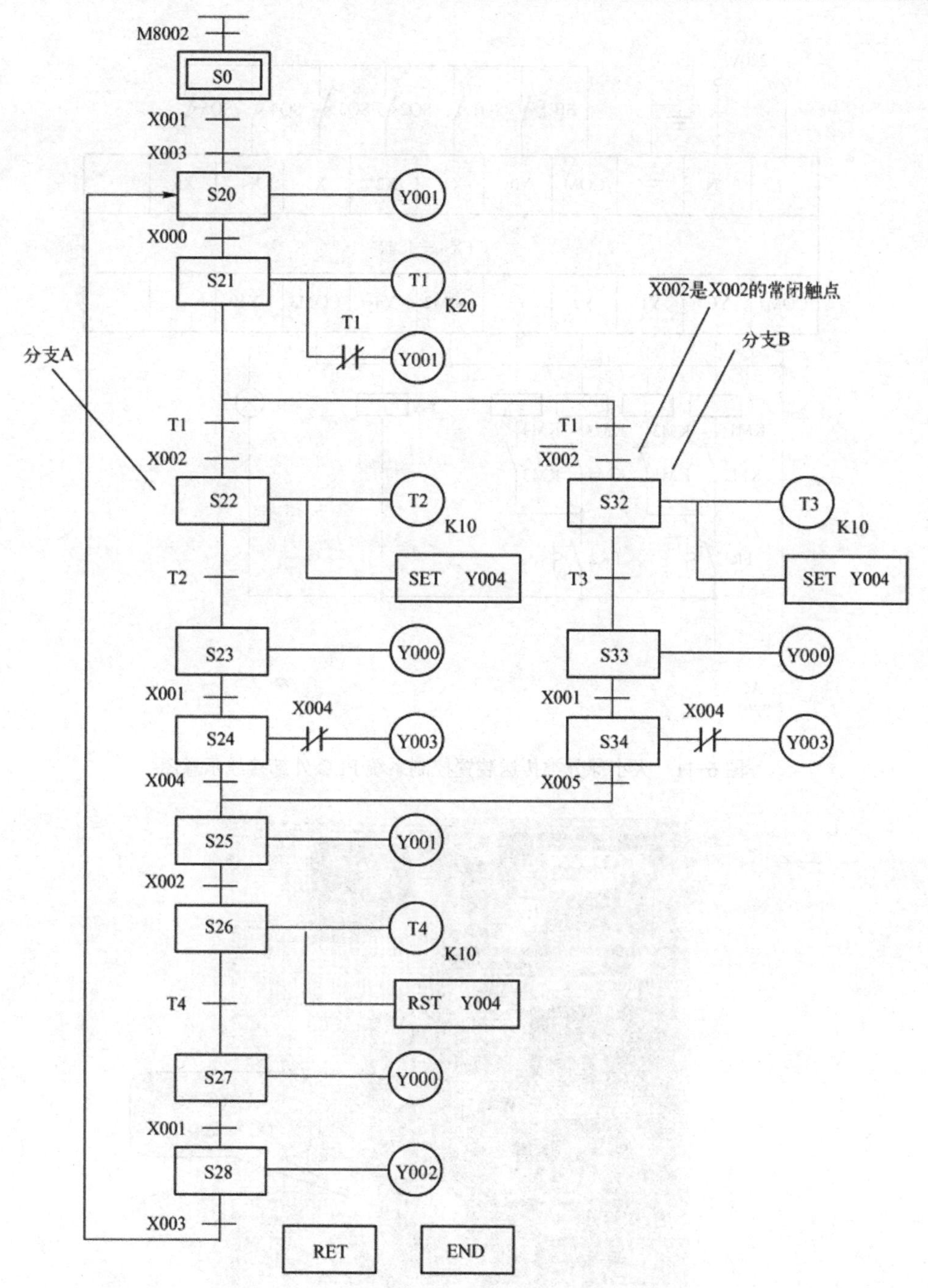

图 6-10　大小球分类传送的 PLC 控制系统状态转移图

（2）安装元器件及接线

自行绘制本控制系统安装接线图，根据配线原则及工艺要求，对照绘制的接线图进行安装和接线，元器件安装布局参考图如图 6-12 所示。

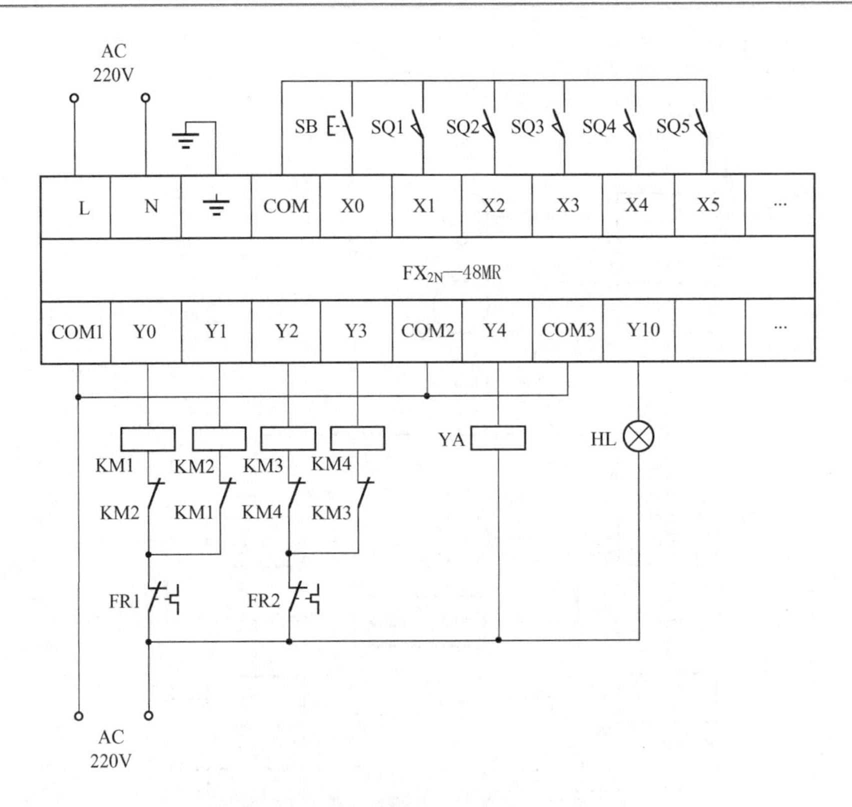

图 6-11　大小球分类传送装置控制系统 PLC 外部接线示意图

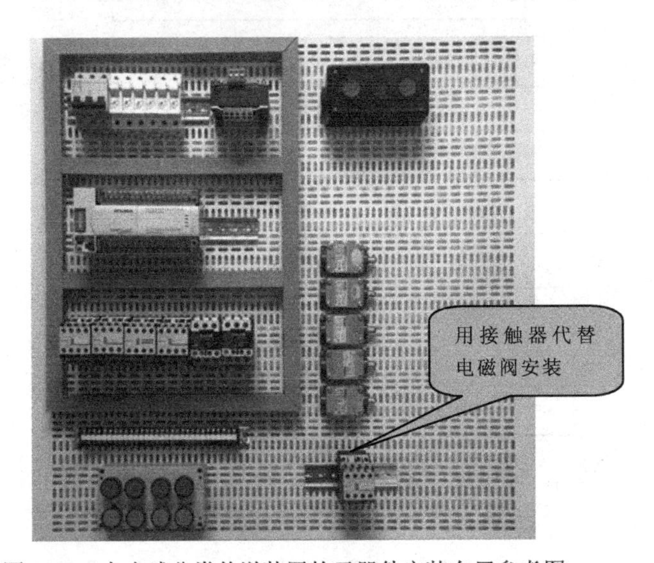

图 6-12　大小球分类传送装置的元器件安装布局参考图

（3）自检

① 检查布线。对照接线图检查是否掉线、错线，是否漏编、错编，接线是否牢固等。

② 使用万用表检测安装的电路，如测量与线路图不符，应根据线路图检查是否有错线、掉线、错位、短路等。

5．程序编写

大小球分类传送装置的 PLC 控制系统梯形图程序如图 6-13 所示。

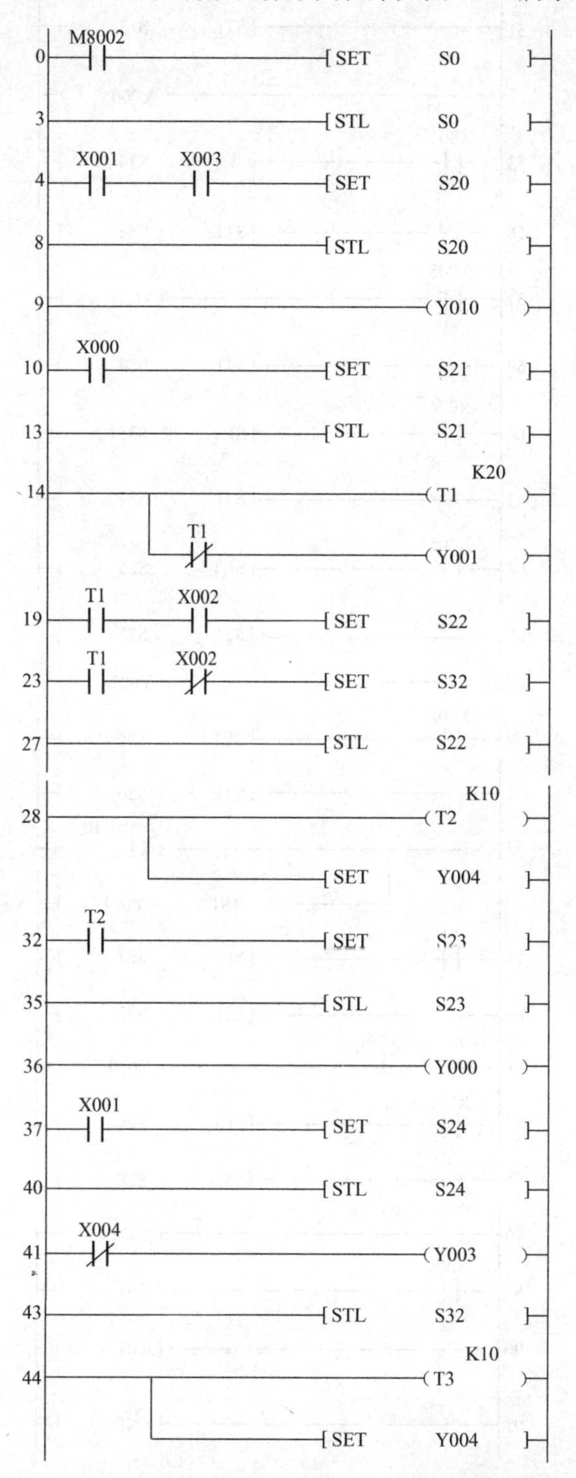

图 6-13　大小球分类传送装置的 PLC 控制系统梯形图

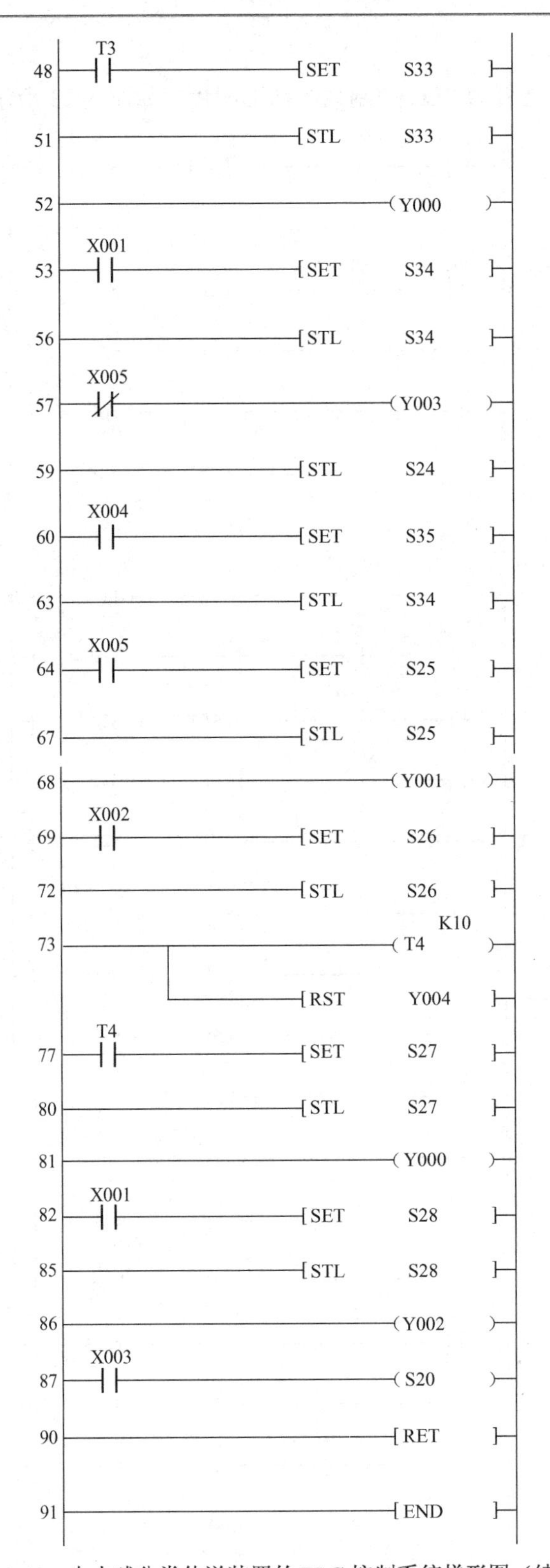

图 6-13　大小球分类传送装置的 PLC 控制系统梯形图（续）

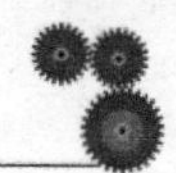

（1）分支状态向下转移的梯形图处理

分支状态 S21 依次向 S22，S32 状态转移，其状态转移图与梯形图的转换过程如图 6-14 所示。

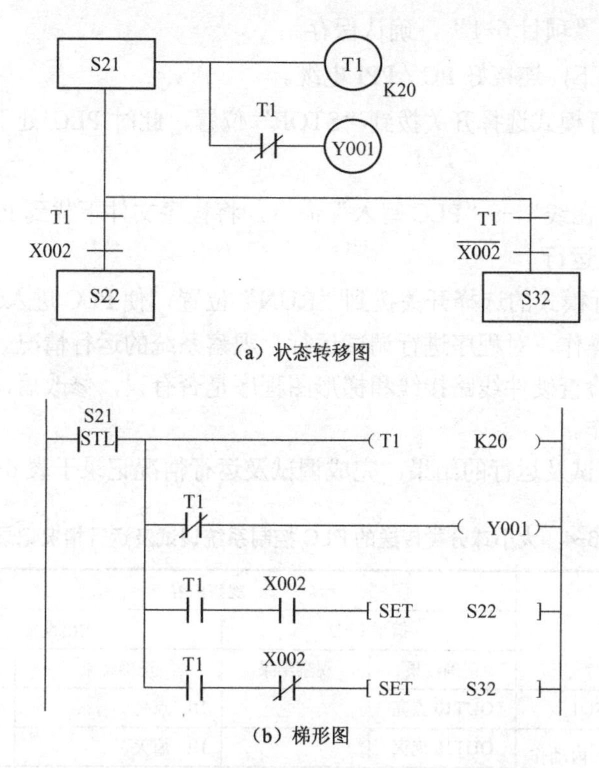

图 6-14　分支状态 S21 的状态转移图与梯形图

（2）向汇合状态转移的梯形图处理

S24 状态向汇合状态 S25 转移，S34 状态向汇合状态 S25 转移，其状态转移图与梯形图的转换过程如图 6-15 所示。

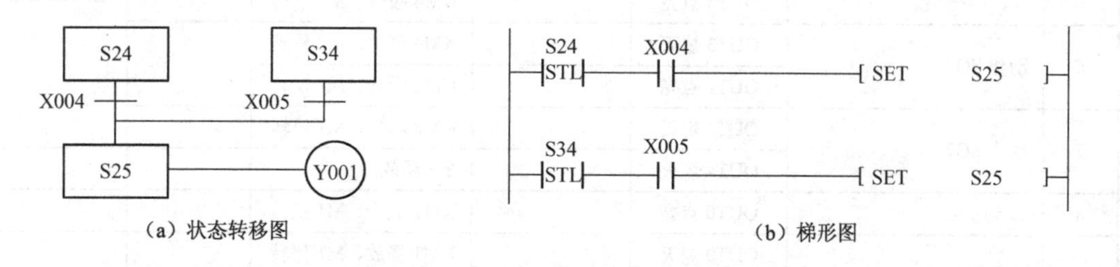

图 6-15　汇合状态 S25 的状态转移图与梯形图

6．程序录入

① 在作为编程器的计算机上，运行 SWOPC-FXGP/WIN-C 或 GX Developer 编程软件。

② 创建新文件，选择 PLC 类型为 FX_{2N}。

③ 按照前文介绍的方法，参照图 6-13 所示的梯形图程序将命令输入到计算机中。

④ 转换梯形图。

⑤ 文件赋名为“项目 6-1”，确认保存。

⑥ 在断电状态下，连接好 PC / PPI 电缆。

⑦ 将 PLC 运行模式选择开关拨到“STOP”位置，此时 PLC 处于停止状态，可以进行程序的传送。

⑧ 利用菜单“在线”→“PLC 写入”命令，将程序文件下载到 PLC 中。

7. 系统调试及运行

① 将 PLC 运行模式的选择开关拨到“RUN”位置，使 PLC 进入运行方式。

② 按表 6-4 操作，对程序进行调试运行，观察系统的运行情况。如出现故障，应立即切断电源，分别检查硬件线路接线和梯形图程序是否有误，修改后，应重新调试，直至系统按要求正常工作。

③ 记录系统调试及运行的结果，完成调试及运行情况记录于表 6-4 中。

表 6-4 大小球分类传送的 PLC 控制系统调试及运行情况记录表

操作步骤	操作内容	观察内容				备注
		指示 LED		输出设备		
		正确结果	观察结果	正确结果	观察结果	
1	同时动作 SQ3，SQ1	OUT10 点亮		HL 点亮		在原位
2	按下 SB，在 2s 内动作 SQ2	OUT10 熄灭		HL 熄灭		吸住小球
		OUT1 点亮		KM2 吸合、M1 反转		
3	2s 到	OUT1 熄灭		KM2 释放、M1 停转		YA 一直得电，吸住球
		OUT4 点亮		YA 得电		
		OUT0 点亮		KM1 吸合、M1 正转		
5	动作 SQ1	OUT0 熄灭		KM1 释放、M1 停转		
		OUT3 点亮		KM4 吸合、M2 反转		
6	动作 SQ4	OUT3 熄灭		KM4 释放、M2 停转		
		OUT1 点亮		KM2 吸合、M1 反转		
7	动作 SQ2	OUT1 熄灭		KM2 释放、M1 停转		
		OUT4 熄灭		YA 释放		
8	1s 到	OUT0 点亮		KM1 吸合、M1 正转		
9	动作 SQ1	OUT0 熄灭		KM1 释放、M1 停转		
		OUT2 点亮		KM3 吸合、M2 正转		
10	动作 SQ3	OUT2 熄灭		KM3 释放、M2 停转		
		OUT10 点亮		HL 点亮		回到原位
11	按下 SB，不动作 SQ2	OUT10 熄灭		HL 熄灭		吸住大球
		OUT1 点亮		KM2 吸合、M1 反转		

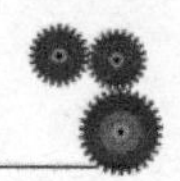

续表

操作步骤	操作内容	观察内容				备注
		指示 LED		输出设备		
		正确结果	观察结果	正确结果	观察结果	
12	2s 到	OUT1 熄灭		KM2 释放、M1 停转		
		OUT4 点亮		YA 得电		
13	1s 到	OUT0 点亮		KM1 吸合、M1 正转		YA 一直得电，吸住球
14	动作 SQ1	OUT0 熄灭		KM1 释放、M1 停转		
		OUT3 点亮		KM4 吸合、M2 反转		
15	动作 SQ5	OUT3 熄灭		KM4 释放、M2 停转		
		OUT1 点亮		KM2 吸合、M1 反转		
16	动作 SQ2	OUT1 熄灭		KM2 释放、M1 停转		
		OUT4 熄灭		YA 释放		
17	1s 到	OUT0 点亮		KM1 吸合、M1 正转		
18	动作 SQ1	OUT0 熄灭		KM1 释放、M1 停转		
		OUT2 点亮		KM3 吸合、M2 正转		
19	动作 SQ3	OUT2 熄灭		KM3 释放、M2 停转		
		OUT10 点亮		HL 点亮		回到原位

④ 监控梯形图。根据表 6-4，重新运行系统，监控梯形图，重点监控分支状态和汇合状态。

⑤ 运行结果分析。PLC 能够实现选择性分支流程控制，在分支状态下，不同的转移条件成立时，PLC 执行不同的分支流程。选择性分支编程的方法常应用在多挡位控制场合，如手动挡、半自动挡、全自动挡等。

8．操作要点

① 严格遵守选择性分支的编程原则：先集中处理分支状态，后集中处理汇合状态。

② 在进行汇合前所有状态的驱动处理时，不能遗漏某个分支的中间状态。

③ FX_{2N} 系列 PLC 的状态元件 S 具有掉电保持功能，为了保证正常调试程序，可在程序的开始增编复位程序。

④ 通电调试操作必须在老师的监护下进行。

⑤ 本项目应在规定的时间内完成，同时做到安全操作和文明生产。

9．项目质量考核要求及评分标准

项目质量考核要求及评分标准见表 6-5。

表 6-5　大小球分类传送的 PLC 控制系统质量考核要求及评分标准

考核项目	考核要求	配分	评分标准	扣分	得分	备注
系统安装	1. 会安装元件 2. 按图完整、正确及规范接线 3. 按照要求编号	30	1. 元件松动扣 2 分，损坏一处扣 4 分 2. 错、漏线，每处扣 2 分 3. 反圈、压皮、松动，每处扣 2 分 4. 错、漏编号，每处扣 1 分			
编程操作	1. 正确绘制状态转移图 2. 会建立程序新文件 3. 正确输入指令表 4. 正确保存文件 5. 会传送程序	40	1. 绘制状态转移图错误，扣 5 分 2. 不能建立程序新文件或建立错误，扣 4 分 3. 输入指令表错误，一处扣 2 分 4. 保存文件错误，扣 4 分 5. 传送程序错误，扣 4 分			
运行操作	1. 操作运行系统，分析操作结果 2. 会监控梯形图	30	1. 系统通电操作错误，一处扣 3 分 2. 分析操作结果错误，一处扣 2 分 3. 监控梯形图错误，一处扣 2 分			
安全生产	自觉遵守安全、文明生产规程		1. 每违反一项规定，扣 3 分 2. 发生安全事故，0 分处理 3. 漏接接地线，一处扣 5 分			
时间	4 小时		提前正确完成，每 5 分钟加 2 分 超过定额时间，每 5 分钟扣 2 分			
开始时间：		结束时间：		实际时间：		

七、拓展与提高

用辅助继电器设计选择性分支顺序控制程序：

与单流程的编程方法相似，选择性分支的顺序功能图如图 6-16 所示。图中，M1 与 X001 常开触点串联的结果为向第一分支转移的条件，M1 与 X011 常开触点串联的结果为向第二分支转移的条件。M3 与 X003 常开触点串联的结果为第一分支向汇合状态转移的条件，M6 与 X013 常开触点串联的结果为第二分支向汇合状态转移的条件，转换后的梯形图如图 6-17 所示。

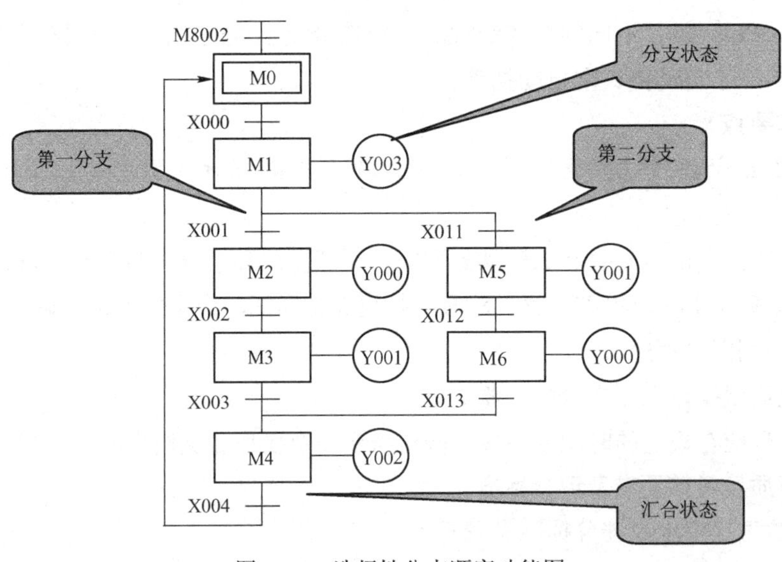

图 6-16　选择性分支顺序功能图

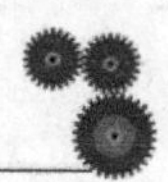

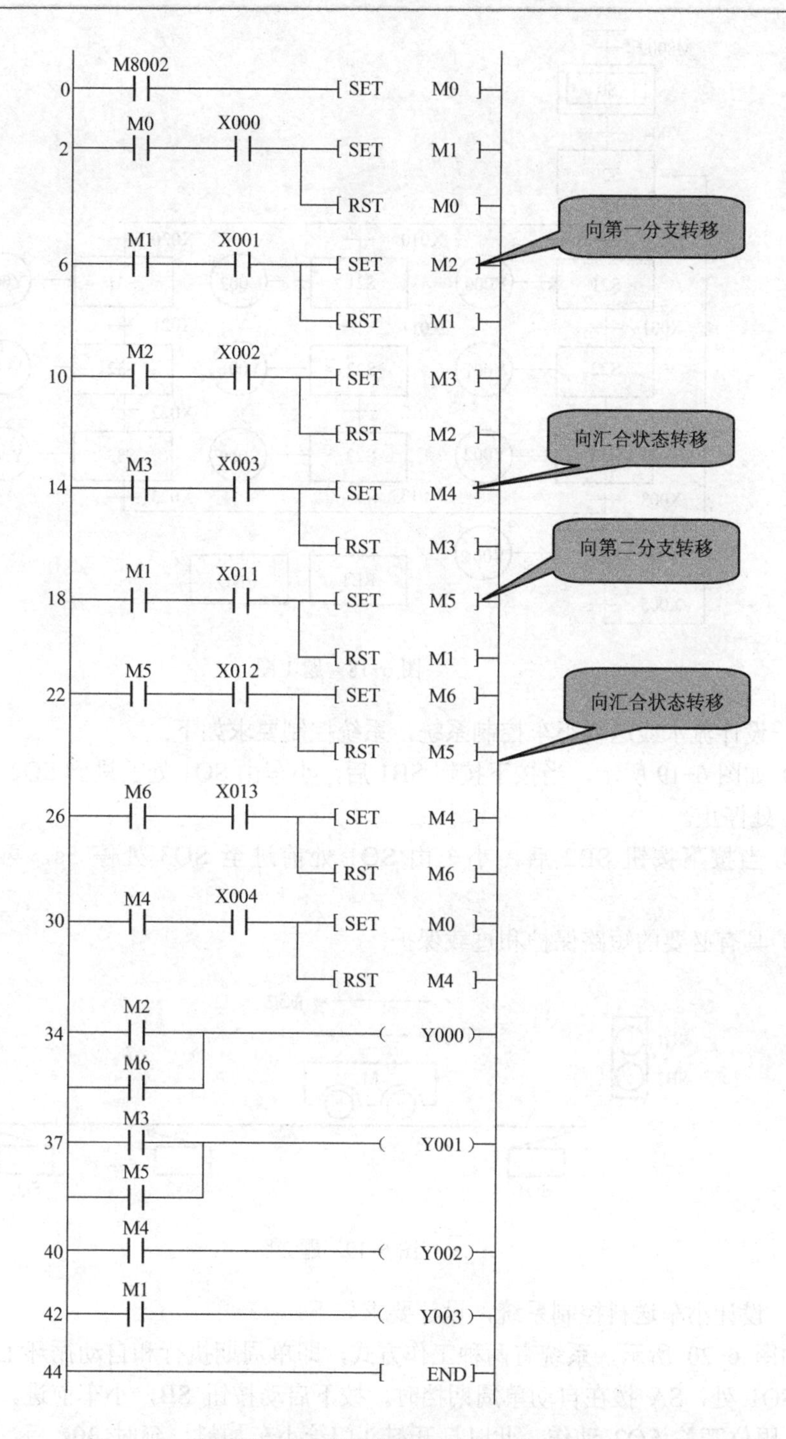

图 6-17　使用复位指令编制的选择性分支梯形图

八、思考与练习

1．有一选择性分支的状态转移图如图 6-18 所示，请画出其相应的梯形图，并写出指令语句表。

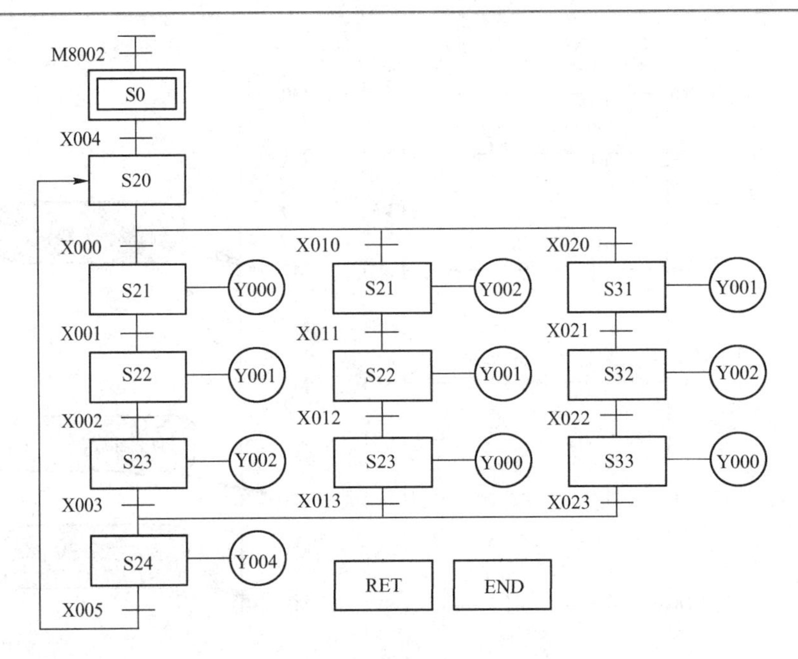

图 6-18　题 1 图

2．设计流水线送料小车控制系统，系统控制要求如下：

① 如图 6-19 所示，当按下按钮 SB1 后，小车由 SQ1 处前进到 SQ2 处停 5s，再后退至 SQ1 处停止。

② 当按下按钮 SB2 后，小车由 SQ1 处前进至 SQ3 处停 5s，再后退至 SQ1 处停止。

③ 具有必要的短路保护和过载保护。

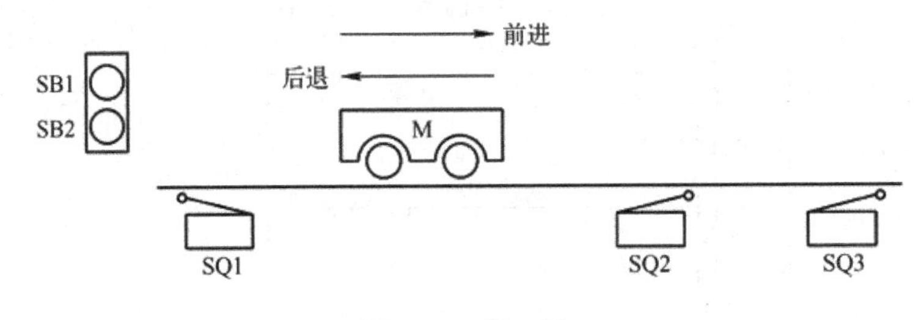

图 6-19　题 2 图

3．设计小车送料控制系统，设计要求如下：

如图 6-20 所示，系统有两种工作方式，即单周期执行和自动循环工作方式。小车原位在 SQ1 处，SA 拨在自动单周期挡时，按下启动按钮 SB，小车前进。当运行到料斗下方时，限位开关 SQ2 动作，此时打开料斗门给小车加料，延时 30s 后，小车后退返回。当返回至 SQ1 处，小车停止，打开小车底门卸料，20s 后结束。若 SA 拨在自动循环挡，小车完成上述单周期动作后，自动不断循环。

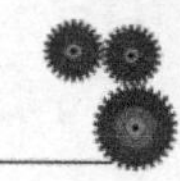

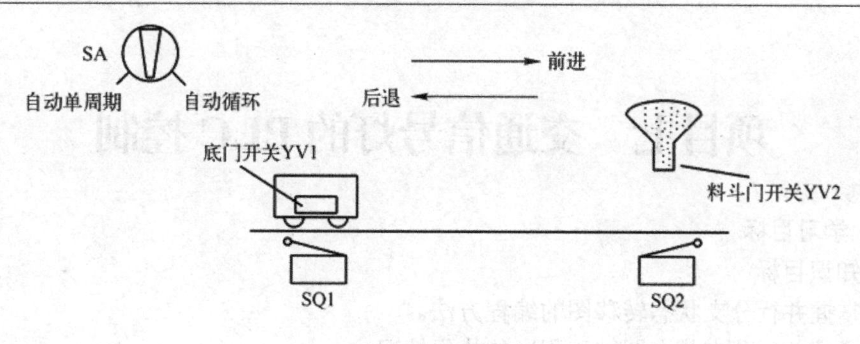

图 6-20　题 3 图

九、课外学习指导

本章推荐阅读书目：

郁汉琪. 三菱 FX/Q 系列 PLC 应用技术. 南京：东南大学出版社，2003

刘小春，黄有全. 电气控制与 PLC 技术应用. 北京：电子工业出版社，2009

赵俊生. 电气控制与 PLC 技术项目化理论与实践. 北京：电子工业出版社，2009

瞿彩萍. PLC 应用技术（三菱）. 北京：中国劳动社会保障出版社，2009

项目七　交通信号灯的PLC控制

一、学习目标

1．知识目标

① 掌握并行分支状态转移图的编程方法。

② 了解并行分支状态图转移程序的执行情况。

③ 熟悉编程软件的使用。

2．技能目标

会用并行步进指令编写交通信号灯的 PLC 控制的梯形图程序，完成整个系统的安装、调试与运行监控。

二、项目要求

在城市交通管理中，交通信号灯发挥着十分重要的作用。利用 PLC 可以方便地实现交通信号灯的控制功能，步进指令的运用使程序显得更加简单明了。交通信号灯系统控制要求如下：

无人过马路时，车道常开绿灯，人行横道开红灯。若有人过马路，按下 SB1 或 SB2，交通信号灯的变化如图 7-1 所示。

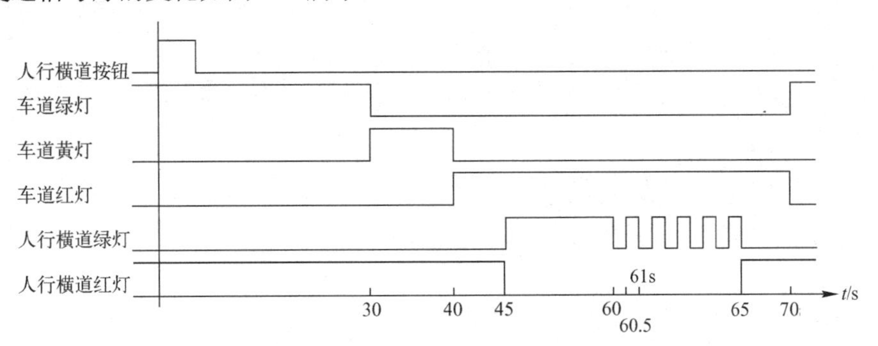

图 7-1　交通信号灯控制时序图

三、工作流程图

本项目工作流程如图 7-2 所示。

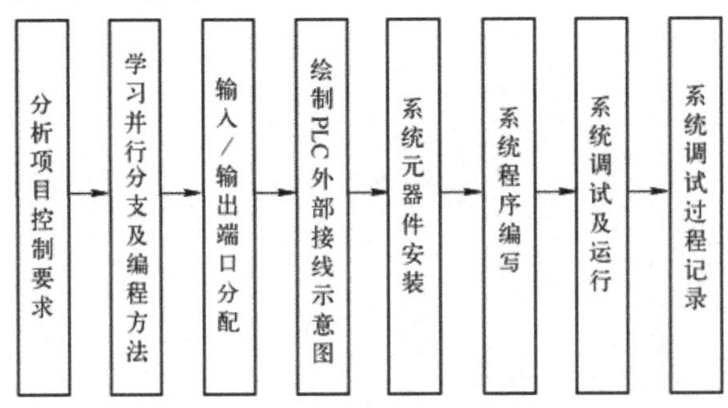

图 7-2　交通信号灯的 PLC 控制项目工作流程图

四、项目分析

该控制系统是一个时间顺序控制系统，可以采用基本指令进行编程，也可以采用前文介绍的单流程步进指令编程。另外，还可以将东西方向和南北方向各看做一条主线，并行同时执行，即用并行分支的方法来编程实现。按照控制要求，把车道（东西方向）信号灯的控制作为一个并联分支，人行道（南北方向）信号灯的控制作为另一个并联分支，并联分支的转移条件是人行道南北两只按钮的或关系；灯亮的长短利用定时器控制，人行道绿灯闪可以利用子循环加计数器来实现。首先将系统的工作过程进行分解，其工作流程如图 7-3 所示。这里可见，我们可采用并行分支步进程序设计的基本方法，实现人行横道与车道灯控制。

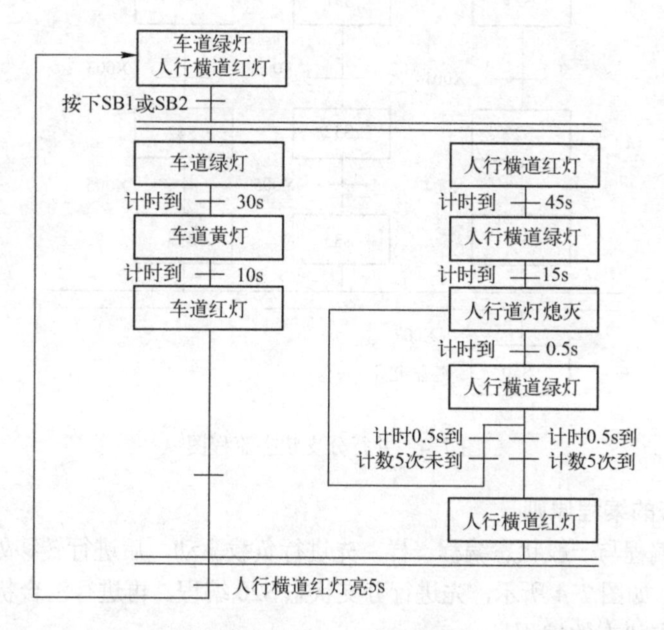

图 7-3　交通信号灯的 PLC 控制系统工作流程图

五、相关知识点

1．并行分支状态转移图及其特点

如果某个状态的转移条件满足，将同时执行两个或两个以上分支，称为并行结构分支。图 7-4 所示即为并行结构的状态流程图。

（1）S20 称为分支状态

S20 状态是分支流程的起点，称其为分支状态。在分支状态 S20 下，当转移条件 X000 接通，三个分支将同时被选中，并同时并行运行。当 S21，S31，S41 接通时，S20 自动复位。

（2）S50 为汇合状态

如图 7-4 所示，S50 状态是分支流程的汇合点，又称为汇合状态。S50 汇合状态必须在分支流程全部执行完毕后，当转移条件成立时才被激活。若 X007 接通时，则汇合状态 S50 开始动作，转移前的各状态 S23，S33，S43 全部变为不动作。这种汇合，有时又被称

为等待汇合（先完成的流程需等所有流程动作结束后，再汇合继续动作）。用水平双线来表示并行分支，上面一条表示并行分支的开始，下面一条表示并行分支的结束。

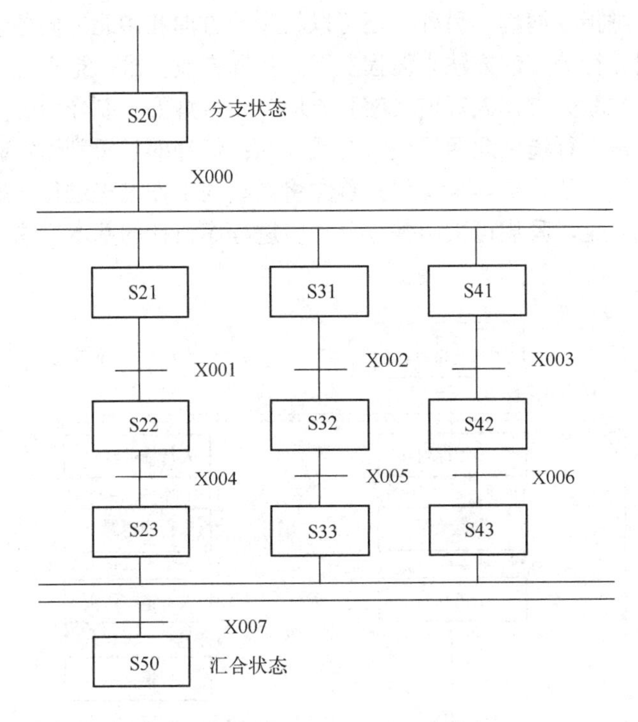

图 7-4　并行分支状态流程图

2．并行状态的编程原则

并行状态的编程与一般状态编程一样，先进行负载驱动，后进行转移处理，转移处理从左到右依次进行。如图 7-4 所示，先进行分支状态 S20 编程，再进行汇合状态 S50 的编程。

（1）S20 分支状态的编程

分支状态的编程方法：先进行分支状态的驱动处理，再依次转移。以图 7-5 所示状态转移图为例，运用此方法，分支状态 S20 的编程指令表见表 7-1。

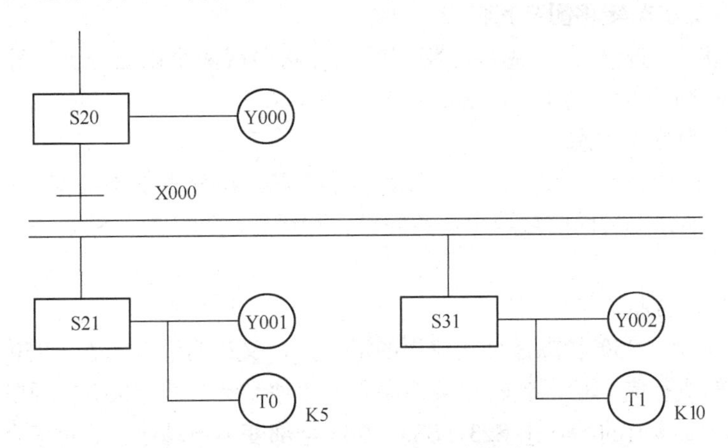

图 7-5　分支状态 S20 的状态转移图

表 7-1　分支状态 S20 的编程指令表

编 程 步 骤	指　　令	元 件 号	指 令 功 能	备　　注
第一步： 分支状态的驱动处理	STL	S20	激活分支状态 S0	
	OUT	Y000	驱动处理	
第二步： 依次进行转移处理	LD	X000	分支转移条件	同一个转移条件，两个转移方向
	SET	S21	向第一分支转移	
	SET	S31	向第二分支转移	

（2）S50 汇合状态的编程

汇合状态的编程方法：先依次进行汇合前的所有状态的驱动处理，再依次向汇合状态转移。以图 7-6 所示状态转移图为例，运用此方法，汇合状态 S50 的编程指令表见表 7-2。

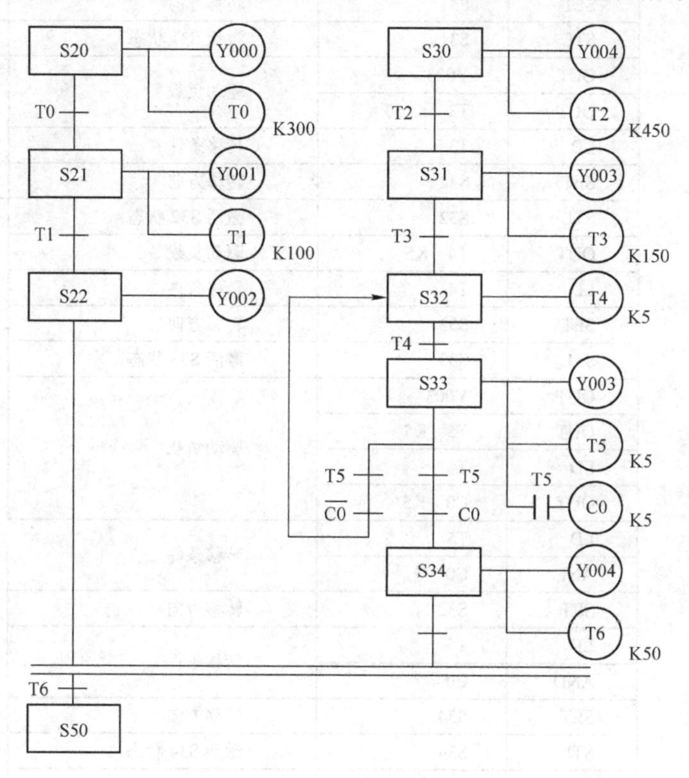

图 7-6　汇合状态 S50 的状态转移图

表 7-2　汇合状态 S50 的编程指令表

编 程 步 骤		指　　令	元 件 号	指 令 功 能	备　　注
第一步： 依次进行汇合前的所有状态的驱动处理	第一分支	STL	S20	激活 S20 状态	S20 状态的驱动处理
		OUT	Y000	S20 状态驱动	
		OUT	T0　K300		
		LD	T0	转移条件	
		SET	S21	转移方向	
		STL	S21	激活 S21 状态	S21 状态的驱动处理
		OUT	Y001	驱动负载	

续表

编程步骤		指令	元件号	指令功能	备注
第一步：依次进行汇合前的所有状态的驱动处理		OUT	T1 K100	驱动负载	S21 状态的驱动处理
		LD	T1	转移条件	
		SET	S22	转移方向	
		STL	S22	激活 S22 状态	S22 状态的只驱动，不转移
		OUT	Y002	驱动负载	
	第二分支	STL	S30	激活 S30 状态	S30 状态的驱动处理
		OUT	Y004	驱动负载	
		OUT	T2 K450		
		LD	T2	转移条件	
		SET	S31	转移方向	
		STL	S31	激活 S31 状态	S31 状态的驱动处理
		OUT	Y003	驱动负载	
		OUT	T3 K150		
		LD	T3	转移条件	
		SET	S32	转移方向	
		STL	S32	激活 S32 状态	S32 状态的驱动处理
		OUT	T4 K5	驱动负载	
		LD	T4	转移条件	
		SET	S33	转移方向	
		STL	S33	激活 S33 状态	S33 状态的驱动处理
		OUT	Y003	驱动负载	
		OUT	T5 K5		
		LD	T5		
		OUT	C0 K5		
		LD	T5	转移条件	
		ANI	C0		
		SET	S32	转移方向	
		LD	T5	转移条件	
		AND	C0		
		SET	S34	转移方向	
		STL	S34	激活 S34 状态	S34 状态的只驱动，不转移
		OUT	Y004	驱动负载	
		OUT	T6 K50		
第二步：依次向汇合状态转移		STL	S22	再次激活 S22 状态	依次串联步进接点，两个分支同时向汇合状态转移
		STL	S34	再次激活 S34 状态	
		LD	T6	转移条件	
		SET	S50	方向是汇合状态 S50	

六、项目实施

1. 输入/输出端口分配

根据前文分析可知：本项目中输入设备有按钮；输出设备有指示灯。根据这些硬件与 PLC 中的编程软元件的对应关系，我们可以得到交通信号灯的 PLC 控制系统的输入 / 输出端口分配表，如表 7-3 所示。

表 7-3　交通信号灯的 PLC 控制系统的输入/输出端口分配表

输　入			输　出		
元件代号	功　能	输入点	元件代号	功　能	输出点
SB1	启动	X0	HL1	车道绿灯	Y0
SB2	启动	X1	HL2	车道黄灯	Y1
			HL3	车道红灯	Y2
			HL4	人行横道绿灯	Y3
			HL5	人行横道红灯	Y4

2．系统状态转移图

根据工作流程图与状态转移图的转换方法，将图 7-3 所示工作流程图转换成状态转移图，如图 7-7 所示。

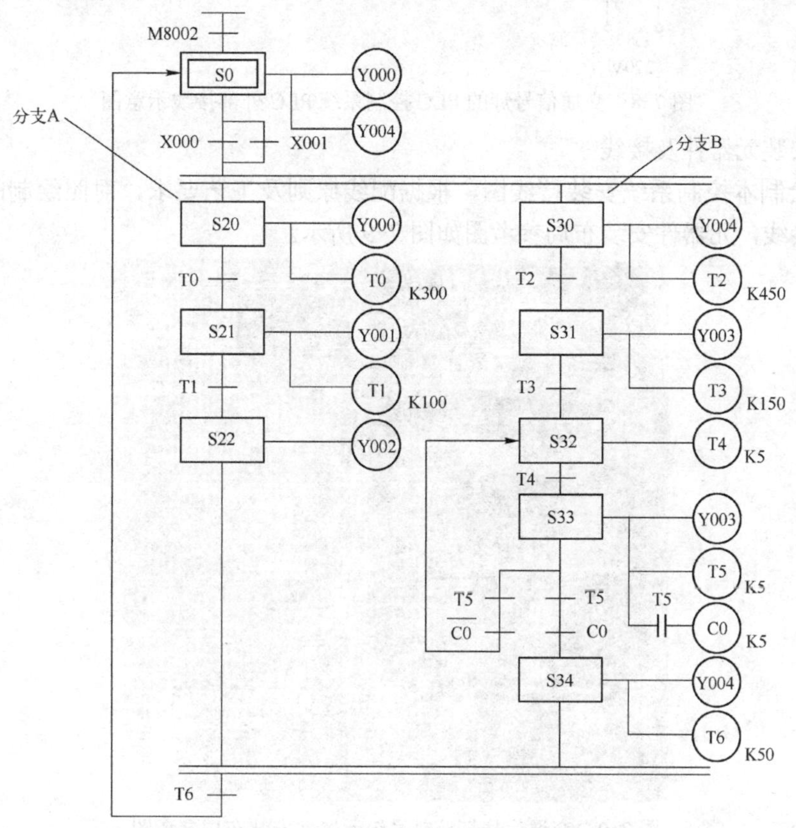

图 7-7　交通信号灯的 PLC 控制系统状态转移图

3．PLC 外部接线示意图绘制

根据输入/输出端口分配表，可画出交通信号灯的 PLC 控制系统 PLC 部分的外部接线示意图，如图 7-8 所示。

4．系统安装

（1）检查元器件

根据项目要求选配齐需要的元器件（注意有些替代元器件的选用），并逐个检查元件的规格是否符合要求，检测元件的质量是否完好。

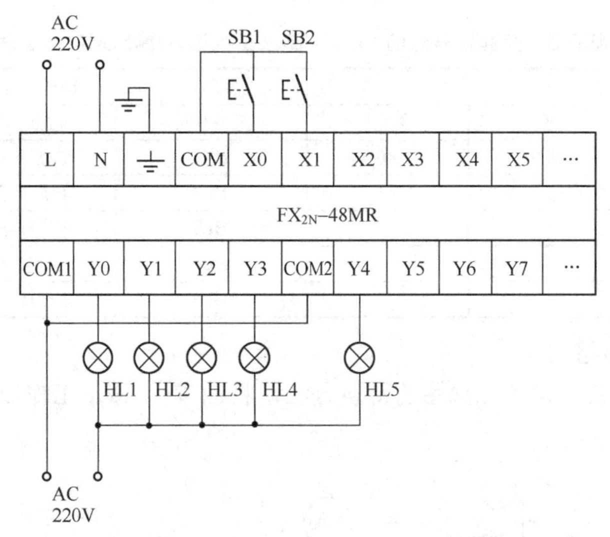

图 7-8 交通信号灯的 PLC 控制系统 PLC 外部接线示意图

（2）安装元器件及接线

自行绘制本控制系统安装接线图，根据配线原则及工艺要求，对照绘制的接线图进行安装和接线，元器件安装布局参考图如图 7-9 所示。

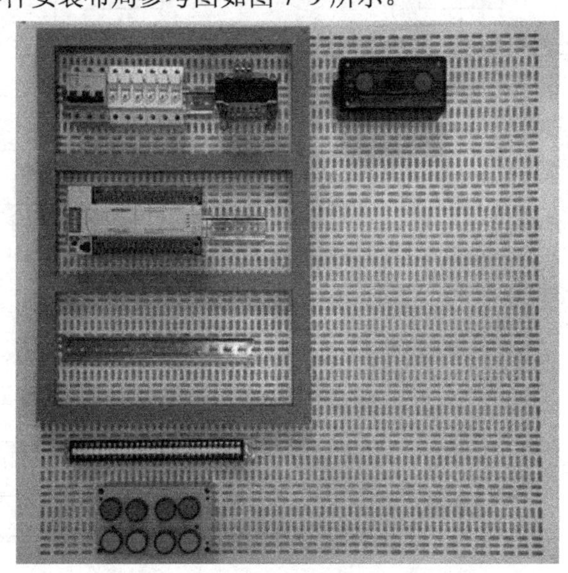

图 7-9 交通信号灯控制系统元器件安装布局参考图

（3）自检

① 检查布线。对照接线图检查是否掉线、错线，是否漏编、错编，接线是否牢固等。

② 使用万用表检测安装的电路，如测量与线路图不符，应根据线路图检查是否有错线、掉线、错位、短路等。

5．程序编写

交通信号灯的 PLC 控制系统的梯形图程序如图 7-10 所示。

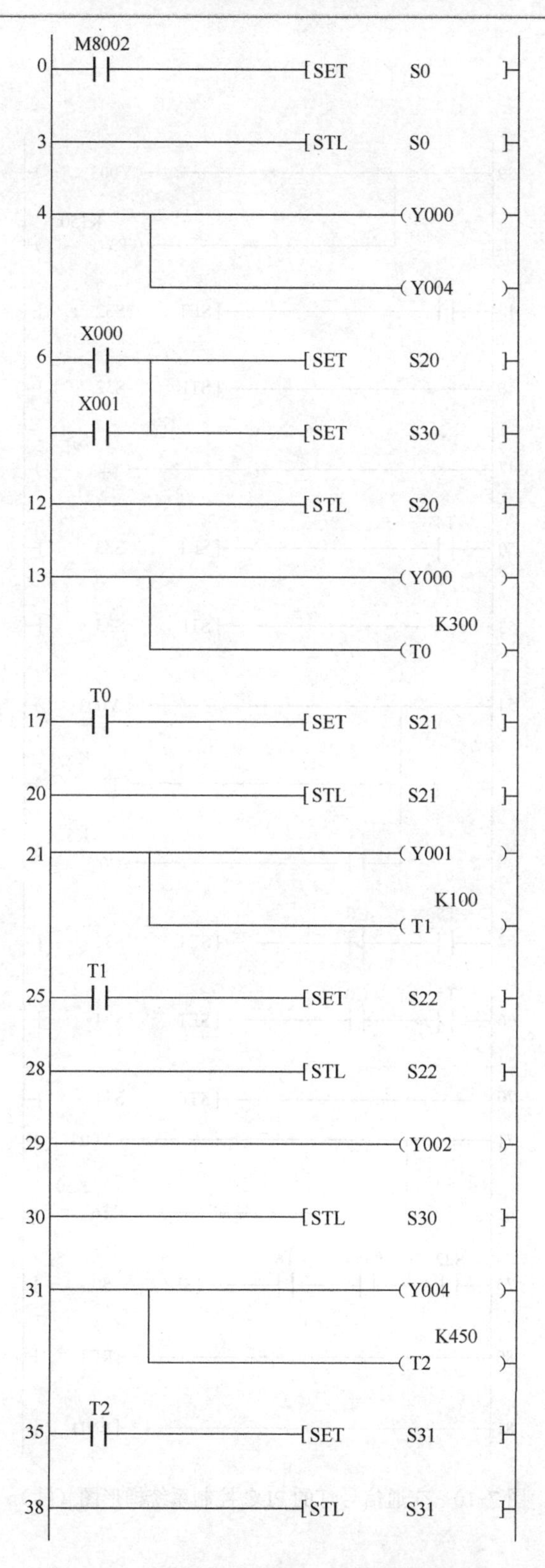

图 7-10　交通信号灯的 PLC 控制系统梯形图

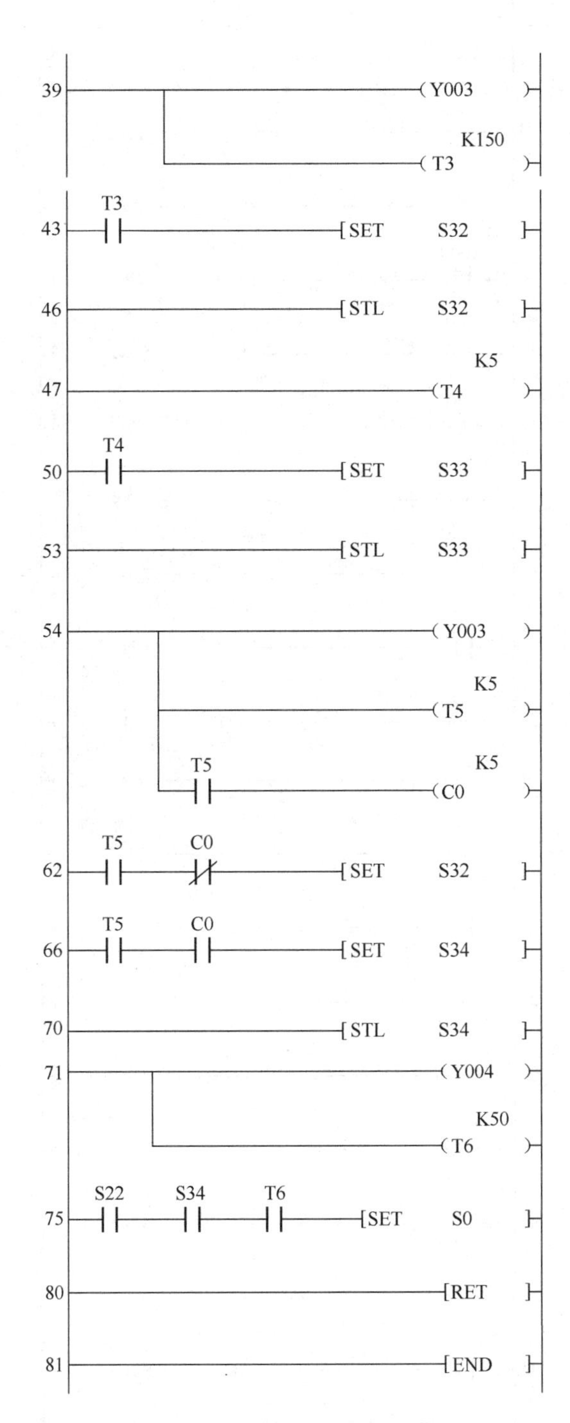

图 7-10　交通信号灯的 PLC 控制系统梯形图（续）

6. 程序录入

① 在作为编程器的计算机上，运行 SWOPC-FXGP/WIN-C 或 GX Developer 编程软件。

② 创建新文件，选择 PLC 类型为 FX_{2N}。

③ 按照前文介绍的方法，参照图 7-10 所示的梯形图程序将程序输入到计算机中。

④ 转换梯形图。

⑤ 文件赋名为“项目 7-1”，确认保存。

⑥ 在断电状态下，连接好 PC / PPI 电缆。

⑦ 将 PLC 运行模式选择开关拨到“STOP”位置，此时 PLC 处于停止状态，可以进行程序的传送。

⑧ 利用菜单“在线”→“PLC 写入”命令，将程序文件下载到 PLC 中。

7. 系统调试及运行

① 将 PLC 运行模式的选择开关拨到“RUN”位置，使 PLC 进入运行方式。

② 按表 7-4 操作，对程序进行调试运行，观察系统的运行情况。如出现故障，应立即切断电源，分别检查硬件线路接线和梯形图程序是否有误，修改后，应重新调试，直至系统按要求正常工作。

表 7-4 交通信号灯的 PLC 控制系统调试及运行情况记录表

操作步骤	操作内容	观察内容				备注
		指示 LED		输出设备		
		正确结果	观察结果	正确结果	观察结果	
1	RUN/STOP 开关拨至“RUN”位置	OUT0 点亮		HL1 点亮		
		OUT4 点亮		HL5 点亮		
2	按下 SB1 或 SB2	OUT0 点亮		HL1 点亮		
		OUT4 点亮		HL5 点亮		
3	30s 到	OUT0 熄灭		HL1 熄灭		
		OUT4 点亮		HL5 点亮		
		OUT1 点亮		HL2 点亮		
4	40s 到	OUT1 熄灭		HL2 熄灭		
		OUT4 点亮		HL5 点亮		
		OUT2 点亮		HL3 点亮		
5	45s 到	OUT4 熄灭		HL5 熄灭		
		OUT2 点亮		HL3 点亮		
		OUT3 点亮		HL4 点亮		
6	60s 到	OUT2 点亮		HL3 点亮		
		OUT3 熄灭		HL4 熄灭		
7	65.5 s 到	OUT2 点亮		HL3 点亮		
		OUT3 点亮		HL4 点亮		
8	66 s 到	OUT2 点亮		HL3 点亮		
		OUT3 熄灭		HL4 熄灭		
9	HL4 闪烁 5 次后	OUT2 点亮		HL3 点亮		
		OUT3 熄灭		HL4 熄灭		
		OUT4 点亮		HL5 点亮		

续表

操作步骤	操作内容	观察内容				备注
		指示 LED		输出设备		
		正确结果	观察结果	正确结果	观察结果	
10	70 s 到	OUT0 点亮		HL1 点亮		
		OUT4 点亮		HL5 点亮		
11	进入下一个循环，等待行人按按钮					

③ 记录系统调试及运行的结果，完成调试及运行情况记录于表 7-4 中。

④ 监控梯形图。根据表 7-4，重新运行系统，监控梯形图，重点监控分支状态和汇合状态。

⑤ 运行结果分析。PLC 能够实现并行分支流程控制。在分支状态下，当转移条件成立时，PLC 同时执行并行分支流程；当所有分支执行完毕，转移条件成立时才向汇合状态转移。

8. 操作要点

① 严格遵守并行分支的编程原则：先集中处理分支状态，后集中处理汇合状态。

② 在进行汇合前所有状态的驱动处理时，不能遗漏某个分支的中间状态。

③ FX_{2N} 系列 PLC 的状态元件 S 具有掉电保持功能，为了保证正常调试程序，可在程序的开始增编复位程序。

④ 通电调试操作必须在教师的监护下进行。

⑤ 本项目应在规定的时间内完成，同时做到安全操作和文明生产。

9. 项目质量考核要求及评分标准

项目质量考核要求及评分标准见表 7-5。

表 7-5 交通信号灯的 PLC 控制系统质量考核要求及评分标准

考核项目	考核要求	配分	评分标准	扣分	得分	备注
系统安装	1. 会安装元件 2. 按图完整、正确及规范接线 3. 按照要求编号	30	1. 元件松动扣 2 分，损坏一处扣 4 分 2. 错、漏线，每处扣 2 分 3. 反圈、压皮、松动，每处扣 2 分 4. 错、漏编号，每处扣 1 分			
编程操作	1. 正确绘制状态转移图 2. 会建立程序新文件 3. 正确输入指令表 4. 正确保存文件 5. 会传送程序	40	1. 绘制状态转移图错误，扣 5 分 2. 不能建立程序新文件或建立错误，扣 4 分 3. 输入指令表错误，一处扣 2 分 4. 保存文件错误，扣 4 分 5. 传送程序错误，扣 4 分			
运行操作	1. 操作运行系统，分析操作结果 2. 会监控梯形图	30	1. 系统通电操作错误，一处扣 3 分 2. 分析操作结果错误，一处扣 2 分 3. 监控梯形图错误，一处扣 2 分			
安全生产	自觉遵守安全、文明生产规程		1. 每违反一项规定，扣 3 分 2. 发生安全事故，0 分处理 3. 漏接接地线，一处扣 5 分			
时间	3 小时		提前正确完成，每 5 分钟加 2 分 超过定额时间，每 5 分钟扣 2 分			
开始时间：		结束时间：		实际时间：		

七、拓展与提高

用辅助继电器设计并行分支的顺序控制程序：

与单流程的编程方法相似，并行分支的顺序功能图如图 7-11 所示。图中，M0 与 X000 常开触点串联的结果为向各分支流程转移的条件；M2，M5 与 X002 常开触点串联的结果为分支流程向汇合状态转移的条件，转换后的梯形图如图 7-12 所示。

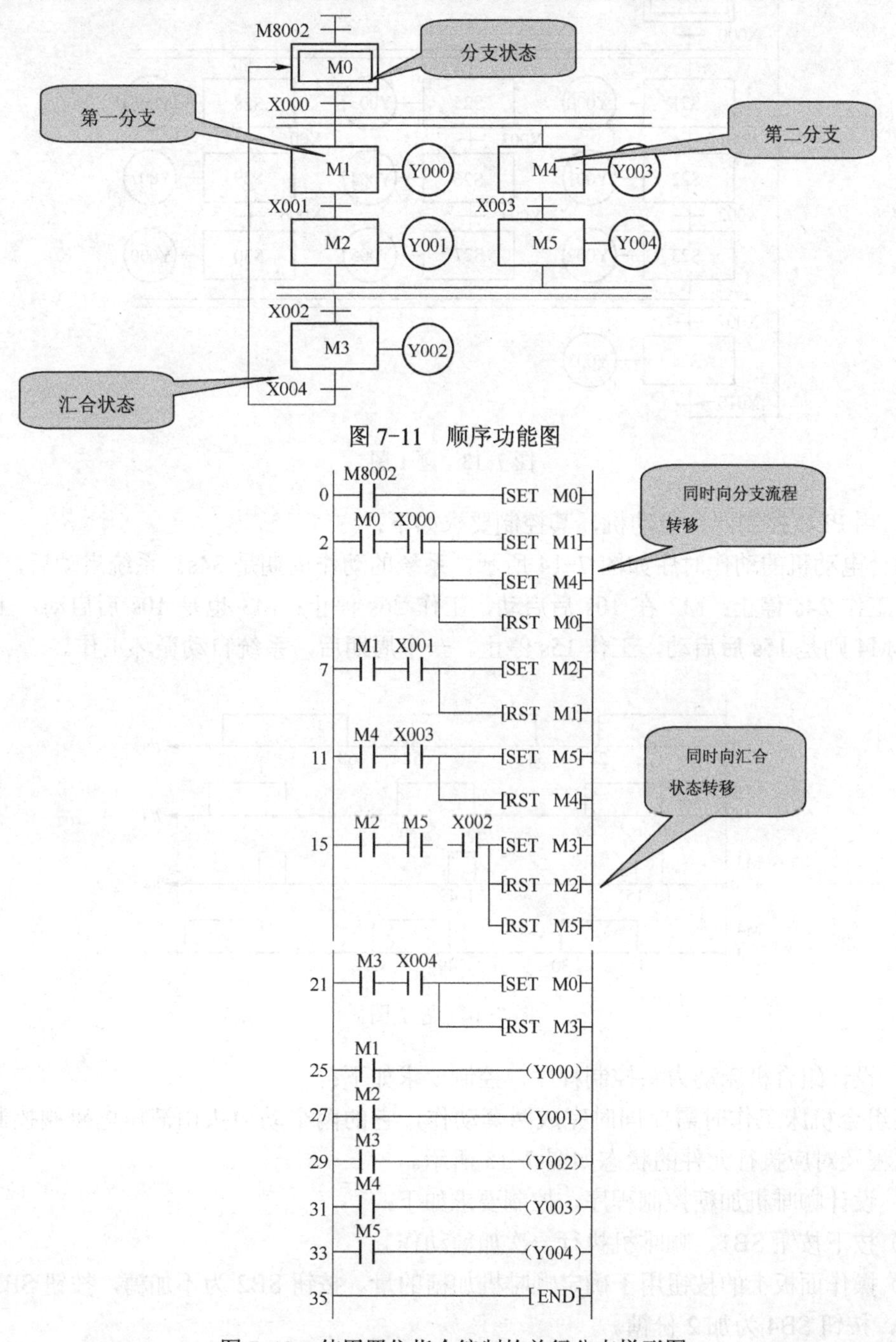

图 7-11　顺序功能图

图 7-12　使用置位指令编制的并行分支梯形图

八、思考与练习

1．一个并行分支状态转移图如图 7-13 所示，请画出其相应的梯形图，并写出指令语句。

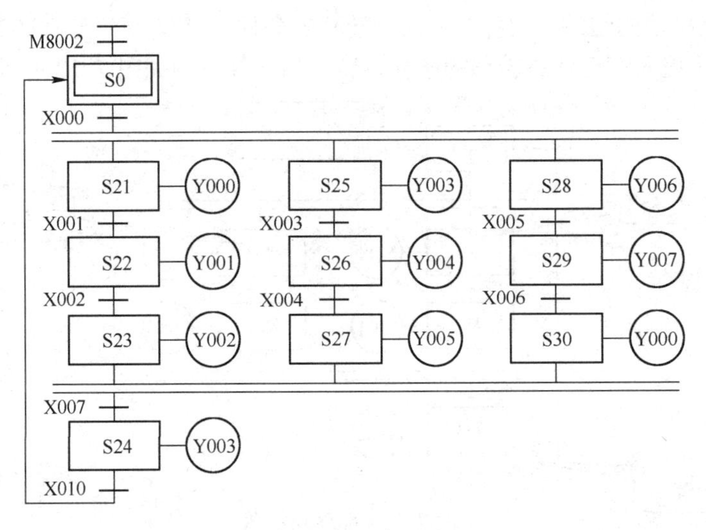

图 7-13　题 1 图

2．用 PLC 控制四台电动机，其控制要求如下：

四台电动机的动作时序如图 7-14 所示，系统的动作周期是 34s。系统启动后，M1 先启动，工作 24s 停止；M2 在 10s 后启动，工作 26s 停止；M3 也是 10s 后启动，工作 5s 停止；M4 则是 15s 后启动，工作 15s 停止。一个周期后，系统自动循环工作。

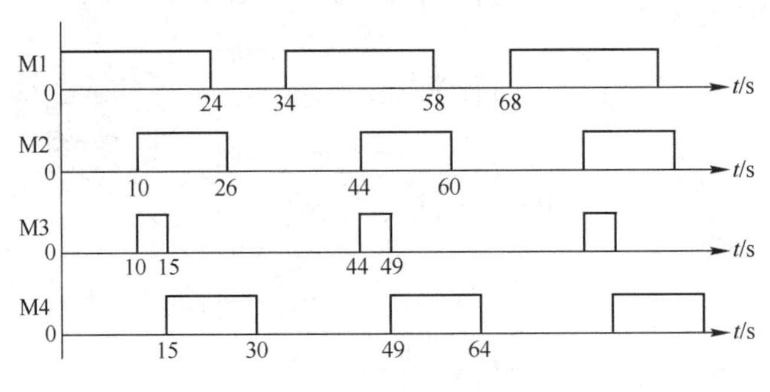

图 7-14　题 2 图

3．设计组合机床动力头控制程序，控制要求如下：

某组合机床工作时需要同时完成两套动作，它的两个动力头由液压电磁阀控制，其动作过程及对应执行元件的状态如图 7-15 所示。

4．设计咖啡机加糖控制程序，控制要求如下：

① 按下按钮 SB1，咖啡机执行一次加糖动作。

② 操作面板上的按钮用于确定咖啡机加糖的量。按钮 SB2 为不加糖，按钮 SB3 为加 1 份糖，按钮 SB4 为加 2 份糖。

动作	执行元件			
	YV1	YV2	YV3	YV4
快进	−	+	+	−
一次工进	+	+	−	−
二次工进	−	+	+	+
快退	+	−	+	−

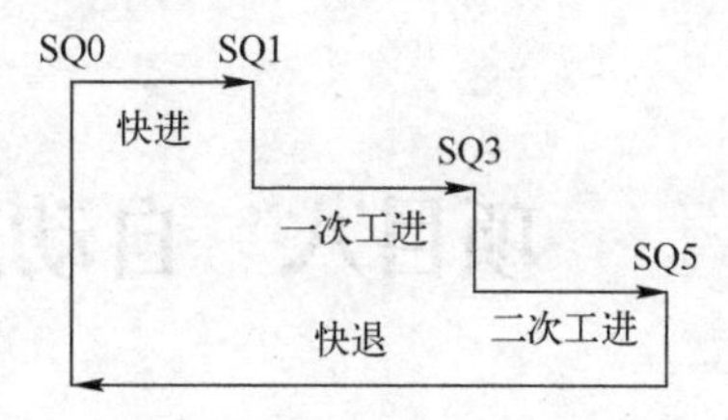

（a）1号动力头

动作	执行元件		
	YV5	YV6	YV7
快进	+	+	−
工进	+	−	+
快退	−	+	+

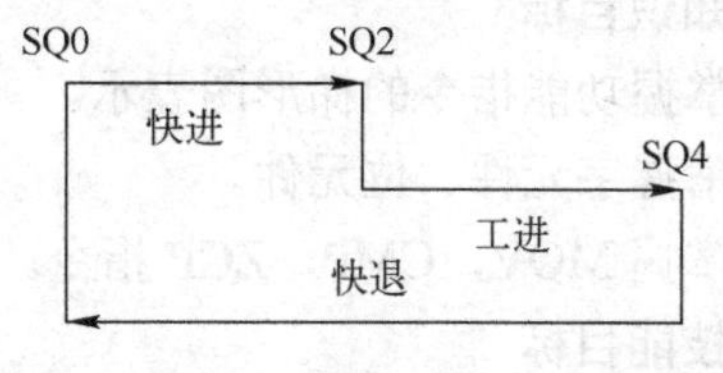

（b）2号动力头

图 7-15　题 3 图

九、课外学习指导

本章推荐阅读书目：

郁汉琪. 三菱 FX/Q 系列 PLC 应用技术. 南京：东南大学出版社，2003

刘小春，黄有全. 电气控制与 PLC 技术应用. 北京：电子工业出版社，2009

赵俊生. 电气控制与 PLC 技术项目化理论与实践. 北京：电子工业出版社，2009

瞿彩萍. PLC 应用技术（三菱）. 北京：中国劳动社会保障出版社，2009

项目八　自动送料车的PLC控制

一、学习目标

1. 知识目标

① 掌握功能指令的梯形图表示。

② 掌握字元件、位元件。

③ 掌握MOV，CMP，ZCP指令。

2. 技能目标

① 会用传送和比较指令编写自动送料车PLC控制的梯形图程序。

② 完成整个系统的安装、调试与运行监控。

二、项目要求

某车间生产线有 6 个工作台，工作时要求送料车往返于各个工作台之间进行自动送料，其工作示意如图8-1所示。每个工作台设有一个到位的位置传感器（或限位开关）和一个呼叫按钮。具体控制要求如下:

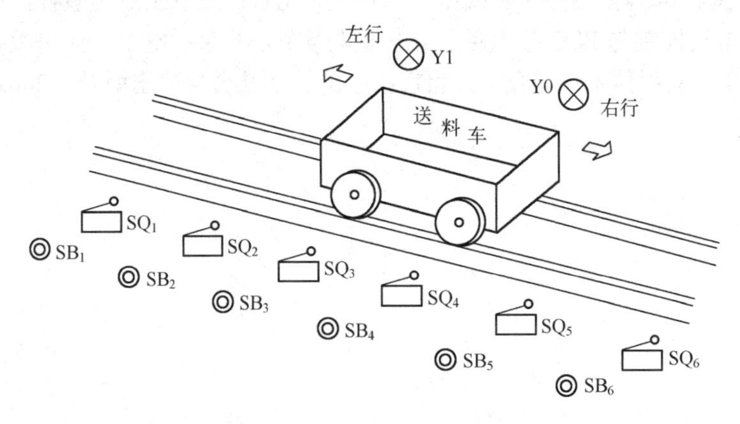

图8-1　自动送料车工作示意图

① 送料车开始应能准确停留在6个工作台中任意一个到位的位置上。

② 生产线设备开始工作运行时能准确地响应各个工作台的呼叫（即能准确地运行并能停止在呼叫的工作台位置）。

③ 有必要的安全保护措施。

三、工作流程图

本项目工作流程如图8-2所示。

四、项目分析

设送料车现暂停于 *m* 号工作台（SQ*m* 为 ON）处，这时 *n* 号工作台呼叫（SB*n* 为 ON），若：

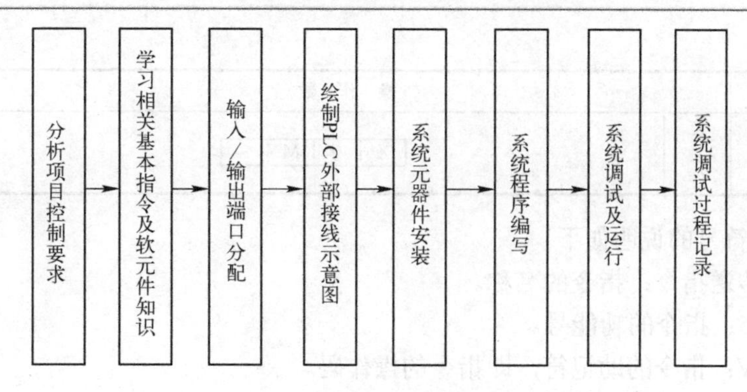

图 8-2　项目工作流程图

① *m*>*n*，送料车左行，直至 SQ*n* 动作，到位停车。即送料车所停位置的编号大于呼叫按钮的编号时，送料车往左运行至呼叫位置后停止。

② *m*<*n*，送料车右行，直至 SQ*n* 动作，到位停车。即送料车所停位置的编号小于呼叫按钮的编号时，送料车往右运行至呼叫位置后停止。

③ *m*=*n*，送料车原位不动。即送料车所停位置的编号与呼叫按钮的编号相同时，送料车不动。这个项目可通过比较设定的工作台的编号和呼叫按钮的编号大小来判断小车的运动方向。设送料车停靠的工作台编号为 *m*，呼叫按钮编号为 *n*，按下启动按钮时，若 *m*>*n*，则要求送料车左行；若 *m*<*n*，则要求送料车右行；若 *m*=*n*，送料车停在原位不动。送料车的左、右运行可通过接触器 KM1 和 KM2 控制电动机的正反转来实现，呼叫信号由按钮 SB1～SB6 来实现，到位停止由位置传感器（或限位开关 SQ1～SQ6）来实现。如果用前文介绍的一些设计方法来实现这个项目，那么我们需要考虑各个工作台相互之间的位置关系，使得编程比较烦琐。这里我们采用 PLC 系统的一些应用指令进行编程会使得问题得到简化。

五、相关知识点

一条基本逻辑指令只完成一个特定的操作，而一条功能指令却能完成一系列的操作，相当于执行了一个子程序，所以功能指令的功能更加强大，使编程更加精练。基本指令和其梯形图符号之间是互相对应的；而功能指令采用梯形图和助记符相结合的形式，意在表达本指令要做什么。

1．功能指令的表示

（1）功能指令的要素描述

为了便于对功能指令的理解，现以 BMOV 指令为例对功能指令的要素进行说明。例如，BMOV 指令的要素描述见表 8-1。

表 8-1　BMOV 指令要素描述

成批传送指令	操　作　数		程　序　步
FNC15 BMOV（P） 16 位	字元件	S.：K,H　KnX　KnY　KnM　T　C　D　V,Z；n；D.：n；n≤512	16 位： 7 步

续表

成批传送指令	操作数		程序步
FNC15 BMOV（P） 16 位	位元件	X Y M S	16 位： 7 步

表 8-1 中符号的说明如下。

① 成批传送指令：指令的名称。

② FNC15：指令的功能号。

③ BMOV：指令的助记符，即指令的操作码。

④ P：指令的执行形式，（P）表示可使用脉冲执行方式，在执行条件满足时仅执行一个扫描周期，默认为连续执行型。

⑤ 16 位：指令的数据长度为 16 位，若指令前面有（D），说明指令的数据长度可为 32 位，默认为 16 位。

⑥ [S.]：源操作数，简称源，指令执行后不改变其内容的操作数。当源操作数不止一个时，用[S1.]，[S2.]等来表示。有“.”表示能使用变址方式；默认为无“.”，表示不能使用变址方式。

⑦ [D.]：目标操作数，简称目，指令执行后将改变其内容的操作数。当目标操作数不止一个时，用[D1.]，[D2.]等来表示。有“.”表示能使用变址方式；默认为无“.”，表示不能使用变址方式。

⑧ K，H，n：其他操作数，常用来表示常数或对源操作数以及目标操作数作出补充说明。表示常数时，K 后跟的是十进制数，H 后跟的是十六进制数。

⑨ 程序步：指令执行所需的步数。一般来说，功能指令的功能号和助记符占一步，每个操作数占 2～4 步（16 位操作数是 2 步，32 位操作数是 4 步）。因此，一般 16 位指令为 7 步，32 位指令为 13 步。

注意：在指令后面加“(P)”，仅仅表示这条指令还有脉冲执行方式；在指令前面加“(D)”，也仅仅表示这条指令还有 32 位操作方式。但是，在编程软件中输入这条指令时，加在前后缀的括号是不必输入的。在本书中，以这种方式表达的所有其他功能指令都要这样来理解。

（2）功能指令的梯形图表示

FX_{2N} 系列 PLC 功能指令的梯形图表示方法如图 8-3 所示。在功能指令中用通用的助记符形式来表示，如图 8-3（a）所示；该指令的含义如图 8-3（b）所示。

图 8-3（a）中，X000 常开触点是功能指令的执行条件，其后的方括号内即为功能指令。

功能指令由操作码和操作数两部分组成。

① 操作码部分。功能指令的第一段即为操作码部分，表达了该指令做什么。一般功能指令都是以指定的功能号来表示，如 FNC15。但是，为了便于记忆，每个功能指令都有一个助记符，对应 FNC15 的助记符是 BMOV，表示“成批传送”。这样表示比较直

观，也便于记忆。在编程软件中输入功能指令时，可输入功能号 FNC15，也可直接输入助记符 BMOV，但显示的都是助记符 BMOV。

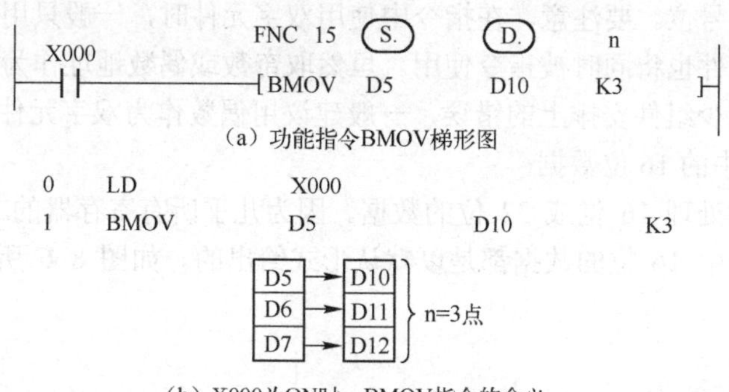

（a）功能指令BMOV梯形图

（b）X000为ON时，BMOV指令的含义

图 8-3　功能指令 BMOV 举例

注意：本书在介绍各功能指令时，将以助记符的形式给出。但实际在编程软件中输入功能指令时，一般输入助记符就可以了，而且这样比较方便。

② 操作数部分。功能指令的第一段之后都为操作数部分，表达了参加指令操作的操作数在哪里。功能指令中的操作数是指操作数本身或操作数的地址。

操作数部分依次由源操作数（源）、目标操作数（目）和数据个数三部分组成。图 8-3（a）中的源操作数应是 D5，D6 和 D7，这是因为数据个数为 K3，表示源有 3 个；而目标操作数则应是 D10，D11 和 D12。当 X000 接通时，BMOV 指令的含义如图 8-3（b）所示，即要取出 D5～D7 的连续 3 个数据寄存器中的内容成批传送至 D10～D12 寄存器中。当 X000 断开时，此指令不执行。

有些功能指令需要操作数，也有的功能指令不需要操作数，有些功能指令还要求多个操作数。但是，无论操作数有多少，其排列次序总是：源在前，目标在后，数据个数在最后。

2．功能指令的数据长度

1）字元件与双字元件

（1）字元件

字元件是 FX_{2N} 系列 PLC 数据类组件的基本结构，1 个字元件是由 16 位的存储单元构成，第 0～14 位为数值位，最高位（第 15 位）为符号位。图 8-4 所示为 16 位数据寄存器 D0 的存储单元。

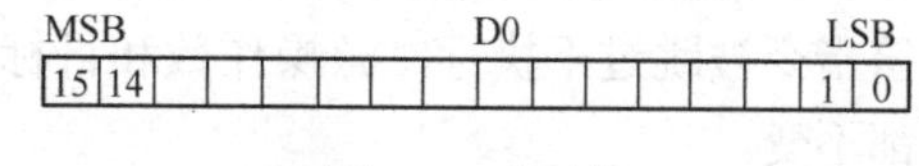

图 8-4　字元件

（2）双字元件

可以使用两个字元件组成双字元件，以组成 32 位数据操作数。双字元件是由相邻的寄存器组成，在图 8-5 中由 D11 和 D10 组成。

MSB　D11　LSB　MSB　D10　LSB

31 30 … 17 16　15 14 … 1 0

图 8-5　双字元件

由图 8-5 可见，低位组件 D10 中存储了 32 位数据的低 16 位，高位组件 D11 中存储了 32 位数据的高 16 位。存放原则是：低对低，高对高。双字元件中第 0～30 位为数值位，第 31 位为符号位。要注意，在指令中使用双字元件时，一般只用其低位地址表示这个组件，但高位组件也将同时被指令使用。虽然取奇数或偶数地址作为双字元件的低位是任意的，但为了减少组件安排上的错误，一般建议用偶数作为双字元件的地址。

2）功能指令中的 16 位数据

功能指令能够处理 16 位或 32 位的数据。因为几乎所有寄存器的二进制位数都是 16 位，所以功能指令中 16 位的数据都是以默认形式给出的。如图 8-6 所示即为一条 16 位 MOV 指令。

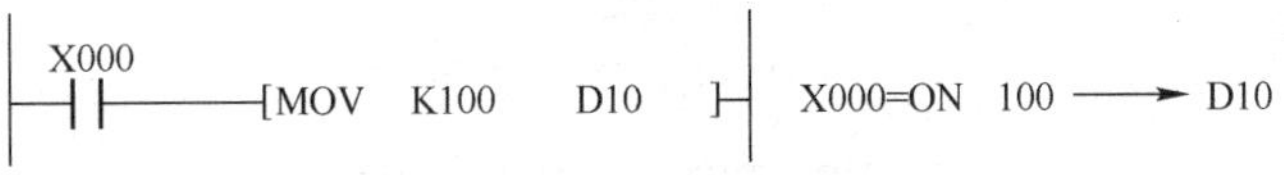

X000
[MOV K100 D10]　X000=ON 100 → D10

0 LD X000
1 MOV K100 D10

图 8-6　16 位 MOV 指令

图 8-6 所示 MOV 指令的含义是，当 X000 接通时，将十进制数 100 传送到 16 位的数据寄存器 D10 中去。当 X000 断开时，该指令被跳过不执行，源操作数和目标操作数的内容都不变。

3）功能指令中的 32 位数据

功能指令也能处理 32 位数据，这时需要加指令前缀符号（D），如图 8-7 所示即为一条 32 位 MOV 指令。

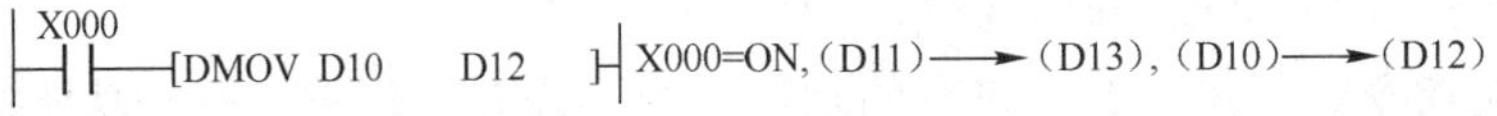

X000
[DMOV D10 D12]　X000=ON,（D11）→（D13),（D10）→（D12）

0 LD X000
1 DMOV D10 D12

图 8-7　32 位 MOV 指令

凡是有前缀显示符号（D）的功能指令，都能处理 32 位数据。32 位数据是由两个相邻寄存器构成的，但在指令中写出的是低位地址，源操作数和目标操作数都是这样表达的。所以，对于图 8-7 所示 32 位 MOV 指令应该这样来理解：当 X000 接通时，将由 D11 和 D10 组成的 32 位源数据传送到由 D13 和 D12 组成的目标地址中去。当 X000 断开时，该指令被跳过不执行，源操作数和目标操作数的内容都不变。

由于指令中对 32 位数据只给出低位地址，高位地址被隐藏了，所以要避免出现类似图 8-8 所示指令的错误。

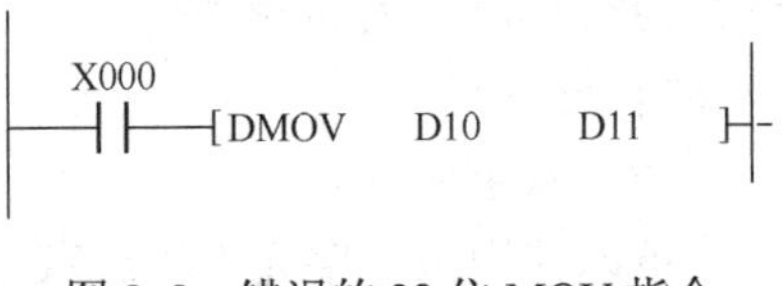

X000
[DMOV D10 D11]

图 8-8　错误的 32 位 MOV 指令

指令中的源地址是由 D11 和 D10 组成，而目标地址由 D12 和 D11 组成，这里 D11 是源操作数、目标操作数重复使用，就会引起出错。所以，在前文已经建议 32 位数据的首地址都用偶地址，这样就能防止上述错误出现。

注意：FX_{2N}系列 PLC 中的 32 位计数器 C200～C255 的当前值寄存器不能作为 16 位数据的操作数，只能用做 32 位数据的操作数。

3．功能指令中的位组件

具有 ON 或 OFF 两种状态，用一个二进制位就能表达的元件，称为位元件，如 X，Y，M，S 等均为位元件。功能指令中除了能用 D，T，C 等含有 16 位的字元件外，也能使用只含 1 位的位元件，以及位元件组合。

为此，PLC 专门设置了将位元件组合成位组件组合的方法，将多个位元件按 4 位一组的原则来组合。也就是说，用 4 位 BCD 码来表示 1 位十进制数，这样就能在程序中使用十进制数据了。组合方法的助记符是：

Kn＋最低位位元件号

例如，KnX，KnY，KnM 即是位元件组合。其中，“K”表示后面跟的是十进制数；“n”表示 4 位一组的组数，16 位数据用 K1～K4，32 位数据用 K1～K8。数据中的最高位是符号位，如 K2M0 表示由 M0～M3 和 M4～M7 两组位元件组成一个 8 位数据，其中 M7 是最高位，M0 是最低位。同样，K4M10 表示由 M10～M25 四组位元件组成一个 16 位数据，其中 M25 是最高位，M10 是最低位。

注意：

① 当一个 16 位数据传送到目标元件 K1M0～K3M0 时，由于目标元件不到 16 位，所以将只传送 16 位数据中的相应低位数据，相应高位数据将不传送。32 位数据传送也一样。

② 由于数据只能是 16 位或 32 位这两种格式，因此当用 K1～K3 组成字时，其高位不足 16 位部分均作 0 处理。如执行图 8-9 所示指令时，源数据只有 12 位，而目标寄存器 D10 是 16 位的，传送结果是 D10 的高 4 位自动添 0，如图 8-10 所示。这时最高位的符号位必然是 0，也就是说，只能是正数（符号位的判别是：正 0，负 1）。

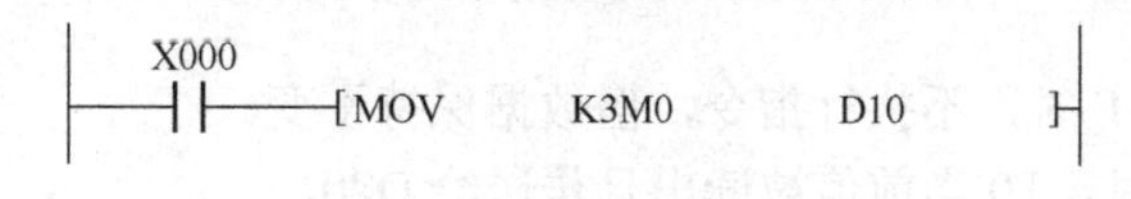

图 8-9　源数据不足 16 位

③ 由位元件组成位元件组合时，最低位元件号可以任意给定，如 X000，X001 和 Y005 均可。但习惯上采用以 0 结尾的位元件，如 X000，X010 和 Y020 等。

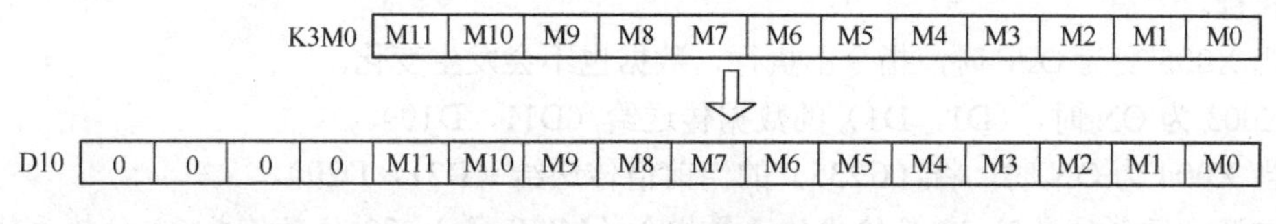

图 8-10　高 4 位自动添 0

4．数据传送指令

数据传送指令是程序中出现十分频繁的指令，为此 FX_{2N}系列 PLC 中设置了 8 条数据

传送指令，其功能号是 FNC12～FNC19。数据传送指令包括 MOV（传送）、SMOV（位传送）、CML（取反传送）、BMOV（成批传送）、FMOV（多点传送）、XCH（交换）、BCD（BCD 转换）、BIN（BIN 转换）。这里主要介绍 MOV（传送）指令。

（1）MOV 指令梯形图格式

MOV 指令梯形图格式如图 8-11 所示。

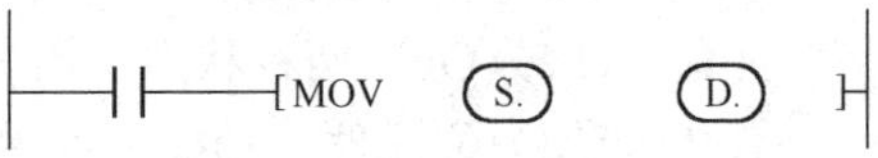

图 8-11　MOV 指令梯形图格式

（2）指令说明

MOV 指令是将源操作数[S.]传送到指定的目标操作数[D.]中。源操作数[S.]可取所有的数据类型，即 K，H，KnX，KnY，KnM，KnS，T，C，D，V，Z；其目标操作数[D.]可取的数据类型为 KnY，KnM，KnS，T，C，D，V，Z。

（3）编程实例

如图 8-12 所示，当 X000 为 ON 时，执行指令，数据 100 被自动转换成二进制数且传送给 D10。

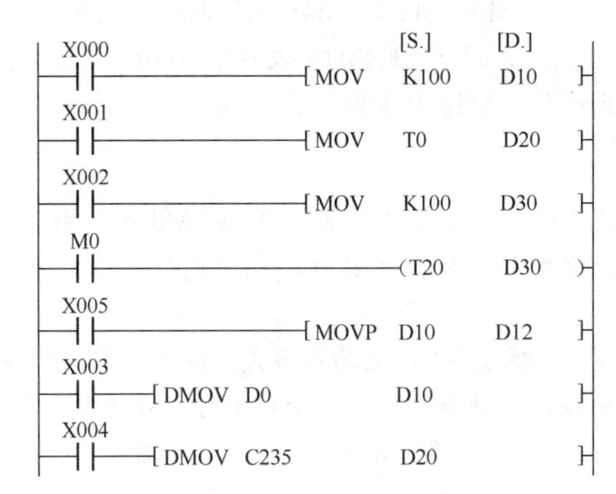

图 8-12　MOV 指令应用举例

当 X000 变为 OFF 时，不执行指令，但数据保持不变。

当 X001 为 ON 时，T0 当前值被读出且传送给 D20。

当 X002 为 ON 时，数据 100 传送给 D30，定时器 T20 的设定值被间接指定为 100×100ms=10s，当 M0 闭合时，T20 开始计时。MOV（P）为脉冲执行型指令。

当 X005 由 OFF 变为 ON 时，指令执行一次，（D10）的数据传送给（D12），其他时刻不执行。

当 X005 变为 OFF 时，指令不执行，数据也不会发生变化。

X003 为 ON 时，（D1，D1）的数据传送给（D11，D10）。

当 X004 为 ON 时，将（C235）的当前值传送给（D21，D20）。

注意：运算结果以 32 位输出的运算指令（MUL 等）、32 位数值或 32 位软元件的高速计数器当前值等数据的传送，必须使用（D）MOV 或（D）MOV（P）指令。

如图 8-13 所示，可用 MOV 指令等效实现由 X000～X003 对 Y000～Y003 的顺序控制。

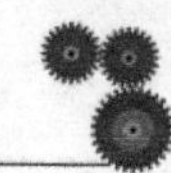

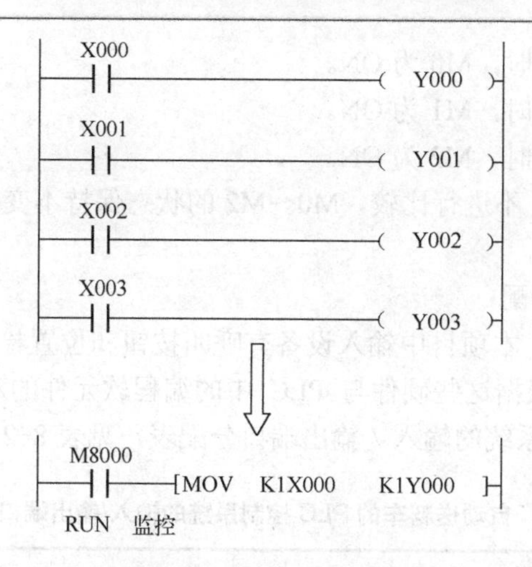

图 8-13　数据传送指令应用

5. 比较指令

比较指令也是程序中出现十分频繁的指令，为此 FX_{2N} 系列 PLC 中设置了 2 条数据比较指令。比较指令有比较（CMP）、区域比较（ZCP）两种。

（1）CMP 指令梯形图格式

CMP 指令梯形图格式如图 8-14 所示。

图 8-14　CMP 指令格式

（2）指令说明

CMP 指令是将源操作数[S1.]和[S2.]的数据进行比较，结果送到目标操作数元件[D.]中。两个待比较的源操作数[S.]数据类型均为 K，H，KnX，KnY，KnM，KnS，T，C，D，V，Z；其目标操作数[D.]数据类型均为 Y，M，S。

（3）编程实例

在图 8-15 中，当 X001 为 ON 时，将十进制数 200 与计数器 C2 的当前值比较，比较结果送到 M0～M2 中，

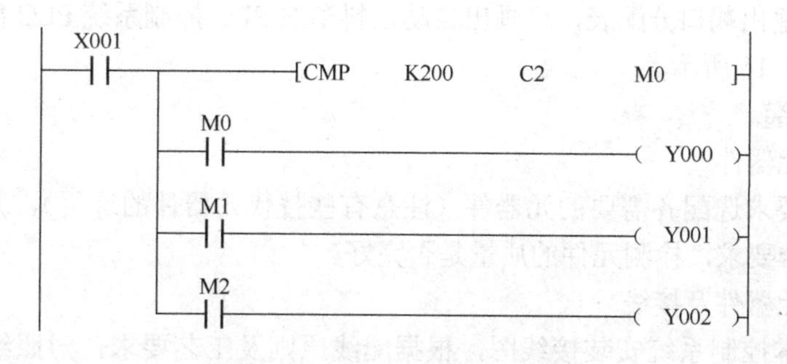

图 8-15　比较指令 CMP 的使用

若 200>C2 的当前值时，M0 为 ON。

若 200=C2 的当前值时，M1 为 ON。

若 200<C2 的当前值时，M2 为 ON。

当 X000 为 OFF 时，不进行比较，M0～M2 的状态保持不变。

六、项目实施

1．输入/输出端口分配

根据前文分析可知：本项目中输入设备有呼叫按钮和位置检测器（或位置开关）；输出设备有交流接触器。根据这些硬件与 PLC 中的编程软元件的对应关系，我们可以得到自动送料车的 PLC 控制系统的输入 / 输出端口分配表，见表 8-2。

表 8-2　自动送料车的 PLC 控制系统的输入/输出端口分配表

输　入			输　出		
设备名称	符号	端口号	设备名称	符号	端口号
启动按钮	SB0	X000	接触器	KM1	Y000
1 号台呼叫按钮	SB1	X001	接触器	KM2	Y001
2 号台呼叫按钮	SB2	X002			
3 号台呼叫按钮	SB3	X003			
4 号台呼叫按钮	SB4	X004			
5 号台呼叫按钮	SB5	X005			
6 号台呼叫按钮	SB6	X006			
停止按钮	SB7	X007			
1 号台限位开关	SQ1	X011			
2 号台限位开关	SQ2	X012			
3 号台限位开关	SQ3	X013			
4 号台限位开关	SQ4	X014			
5 号台限位开关	SQ5	X015			
6 号台限位开关	SQ6	X016			

2．PLC 外部接线示意图绘制

根据输入/输出端口分配表，可画出自动送料车的 PLC 控制系统 PLC 部分的外部接线示意图，如图 8-16 所示。

3．系统安装

（1）检查元器件

根据项目要求选配齐需要的元器件（注意有些替代元器件的选用），并逐个检查元件的规格是否符合要求，检测元件的质量是否完好。

（2）安装元器件及接线

自行绘制本控制系统安装接线图，根据配线原则及工艺要求，对照绘制的接线图进行配线安装，元器件安装布局参考图如图 8-17 所示。

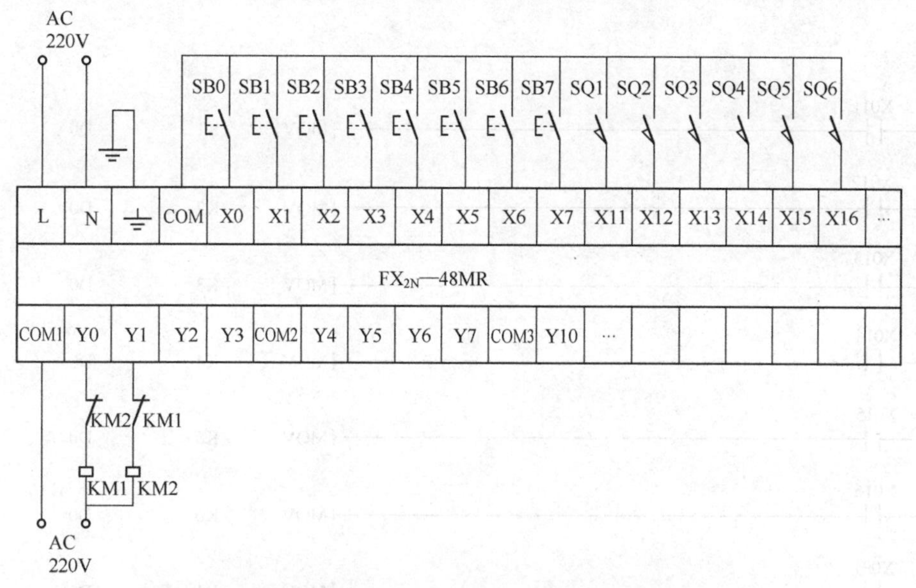

图 8-16　自动送料车的 PLC 控制系统 PLC 外部接线示意图

图 8-17　自动送料车的 PLC 控制系统元器件安装布局参考图

（3）自检

① 检查布线。对照接线图检查是否掉线、错线，是否漏编、错编，接线是否牢固等。

② 使用万用表检测安装的电路，如测量与线路图不符，应根据线路图检查是否有错线、掉线、错位、短路等。

4．程序编写

送料车 PLC 控制的梯形图程序如图 8-18 所示。通过 MOV 和 CMP 两条功能指令，使程序简洁明了、条理清晰。

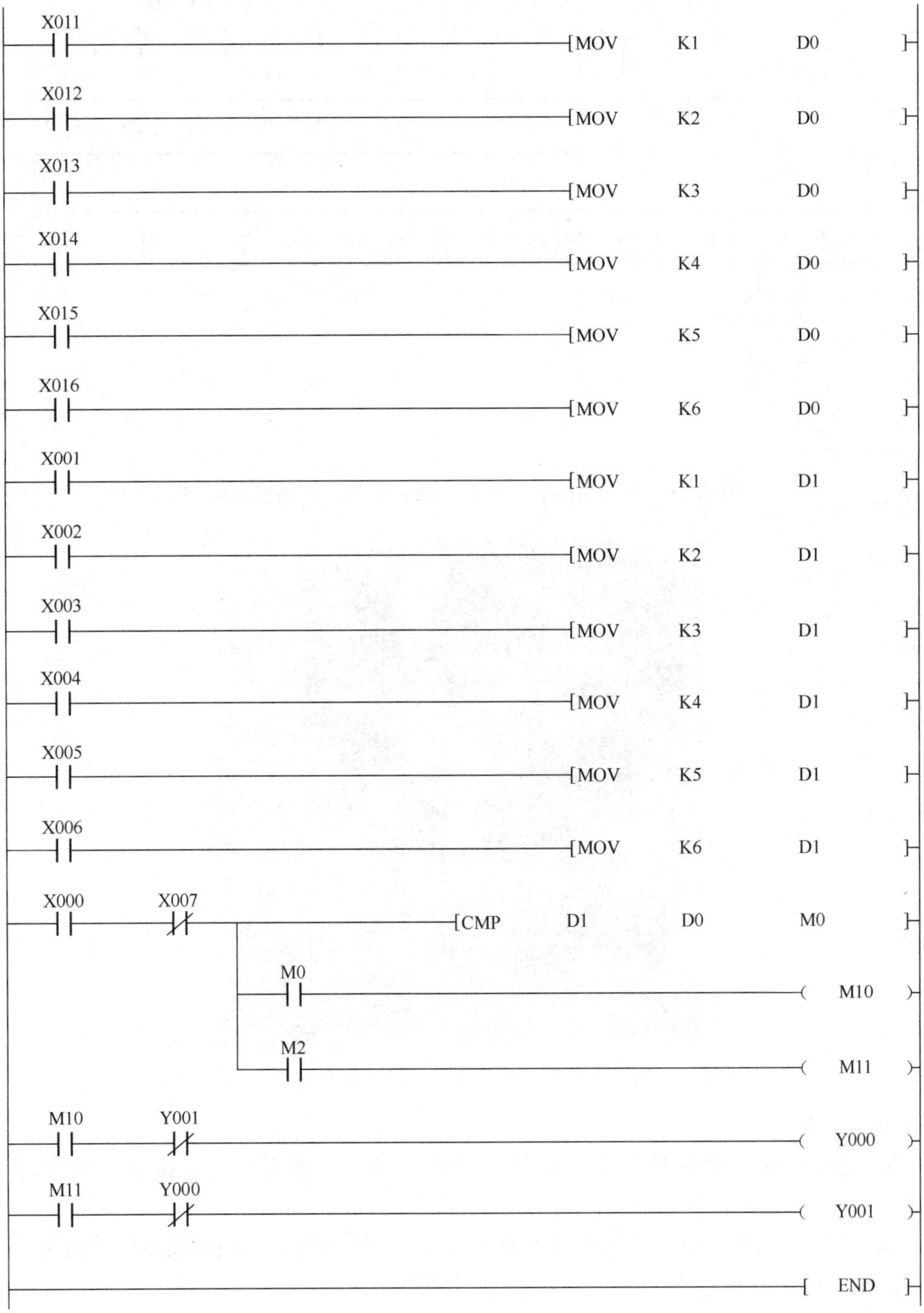

```
X011 ──[MOV K1 D0]
X012 ──[MOV K2 D0]
X013 ──[MOV K3 D0]
X014 ──[MOV K4 D0]
X015 ──[MOV K5 D0]
X016 ──[MOV K6 D0]
X001 ──[MOV K1 D1]
X002 ──[MOV K2 D1]
X003 ──[MOV K3 D1]
X004 ──[MOV K4 D1]
X005 ──[MOV K5 D1]
X006 ──[MOV K6 D1]
X000 ── X007(NC) ──┬──[CMP D1 D0 M0]
                   ├── M0 ──( M10 )
                   └── M2 ──( M11 )
M10 ── Y001(NC) ──( Y000 )
M11 ── Y000(NC) ──( Y001 )
──[END]
```

图 8-18　送料车 PLC 控制的梯形图

将送料车当前位置号（*m* 号）送数据寄存器 D0 中，将呼叫工作台号（*n* 号）送数据寄存器 D1 中，通过 D0 与 D1 中数据的比较，决定送料车运行方向和到达的目标位置。送料车停在位置“1”，将 1 送入 D0；送料车停在位置“2”，将 2 送入 D0；送料车停在位置“3”，将 3 送入 D0，依次类推。当位置“1”有呼叫时，将 1 送入 D1；当位置“2”有呼叫时，将 2 送入 D1；当位置“3”有呼叫时，将 3 送入 D1，依次类推。然后将 D1（呼叫 *n*）与 D0（位置 *m*）相比较，当 $m<n$ 时，M10 接通，则 Y0 接通，送料车右行；当 $m=n$ 时，送料车停在原处不动；当 $m>n$ 时，M11 接通，则 Y1 接通，送料车左行。

5．程序录入

① 在作为编程器的计算机上，运行 SWOPC-FXGP/WIN-C 或 GX Developer 编程软件。

② 创建新文件，选择 PLC 类型为 FX_{2N}。

③ 按照前面所学的方法，参照图 8-18 所示的梯形图程序将各元程序输入到计算机中。

④ 转换梯形图。

⑤ 文件赋名为“项目 8-1”，确认保存。

⑥ 在断电状态下，连接好 PC / PPI 电缆。

⑦ 将 PLC 运行模式选择开关拨到“STOP”位置，此时 PLC 处于停止状态，可以进行程序的传送。

⑧ 利用菜单“在线”→“PLC 写入”命令，将程序文件下载到 PLC 中。

6．系统调试及运行

① 将 PLC 运行模式的选择开关拨到“RUN”位置，使 PLC 进入运行方式。

② 按表 8-3 操作，对程序进行调试运行，观察系统的运行情况。如出现故障，应立即切断电源，分别检查硬件线路接线和梯形图程序是否有误，修改后，应重新调试，直至系统按要求正常工作。

③ 记录系统调试及运行的结果，完成调试及运行情况记录于表 8-3 中。

表 8-3　自动送料车的 PLC 控制系统调试及运行情况记录表

操作步骤（每步间隔 5s）	操作内容	观察内容				小车运行观察结果（假设小车先停在 2 号台）
		指示 LED		输出设备		
		正确结果	观察结果	正确结果	观察结果	
1	按下 SB0	OUT0 熄灭		KM1 释放		
		OUT1 熄灭		KM2 释放		
2	按下 SQ2	OUT0 熄灭		KM1 释放		
		OUT1 熄灭		KM2 释放		
3	按下 SB5	OUT0 点亮		KM1 吸合		
		OUT1 熄灭		KM2 释放		
4	按下 SQ5	OUT0 熄灭		KM1 释放		
		OUT1 熄灭		KM2 释放		

续表

操作步骤（每步间隔 5s）	操作内容	观察内容				小车运行观察结果（假设小车先停在 2 号台）
		指示 LED		输出设备		
		正确结果	观察结果	正确结果	观察结果	
5	按下 SB3	OUT0 熄灭		KM1 释放		
		OUT1 点亮		KM2 吸合		
6	按下 SQ3	OUT0 熄灭		KM1 释放		
		OUT1 熄灭		KM2 释放		
7	按下 SB6	OUT0 点亮		KM1 吸合		
		OUT1 熄灭		KM2 释放		
8	按下 SQ6	OUT0 熄灭		KM1 释放		
		OUT1 熄灭		KM2 释放		
9	按下 SB2	OUT0 熄灭		KM1 释放		
		OUT1 点亮		KM2 吸合		
10	按下 SQ2	OUT0 熄灭		KM1 释放		
		OUT1 熄灭		KM2 释放		
11	按下 SB4	OUT0 点亮		KM1 吸合		
		OUT1 熄灭		KM2 释放		
12	按下 SQ4	OUT0 熄灭		KM1 释放		
		OUT1 熄灭		KM2 释放		
13	按下 SB1	OUT0 熄灭		KM1 释放		
		OUT1 点亮		KM2 吸合		
14	按下 SQ1	OUT0 熄灭		KM1 释放		
		OUT1 熄灭		KM2 释放		
15	按下 SB2	OUT0 点亮		KM1 吸合		
		OUT1 熄灭		KM2 释放		
16	按下 SB7	OUT0 熄灭		KM1 释放		
		OUT1 熄灭		KM2 释放		

7．项目质量考核要求及评分标准

项目质量考核要求及评分标准参考见表 8-4。

表 8-4　自动送料车的 PLC 控制系统质量考核要求及评分标准

考核项目	考核要求	配分	评分标准	扣分	得分	备注
系统安装	1．会安装元件 2．按图完整、正确及规范接线 3．按照要求编号	25	1．元件松动扣 2 分，损坏一处扣 4 分 2．错、漏线，每处扣 2 分 3．反圈、压皮、松动，每处扣 2 分 4．错、漏编号，每处扣 1 分			
编程操作	1．会建立并保存程序文件 2．正确编制梯形图程序 3．会转换梯形图 4．会传送程序	45	1．不能建立并保存程序文件或错误，扣 2 分 2．梯形图程序功能不能实现错误，一处扣 3 分 3．转换梯形图错误，扣 2 分 4．传送程序错误，扣 2 分			

续表

考核项目	考核要求	配分	评分标准	扣分	得分	备注
运行操作	1．操作运行系统，分析操作结果 2．会监控梯形图 3．会监控元件	20	1．系统通电操作错误，一处扣 3 分 2．分析操作结果错误，一处扣 2 分 3．监控梯形图错误，一处扣 2 分 4．监控元件错误，一处扣 2 分			
安全生产	自觉遵守安全、文明生产规程	10	1．每违反一项规定，扣 3 分 2．发生安全事故，0 分处理 3．漏接接地线，一处扣 5 分			
时间	4 小时		提前正确完成，每 5 分钟加 2 分 超过定额时间，每 5 分钟扣 2 分			
开始时间：		结束时间：		实际时间：		

七、拓展与提高

前面我们学习了比较指令，下面我们介绍区域比较指令 ZCP。

（1）ZCP 指令梯形图格式

ZCP 指令梯形图格式如图 8-19 所示。

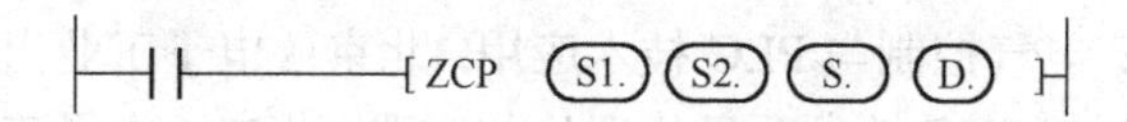

图 8-19　ZCP 指令梯形图格式

（2）ZCP 指令说明

ZCP 指令的功能是将一个源操作数[S.]的数值与另两个源操作数[S1.]和[S2.]的数据进行比较，结果送到目标操作元件[D.]中，源数据[S1.]不能大于[S2.]。待比较的源操作数[S.]的数据类型为 K，H，KnX，KnY，KnM，KnS，T，C，D，V，Z；目标操作数[D.]的数据类型为 Y，M，S。

（3）编程实例

在图 8-20 中，当 X001 为 ON 时，执行 ZCP 指令，将 T2 的当前值与 10 和 20 比较，比较结果送到 M3--M5 中，

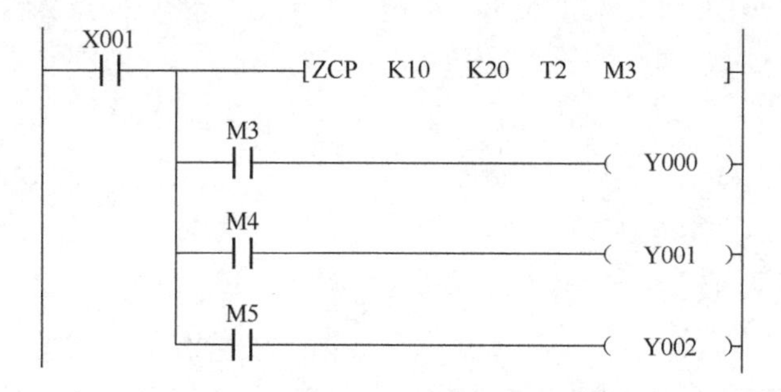

图 8-20　区域比较指令 ZCP 的使用

若 10>T2 的当前值时，M3 为 ON。

若 10≤T2 的当前值≤20 时，M4 为 ON。

若 20<T2 的当前值时，M5 为 ON。

当 X001 为 OFF 时，ZCP 指令不执行，M3～M5 的状态保持不变。

在交通信号灯 PLC 控制系编程时使用区域比较指令 ZCP 就比较方便。只要将交通灯工作的时间周期划定，用定时器作比较，在某个时间段内有哪些输出使某个灯亮就可以用区间比较指令来控制。

八、思考与练习

1．利用 PLC 实现密码锁控制。 密码锁有 3 个置数开关（12 个按钮），分别代表 3 个十进制数，如所拨数据与密码锁设定值相符，则 3s 后开启锁，20s 后重新上锁。

2．试编写空调控制室温的梯形图。数据寄存器 D10 中是室温的当前值。当室温低于 18℃时，加热标志 M10 被激活，Y000 接通并驱动空调加热。当室温高于 25℃时，制冷标志 M12 被激活，Y002 接通并驱动空调制冷。只要空调开了（X000 有效），将驱动 ZCP 指令对室温进行判断。在所有温度情况下，Y001 接通并驱动电扇运行。

九、课外学习指导

本章推荐阅读书目：

郁汉琪. 三菱 FX/Q 系列 PLC 应用技术. 南京：东南大学出版社，2003

刘小春，黄有全. 电气控制与 PLC 技术应用. 北京：电子工业出版社，2009

赵俊生. 电气控制与 PLC 技术项目化理论与实践. 北京：电子工业出版社，2009

项目九　停车场车位的PLC控制

一、学习目标

1．知识目标

① 掌握算术运算指令。

② 掌握触点比较指令。

③ 掌握七段解码指令。

④ 掌握变频器的有关知识。

2．技能目标

① 会用功能指令编写停车场车位的PLC控制的梯形图程序。

② 完成整个系统的安装、调试与运行监控。

③ 会进行变频器的接线以及参数调整操作。

二、项目要求

如图9-1所示为一停车场车位控制示意图，共有18个车位。现要对其进行控制，要求如下：

在出入口检测车辆进出的数量，根据停车场剩余车位数判断是否让车辆进入停车场，并在显示屏上显示相关信息。

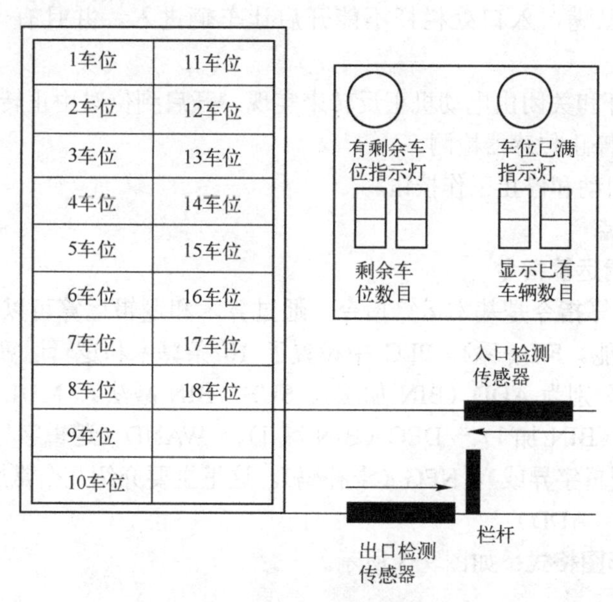

图9-1　停车场车位控制示意图

三、工作流程图

本项目工作流程如图9-2所示。

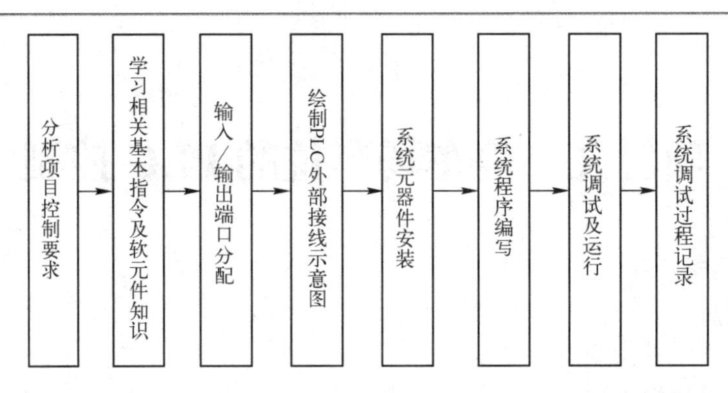

图 9-2　项目工作流程图

四、项目分析

在这个项目中，当有车辆进出时通过传感器来检测，并将信息送给 PLC 处理，根据是否有剩余车位数来确定是否让车辆进入停车场，并在显示屏上显示相关信息。因此，我们就要用到算术运算指令来计算车位数，并用比较指令进行比较，然后输出信号给变频器。驱动电机转动带动打开或关闭栏杆让车辆进出，并用 7 段数码管来显示已停车数量和剩余车位数。因此，整个系统工作情况如下：

① 在入口和出口处装设检测传感器，用来检测车辆进入和出去的数目（不考虑车辆同时进出的情况），并在数码管上显示目前停车场共有几辆车以及还剩余的停车位数目。

② 如果车位有剩余，入口处栏杆才可以打开，让车辆进入停放，并且有一指示灯表示尚剩余的车位数。

③ 如果车位已满，入口处栏杆不能开启让车辆进入，并且有一指示灯表示车位已满。

④ 栏杆的打开和关闭由电动机正反转来实现。开启到位时由正转停止传感器检测，关闭到位时由反转停止传感器检测。

⑤ 系统设有启动和停止工作按钮。

五、相关知识点

1．算术和逻辑运算指令

算术和逻辑运算指令是基本运算指令，通过算术和逻辑运算可以实现数据的传送、变换及其他控制功能。FX_{2N} 系列 PLC 中设置了 10 条算术和逻辑运算指令，其功能号是 FNC20～FNC29，分别为 ADD（BIN 加法）、SUB（BIN 减法）、MUL（BIN 乘法）、DIV（BIN 除法）、INC（BIN 加 1）、DEC（BIN 减 1）、WAND（逻辑字与）、WOR（逻辑字或）和 WXOR（逻辑字异或）、NEG（求补码）。这里主要介绍几个常用的指令。

（1）加法指令（ADD）

ADD 指令梯形图格式：如图 9-3 所示。

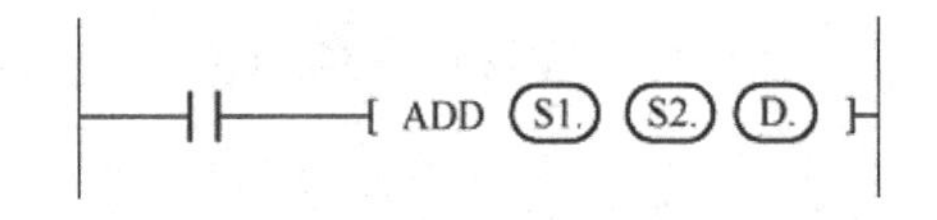

图 9-3　ADD 指令梯形图格式

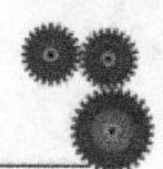

指令说明：ADD 指令是将两个源操作数[S1.]与[S2.]内容进行二进制加法后传送到目标操作数[D.]中。源操作数[S1.]与[S2.]可取所有的数据类型，即 K，H，KnX，KnY，KnM，KnS，T，C，D，V，Z；其目标操作数[D.]可取的数据类型为 KnY，KnM，KnS，T，C，D，V，Z。各数据的最高位是表示正（0）、负（1）的符号位，这些数据以代数形式进行加法运算。运算结果为零时，零标志 M8020=ON；运算结果为负时，借位标志 M8021=ON；运算结果溢出时，进位标志 M8022=ON。

编程实例：如图 9-4 所示，表示当 X000 出现一次由 OFF 到 ON 变化时，123 就和 456 相加，得到的结果送到 D2 中。

（2）减法指令（SUB）

SUB 指令梯形图格式：如图 9-5 所示。

```
X000
─┤├─[ADD   K123   K456   D2 ]
```

图 9-4　ADD 指令编程实例

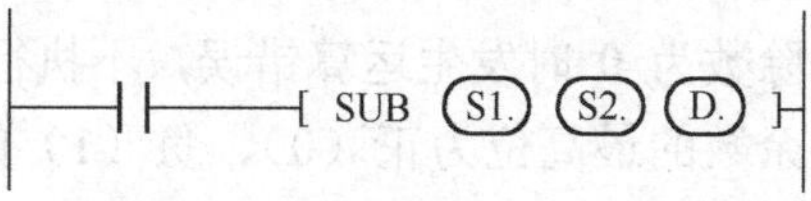

```
─┤├─[ SUB (S1.) (S2.) (D.) ]
```

图 9-5　SUB 指令梯形图格式

指令说明：SUB 指令是将源操作数[S1.]指定的内容，以代数形式减去源操作数[S2.]指定的内容，其结果被存入目标操作数[D.]中。源操作数[S1.]与[S2.]可取所有的数据类型，即 K，H，KnX，KnY，KnM，KnS，T，C，D，V，Z；其目标操作数[D.]可取的数据类型为 KnY，KnM，KnS，T，C，D，V，Z。源操作数必须是二进制数据，最高位是表示正（0）、负（1）的符号位。运算结果为零时，零标志 M8020=ON；运算结果为负时，借位标志 M8021=ON；运算结果溢出时，进位标志 M8022=ON。

编程实例：如图 9-6 所示，表示当 X000 出现一次由 OFF 到 ON 变化时，D0 就和 D1 相减，得到的结果送到 D2 中。

（3）乘法指令 MUL

MUL 指令梯形图格式：如图 9-7 所示。

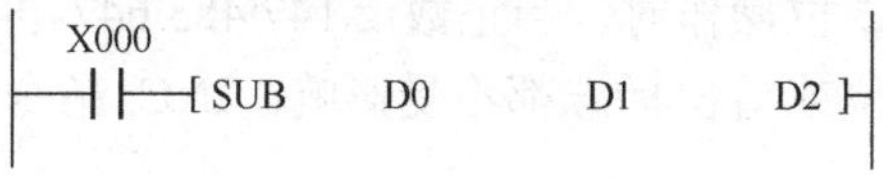

```
X000
─┤├─[ SUB   D0   D1   D2 ]
```

图 9-6　SUB 指令编程实例

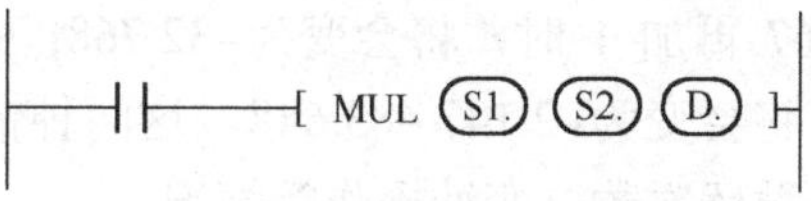

```
─┤├─[ MUL (S1.) (S2.) (D.) ]
```

图 9-7　MUL 指令梯形图格式

指令说明：MUL 指令是将指定的各源操作数[S1.]与[S2.]的内容数据相乘，乘积以 32 位数据形式存入目标操作数[D.]和紧接其后[D+1]中。源操作数[S1.]与[S2.]可取所有的数据类型，即 K，H，KnX，KnY，KnM，KnS，T，C，D，V，Z；其目标操作数[D.]可取的数据类型为 KnY，KnM，KnS，T，C，D。结果的最高位是正（0）、负（1）的符号位。如果[S1.]与[S2.]为 32 位的二进制数，则结果为 64 位，存放在[D+3]～[D]中。

编程实例：如图 9-8 所示，表示 X010 出现一次由 OFF 到 ON 变化时，D0 就和 D1 相乘，得到的结果送到 D3，D4 两个存储单元中。

（4）除法指令 DIV

DIV 指令梯形图格式：如图 9-9 所示。

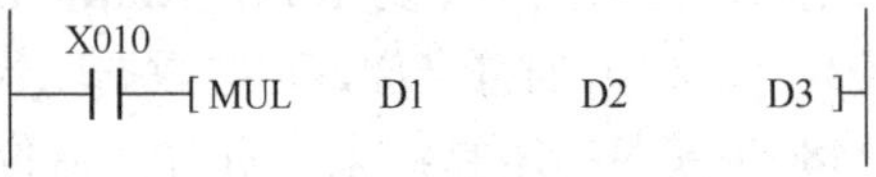

X010
MUL　D1　D2　D3

图 9-8　MUL 指令编程实例

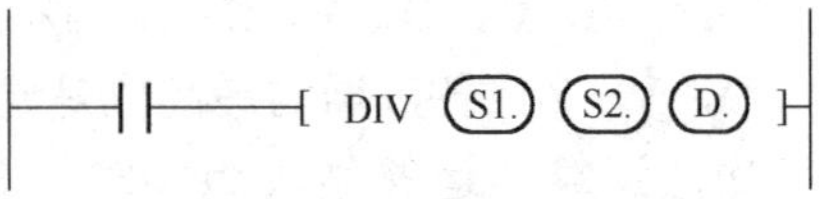

DIV　(S1.)　(S2.)　(D.)

图 9-9　DIV 指令梯形图格式

指令说明：DIV 指令是将源操作数[S1.]与 [S2.]相除，然后将商存放于目标操作数[D.]中，将余数存放于目标操作数[D+1]中。源操作数[S1.]与[S2.]可取所有的数据类型，即 K，H，KnX，KnY，KnM，KnS，T，C，D，V，Z；其目标操作数[D.]可取的数据类型为 KnY，KnM，KnS，T，C，D。

除数为 0 时发生运算错误，不执行命令。将位软元件指定为[D.]时，无法得到余数。商和余数的最高位为正（0）、负（1）的符号位。当被除数和除数中的一方为负数时，商则为负，当被除数为负时余数则为负。

编程实例：如图 9-10 所示，当 X010 出现一次由 OFF 到 ON 变化时，D1 就和 D2 相除，得到的结果送到 D3（商数），D4（余数）两个存储单元中。

（5）加 1 指令 INC

INC 指令梯形图格式：如图 9-11 所示。

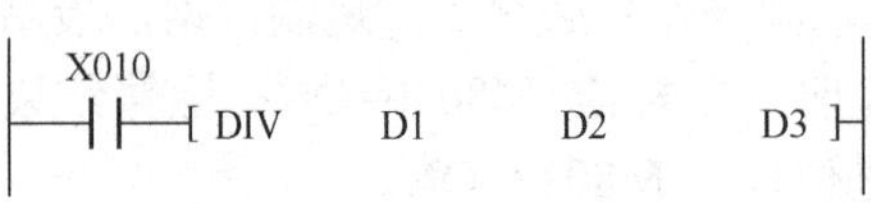

X010
DIV　D1　D2　D3

图 9-10　DIV 指令编程实例

INC　(D.)

图 9-11　INC 指令梯形图格式

指令说明：INC 指令的功能是将指定的目标操作数的内容增加 1。实际的控制中一般不允许每个扫描周期目标操作数都要加 1 的连续执行方式，所以，INC 指令经常使用的是脉冲操作方式。INC 指令不影响标志位。比如，用 INC 指令进行 16 位操作时，当正数 32 767 再加 1 时，将会变为–32 768；在进行 32 位操作时，当正数 2 147 483 647 再加 1 时，将会变为–2 147 483 648。这两种情况下进位或借位标志都不受影响。INC 指令最常用于循环次数、变址操作等情况。

编程实例：如图 9-12 所示，如果 X010 由 OFF→ON 时，则将执行一次加 1 运算，即将原来的 D10 内容加 1 后作为现在的 D10 内容。如果 X010 在非上升沿情况下，则不执行这条 INC 指令，目标操作数的数据保持不变。

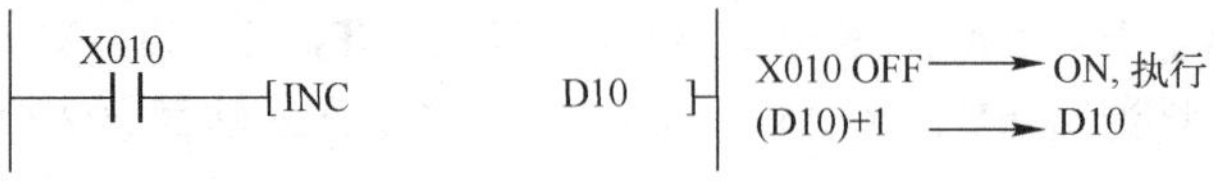

X010
INC　D10
X010 OFF → ON, 执行
(D10)+1 → D10

图 9-12　INC 指令编程实例

（6）减 1 指令 DEC

DEC 指令梯形图格式：如图 9-13 所示。

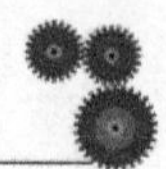

指令说明：DEC 指令是将指定的目标操作数的内容减 1。与加 1 指令类似，实际的控制中一般不允许每个扫描周期目标组件都要减 1 的连续执行方式，所以，DEC 指令经常使用的是脉冲操作方式。DEC 指令不影响标志位，比如，用 DEC 指令进行 16 位操作时，当负数–32 768 再减 1 时，将会变为 32 767；在进行 32 位操作时，当负数–2 147 483 648 再减 1 时，将会变为 2 147 483 647。这两种情况下进位或借位标志都不受影响。DEC 指令也常用于循环次数、变址操作等情况。

编程实例：如图 9–14 所示，如果 X010 由 OFF→ON 时，则将执行一次减 1 运算，即将老的 D20 内容减 1 后作为新的 D20 内容。如果 X010 在非上升沿情况下，则不执行这条 DEC 指令，目标操作数中的数据保持不变。

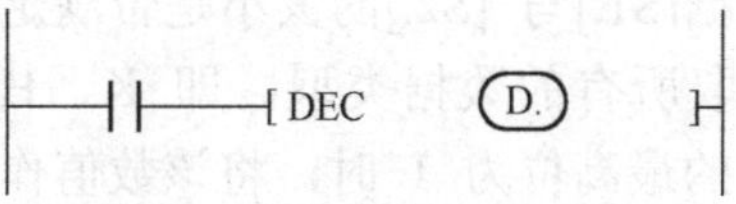

DEC　(D.)

图 9–13　DEC 指令梯形图格式

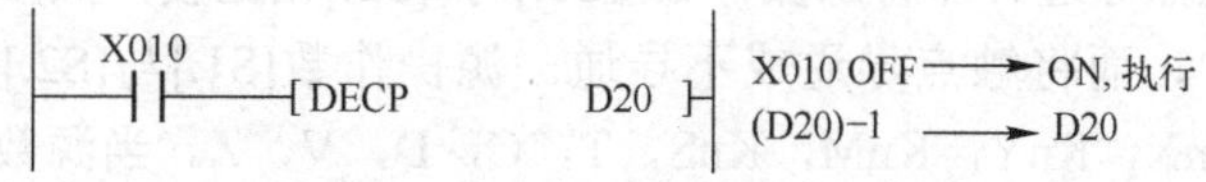

X010　DECP　D20　X010 OFF → ON, 执行　(D20)–1 → D20

图 9–14　DEC 指令编程实例

2. 触点比较指令

触点比较指令有别于项目七介绍的比较指令，触点比较指令本身就像触点一样，而触点的通与断取决于比较条件是否成立。若比较条件成立则触点就导通，反之则断开。这样触点指令就可以像普通触点一样放在程序的横线上，所以有的地方也称为线上比较指令。FX_{2N} 系列 PLC 中设置了 18 条触点比较指令，其功能号是 FNC224～FNC246，分别为 LD=，LD＞，LD＜，LD＜＞，LD≤，LD≥，AND=，AND＞，AND＜，AND＜＞，AND≤，AND≥；OR=，OR＞，OR＜，OR＜＞，OR≤，OR≥。这里主要介绍几个常用的指令。

（1）LD 类触点比较指令

LD 类触点比较指令梯形图格式及编程实例：如图 9–15 所示。

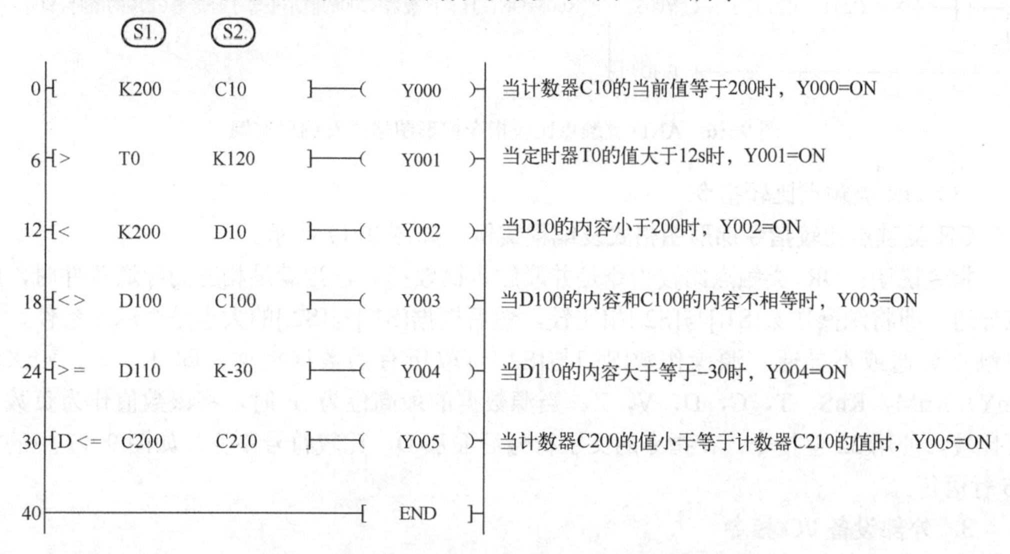

图 9–15　LD 类触点比较指令梯形图格式及编程实例

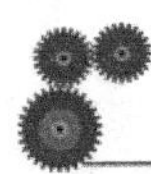

指令说明：LD 类触点比较指令是连接母线的触点比较指令，其作用相当于一个与母线连接的触点，当满足相应的导通条件时，触点导通。即将源操作数 [S1.]与 [S2.]相比较，然后根据[S1.]与 [S2.]的大小是否满足条件，而将触点导通或不导通 。源操作数[S1.]与[S2.]可取所有的数据类型，即 K，H，KnX，KnY，KnM，KnS，T，C，D，V，Z。当源数据的最高位为 1 时，将该数值作为负数进行比较。使用 32 位指令，在指令的文字符号后面加 D，比较符号不变，如图 9-15 中的第 30 行语句。

（2）AND 类触点比较指令

AND 类触点比较指令梯形图格式及编程实例：如图 9-16 所示。

指令说明：AND 类触点比较指令是串联触点比较指令，当满足相应的导通条件时，触点导通。即将源操作数 [S1.]与 [S2.]相比较，然后根据[S1.]与 [S2.]的大小是否满足条件，而将触点导通或不导通。源操作数[S1.]与[S2.]可取所有的数据类型，即 K，H，KnX，KnY，KnM，KnS，T，C，D，V，Z。当源数据的最高位为 1 时，将该数值作为负数进行比较。使用 32 位指令，在指令的文字符号后面加 D，比较符号不变，如图 9-16 中的第 35 行语句。

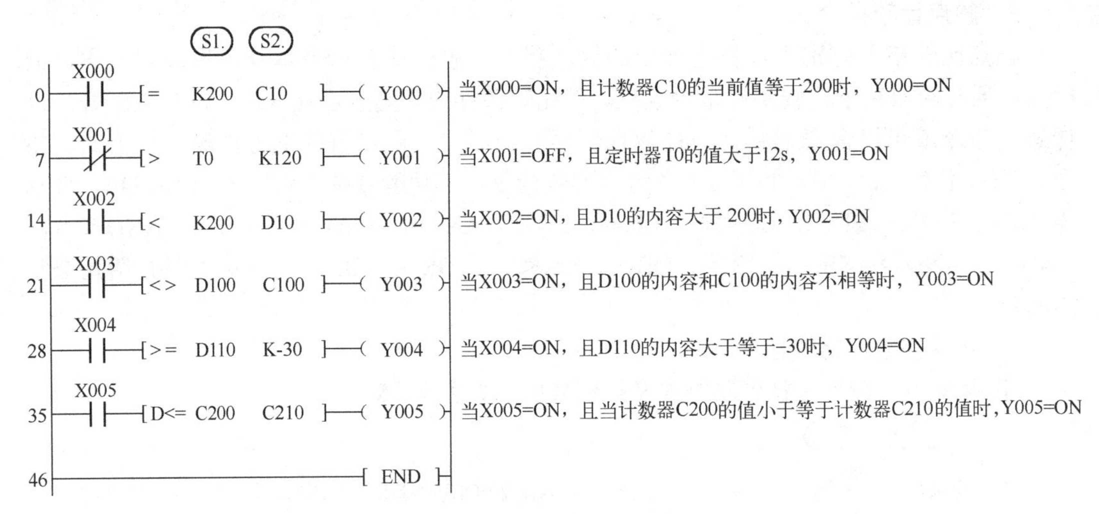

图 9-16　AND 类触点比较指令梯形图格式及编程实例

（3）OR 类触点比较指令

OR 类触点比较指令梯形图格式及编程实例：如图 9-17 所示。

指令说明：OR 类触点比较指令是并联触点比较指令，当满足相应的导通条件时，触点导通。即将源操作数[S1.]与[S2.]相比较，然后根据[S1.]与[S2.]的大小是否满足条件，而将触点导通或不导通。源操作数[S1.]与[S2.]可取所有的数据类型，即 K，H，KnX，KnY，KnM，KnS，T，C，D，V，Z。当源数据的最高位为 1 时，将该数值作为负数进行比较。使用 32 位指令，在指令的文字符号后面加 D，比较符号不变，如图 9-17 中的第 35 行语句。

3．外部设备 I/O 指令

为了方便 PLC 的输入输出与外部设备进行数据交换，FX_{2N} 系列 PLC 中设置了 10 条

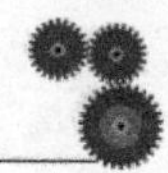

外部设备 I/O 指令，其功能号是 FNC70～FNC79，分别为 TKY,HKY,DSW,SEGD,SEGL,ARWS,ASC,PR,FROM,TO。这些指令通过最小的程序与外部布线，可以简单地进行复杂的控制。这里主要介绍本项目显示需要用到的指令——七段码译码指令 SEGD。

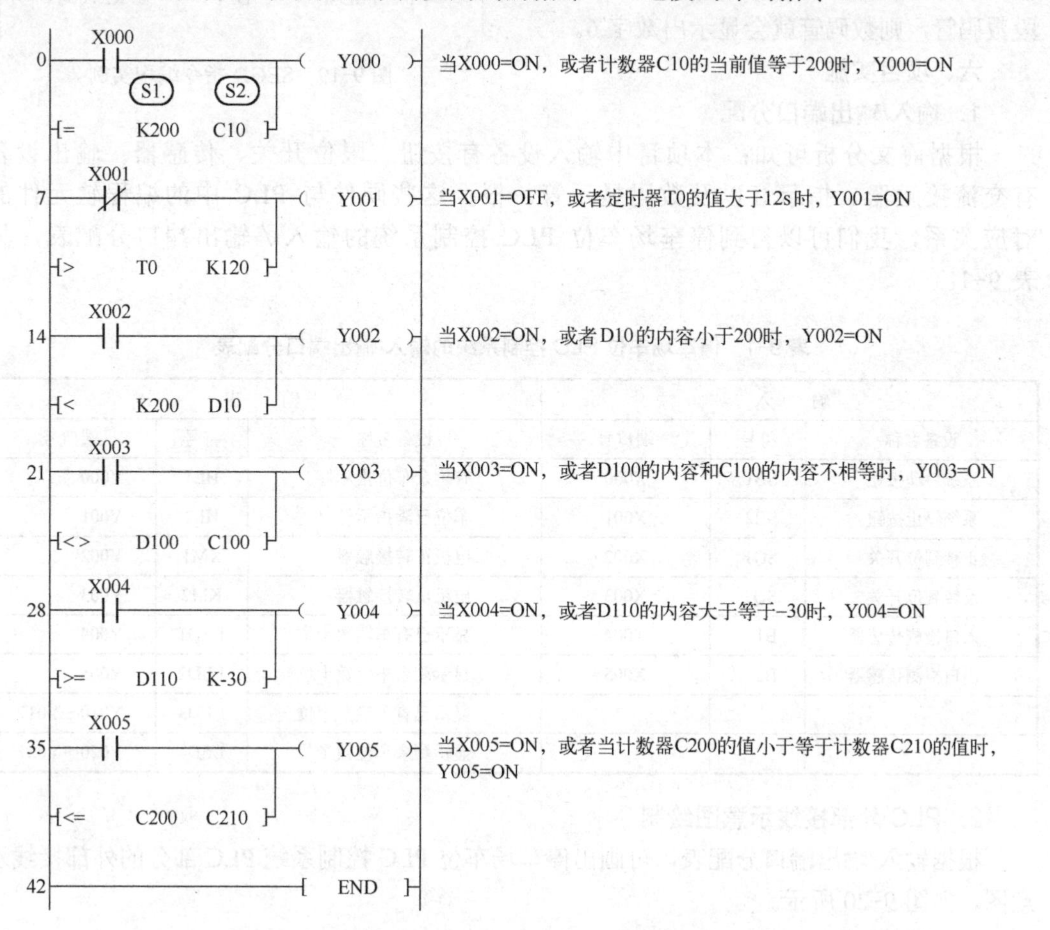

图 9-17　OR 类触点比较指令梯形图格式及编程实例

SEGD 指令梯形图格式：如图 9-18 所示。

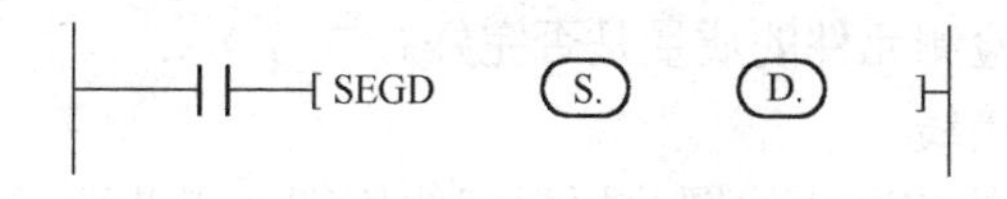

图 9-18　SEGD 指令梯形图格式

指令说明：SEGD 指令是将[S.]指定的元件的低 4 位所确定的十六进制数译码成驱动七段码显示的数据，并存入[D.]中，[D.]的高 8 位不变。源操作数[S.]可取所有的数据类型，即 K，H，KnX，KnY，KnM，KnS，T，C，D，V，Z；其目标操作数[D.]可取的数据类型为 KnY，KnM，KnS，T，C，D，V，Z。

编程实例：如图 9-19 所示，如果 X000 由 OFF→ON 时，则将执行一次译码操作，即对 D24 内容所确定的十六进制数进行译码，并在 Y000 开始的 8 个位上分别输出。如果

D24 的内容是十六进制数的 6H，则在 PLC 的输出端 Y000,Y001,Y002,Y003,Y004,Y005,Y006,Y007 中 Y001 和 Y007 为 0，其余的输出端都为 1，如果将这些输出端子接上七段数码管，则数码管就会显示出数字 6。

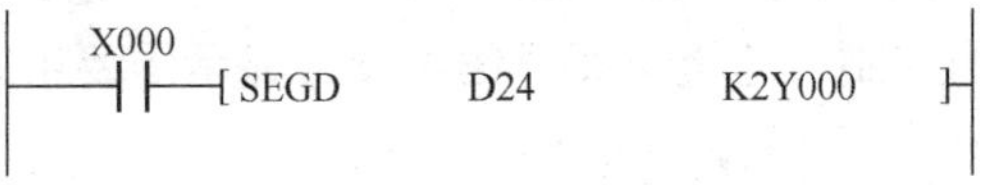

```
  X000
──┤├──[ SEGD    D24    K2Y000 ]
```

图 9-19 SEGD 指令编程实例

六、项目实施

1. 输入/输出端口分配

根据前文分析可知：本项目中输入设备有按钮、限位开关、传感器；输出设备有交流接触器、指示灯以及数码显示管。根据这些硬件与 PLC 中的编程软元件的对应关系，我们可以得到停车场车位 PLC 控制系统的输入 / 输出端口分配表，见表 9-1。

表 9-1 停车场车位 PLC 控制系统的输入/输出端口分配表

输　入			输　出		
设备名称	符号	端口号	设备名称	符号	端口号
系统启动按钮	SB1	X000	有剩余车位指示灯	HL1	Y000
系统停止按钮	SB2	X001	车位已满指示灯	HL2	Y001
正转到位开关	SQ1	X002	电机正转接触器	KM1	Y002
反转到位开关	SQ2	X003	电机反转接触器	KM2	Y003
入口检测传感器	B1	X004	显示已有车辆数十位	LED1	Y004
出口检测传感器	B2	X005	显示剩余车位数十位	LED2	Y005
			显示已有车辆数个位	LED3	Y010～Y017
			显示剩余车位数个位	LED4	Y020～Y027

2. PLC 外部接线示意图绘制

根据输入/输出端口分配表，可画出停车场车位 PLC 控制系统 PLC 部分的外部接线示意图，如图 9-20 所示。

3. 系统安装

（1）检查元器件

根据项目要求选配齐需要的元器件（注意有些替代元器件的选用），并逐个检查元件的规格是否符合要求，检测元件的质量是否完好。

（2）安装元器件及接线

自行绘制本控制系统安装接线图，根据配线原则及工艺要求，对照绘制的接线图进行安装和接线，元器件安装布局参考图如图 9-21 所示。

（3）自检

① 检查布线，对照接线图检查是否掉线、错线，是否漏编、错编，接线是否牢固等。

② 使用万用表检测安装的电路，如测量结果与线路图不符，应根据线路图检查是否有错线、掉线、错位、短路等。

4. 程序编写

停车场车位 PLC 控制的梯形图程序如图 9-22 所示。

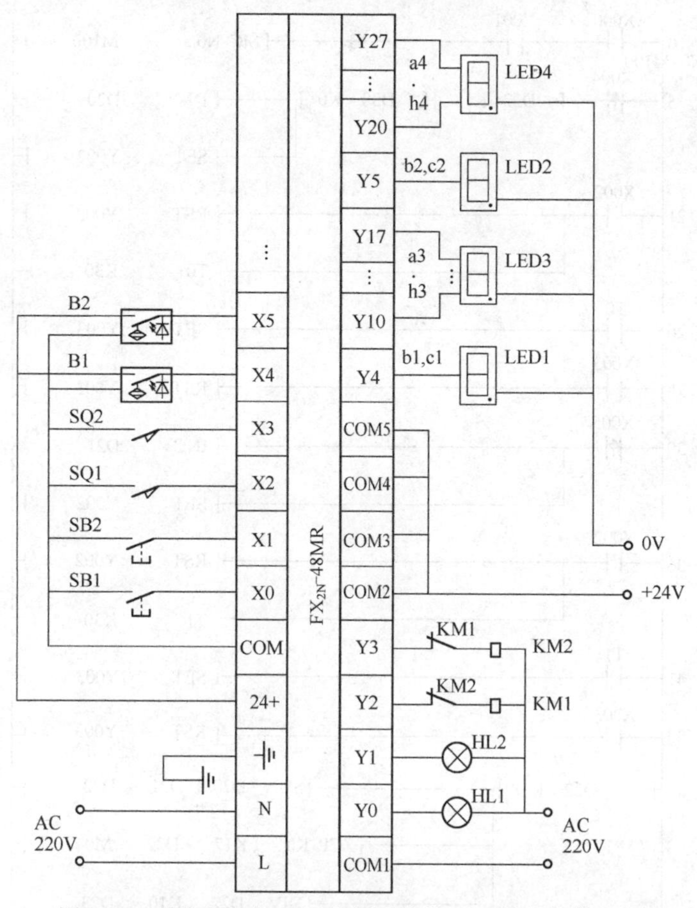

图 9-20　停车场车位 PLC 控制系统的 PLC 外部接线示意图

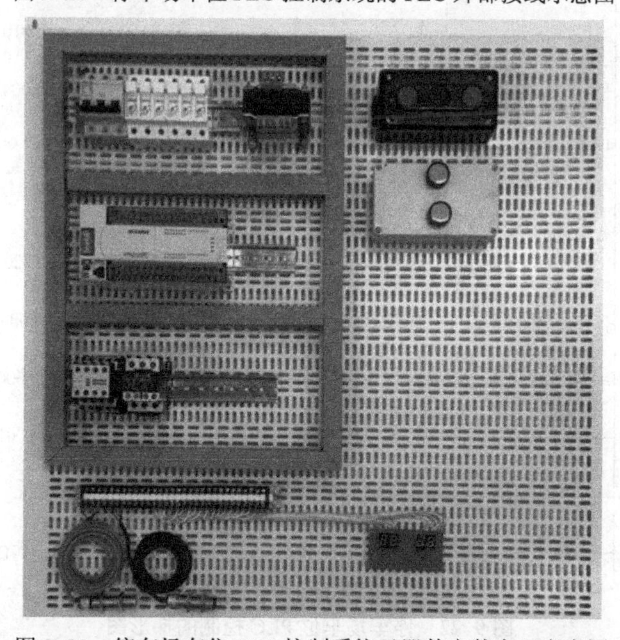

图 9-21　停车场车位 PLC 控制系统元器件安装布局参考图

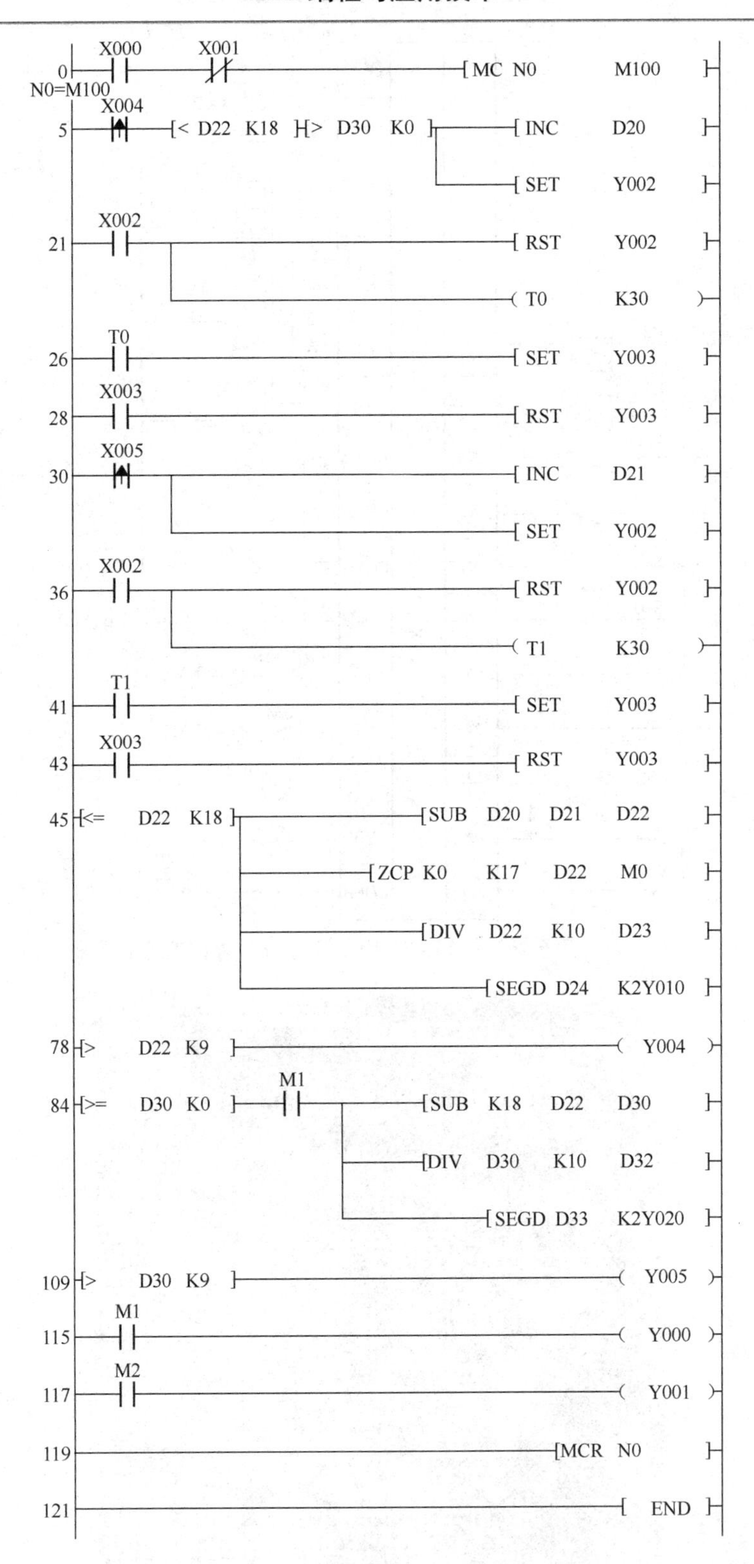

图 9-22　停车场车位 PLC 控制的梯形图

通过触点比较指令和算数运算指令以及七段码译码指令，使程序简洁明了、条理清晰。

程序中使用 D20 来存储进入的车辆总数；用 D21 来存储出去的车辆总数；用 22 来存储停车场现有车辆的总数；用 D30 来存储停车场还剩余停车位的总数。在程序中还用了 ZCP 区域比较指令，这是为了根据比较结果给出信息给指示灯显示是否有剩余车位还是车位已满；程序中用 DIV 除法指令是为了将剩余车位和已有车位的十位数值和个位数值分离开来方便显示；需要注意程序中出现的 D24 和 D33 两个存储器里面存放的是除法后的余数，即分离出来的个位数。整个程序流程是先根据传感器检测是否有车辆进来，有车进来且满足有剩余车位条件，则 PLC 输出驱动电机正转打开栏杆，当正转到位后停 3s 然后再反转关闭栏杆；如果是有车辆出去则直接输出驱动电机正转打开栏杆，当正转到位后停 3s 然后再反转关闭栏杆；然后进行数据运算，将需要显示的一些数据和信息计算出来，最后在进行显示。

5．程序录入

① 在作为编程器的计算机上，运行 SWOPC-FXGP/WIN-C 或 GX Developer 编程软件。

② 创建新文件，选择 PLC 类型为 FX_{2N}。

③ 按照前文介绍的方法，参照图 9-22 所示的梯形图程序将程序输入到计算机中。

④ 转换梯形图。

⑤ 文件赋名为“项目 9-1”，确认保存。

⑥ 在断电状态下，连接好 PC / PPI 电缆。

⑦ 将 PLC 运行模式选择开关拨到“STOP”位置，此时 PLC 处于停止状态，可以进行程序的传送。

⑧ 利用菜单“在线”→“PLC 写入”命令，将程序文件下载到 PLC 中。

6．系统运行调试

① 将 PLC 运行模式的选择开关拨到“RUN”位置，使 PLC 进入运行方式。

② 按表 9-2 操作，对程序进行调试运行，观察系统的运行情况。如出现故障，应立即切断电源，分别检查硬件线路接线和梯形图程序是否有误，修改后，应重新调试，直至系统按要求正常工作。

③ 记录系统调试及运行的结果，完成调试及运行情况记录于表 9-2 中。

表 9-2　停车场车位 PLC 控制系统调试及运行情况记录表

操作步骤	操作内容	观察内容(先预设 D20=46，D21=31，D22=15，D30=3)	
		正确结果	观察结果
1	按下 SB1，B1 给出一个信号	HL1 灯亮，KM1 吸合（中途 SQ1 给出信号，可以看到 KM1 断开，3s 后 KM2 吸合；中途 SQ2 给出信号，可以看到 KM2 断开）LED1～LED4 显示的数值分别为 1，0，5，3	
2	B1 再次给出一个信号	HL1 灯亮，KM1 吸合（中途 SQ1 给出信号，可以看到 KM1 断开，3s 后 KM2 吸合；中途 SQ2 给出信号，可以看到 KM2 断开），LED1～LED4 显示的数值分别为 1，0，6，2	
3	B1 再次给出一个信号	HL1 灯亮，KM1 吸合（中途 SQ1 给出信号，可以看到 KM1 断开，3s 后 KM2 吸合；中途 SQ2 给出信号，可以看到 KM2 断开），LED1～LED4 显示的数值分别为 1，0，7，1	

续表

操作步骤	操作内容	观察内容(先预设 D20=46，D21=31,D22=15，D30=3)	
		正 确 结 果	观 察 结 果
4	B1 再次给出一个信号	先 HL1 灯亮一下然后熄灭，KM1 吸合（中途 SQ1 给出信号，可以看到 KM1 断开，3s 后 KM2 吸合；中途 SQ2 给出信号，可以看到 KM2 断开），LED1～LED4 显示的数值分别为 1，0，8，0 ，最后 HL2 灯亮，	
5	B1 再次给出一个信号	HL1 熄灭，HL2 灯亮， KM1，KM2 不吸合，LED1～LED4 显示的数值分别为 1，0，8，0	
6	B2 给出一个信号	先 HL1 熄灭，HL2 灯亮，然后 HL1 亮，HL2 灯熄灭，KM1 吸合（中途 SQ1 给出个信号，可以看到 KM1 断开，3s 后 KM2 吸合，中途 SQ2 给出信号，可以看到 KM2 断开），LED1～LED4 显示的数值分别为 1，0，7，1	
7	B2 再次给出一个信号	HL1 灯亮，KM1 吸合（中途 SQ1 给出信号，可以看到 KM1 断开，3s 后 KM2 吸合；中途 SQ2 给出信号，可以看到 KM2 断开）LED1～LED4 显示的数值分别为 1，0，6，2	
8	按下 SB2	HL1，HL2 灯熄灭，KM1，KM2 不吸合 LED1～LED4 没有显示	

7．项目质量考核要求及评分标准

项目质量考核要求及评分标准参考见表 9-3。

表 9-3 停车场车位的 PLC 控制项目质量考核要求及评分标准

考核项目	考 核 要 求	配分	评 分 标 准	扣分	得分	备注
系统安装	1．会安装元件 2．按图完整、正确及规范接线 3．按照要求编号	25	1．元件松动扣 2 分，损坏一处扣 4 分 2．错、漏线，每处扣 2 分 3．反圈、压皮、松动，每处扣 2 分 4．错、漏编号，每处扣 1 分			
编程操作	1．会建立并保存程序文件 2．正确编制梯形图程序 3．会转换梯形图 4．会传送程序	45	1．不能建立并保存程序文件或错误，扣 2 分 2．梯形图程序功能不能实现错误，一处扣 3 分 3．转换梯形图错误，扣 2 分 4．传送程序错误，扣 2 分			
运行操作	1．操作运行系统，分析操作结果 2．会监控梯形图 3．会监控元件	20	1．系统通电操作错误，一处扣 3 分 2．分析操作结果错误，一处扣 2 分 3．监控梯形图错误，一处扣 2 分 4．监控元件错误，一处扣 2 分			
安全生产	自觉遵守安全文明生产规程	10	1．每违反一项规定，扣 3 分 2．发生安全事故，0 分处理 3．漏接接地线，一处扣 5 分			
时间	4 小时		提前正确完成，每 5 分钟加 2 分 超过定额时间，每 5 分钟扣 2 分			
开始时间：		结束时间：		实际时间：		

七、拓展与提高

本项目中是通过电机转动直接带动栏杆的开启和关闭的，如果我们要求运动比较平稳或者运动中有时候快有时候慢，可以通过变频器来驱动电机运转。下面介绍变频器的有关知识。

1．变频器概述

变频器是一种利用半导体器件的通断作用，将频率固定不变的交流电变成电压、频率都连续可调的交流电的电能控制装置。

目前，通用变频器的变换环节大多采用交—直—交变频变压方式。该类变频器是把工频交流电通过整流器变成直流电，然后再把直流电逆变成频率、电压连续可调的交流电。

通用变频器主要由主电路和控制电路组成，而主电路又包括整流电路、直流中间电路和逆变电路三部分，其框图如图 9-23 所示。

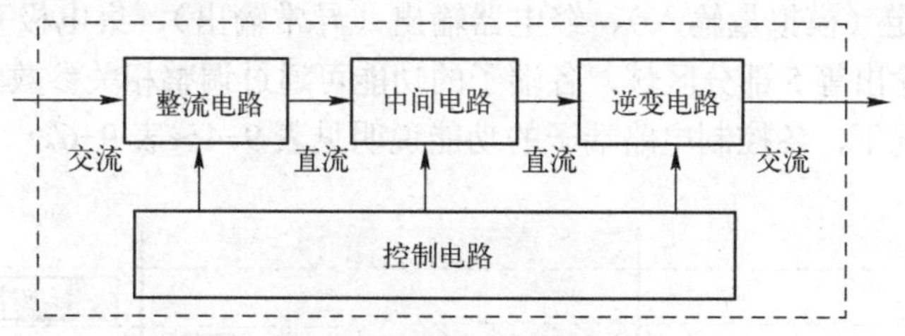

图 9-23　变频器结构框图

2．FR-E740 变频器的接线及基本操作

这里我们只介绍和本项目相关的 FR-E740 变频器的相关知识。

1）FR-E740 系列变频器主电路接线

FR-E740 系列变频器主电路的通用接线图如图 9-24 所示。

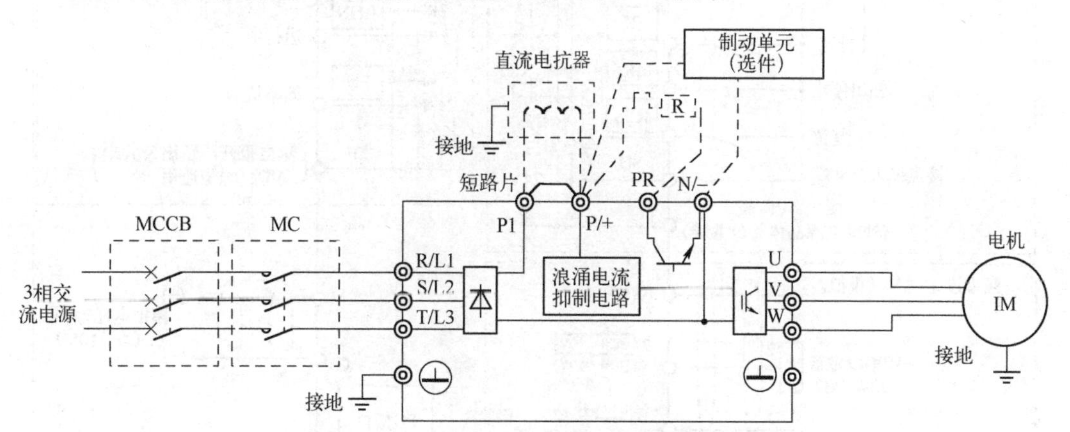

图 9-24　FR-E740 系列变频器主电路的通用接线图

接线注意事项：

① 端子 P1，P/+之间用以连接直流电抗器，不需连接时，两端子间短路。P/+与 PR 之间用以连接制动电阻器，P/+与 N/−之间用以连接制动单元选件。在 P/+和 PR 端子间建议连接指定的制动电阻选件，端子间原来的短路片必须拆下。

② 交流接触器 MC 用于变频器安全保护的目的，注意不要通过此交流接触器来启动或停止变频器，否则可能降低变频器寿命。

③ 进行主电路接线时，应确保输入、输出端不能接错，即电源线必须连接至 R/L1，S/L2，T/L3，绝对不能接 U，V，W，否则会损坏变频器。在接线时不必考虑电源的相序。使用单相电源时必须接 R，S 端，电动机接到 U，V，W 端子上。

④ 接地端子必须接地。

⑤ 布线距离最长为 500m，长距离布线，由于布线寄生电容所产生的冲击电流会引起过电流保护，可能误动作，输出侧连接的设备可能会运行异常或发生故障。

⑥ 变频器运行后，如果改变接线的操作，必须在电源切断 10min 以上，用万用表检查电压后进行。因为断电后一段时间内，电容上仍然有危险的高电压。

2）FR-E740 系列变频器控制电路的接线

FR-E740 系列变频器控制电路的接线图如图 9-25 所示。图中，控制电路端子分为控制输入、频率设定（模拟量输入）、继电器输出（异常输出）、集电极开路输出（状态检测）和模拟电压输出等 5 部分区域，各端子的功能可通过调整相关参数的值进行变更，在出厂初始值的情况下，各控制电路端子的功能说明见表 9-4～表 9-6。

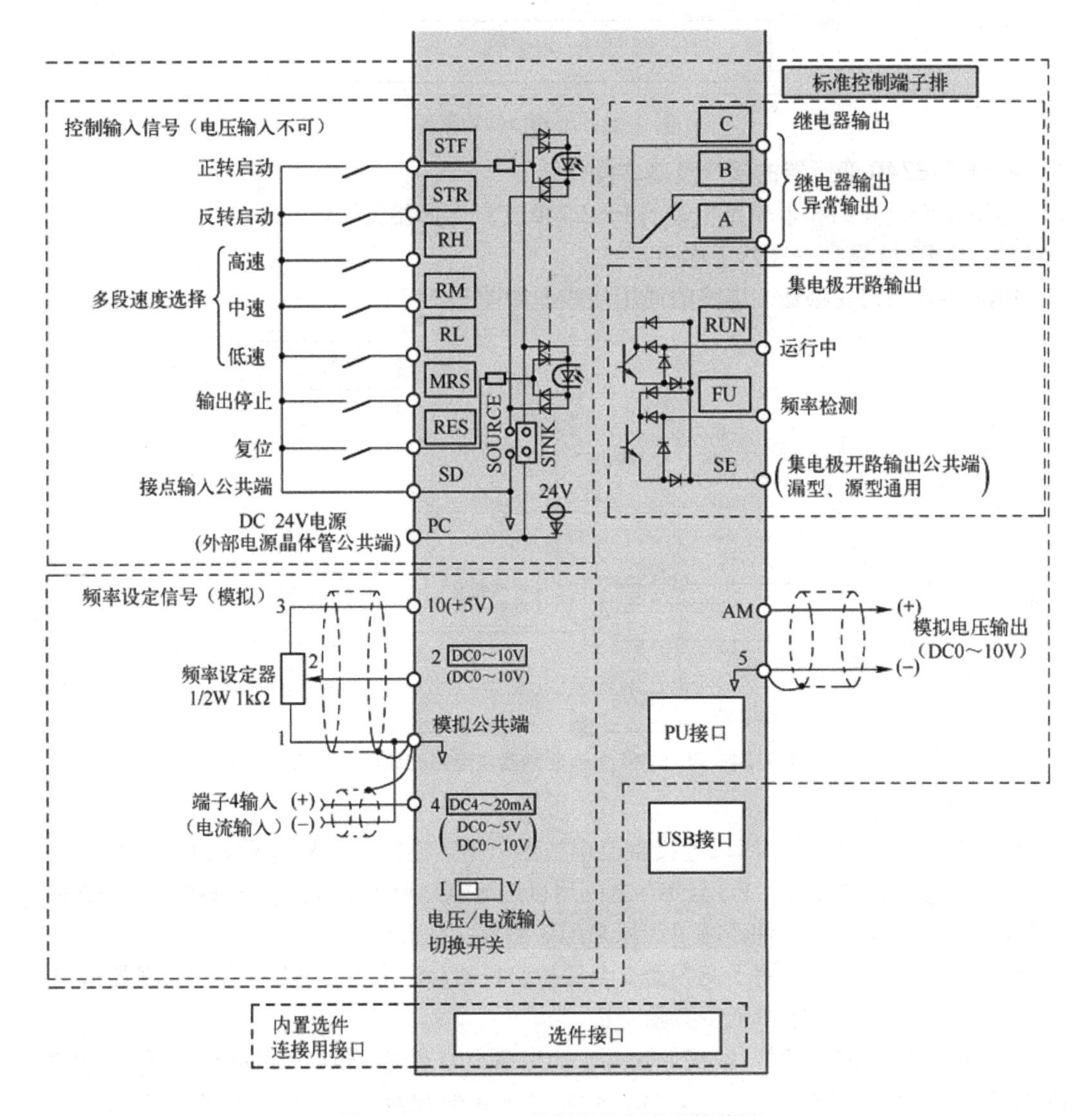

图 9-25　FR-E740 变频器控制电路接线图

表 9-4　控制电路输入端子的功能说明

种类	端子编号	端子名称	端子功能说明	
接点输入	STF	正转启动	STF 信号 ON 时，为正转；OFF 时，为停止指令	STF，STR 信号同时 ON 时，变成停止指令
	STR	反转启动	STR 信号 ON 时，为反转；OFF 时，为停止指令	
	RH RM RL	多段速度选择	用 RH，RM 和 RL 信号的组合可以选择多段速度	
	MRS	输出停止	MRS 信号 ON （20ms 或以上）时，变频器输出停止 用电磁制动器停止电机时用于断开变频器的输出	
	RES	复位	用于解除保护电路动作时的报警输出。请使 RES 信号处于 ON 状态 0.1s 或以上，然后断开 初始设定为始终可进行复位。但进行了 Pr.75 的设定后，仅在变频器报警发生时可进行复位，复位时间约为 1s	
	SD	接点输入公共端（漏型）（初始设定）	接点输入端子（漏型逻辑）的公共端子	
		外部晶体管公共端（源型）	源型逻辑时当连接晶体管输出（即集电极开路输出），例如可编程控制器（PLC）时，将晶体管输出用的外部电源公共端接到该端子，可以防止因漏电引起的误动作	
		DC 24V 电源公共端	DC 24V 电源（端子 PC）的公共输出端子 与端子 5 及端子 SE 绝缘	
	PC	外部晶体管公共端（漏型）（初始设定）	漏型逻辑时当连接晶体管输出（即集电极开路输出），例如可编程控制器（PLC）时，将晶体管输出用的外部电源公共端接到该端子，可以防止因漏电引起的误动作	
		接点输入公共端（源型）	接点输入端子（源型逻辑）的公共端子	
		DC 24V 电源	可作为 DC 24V 的电源使用	
	10	频率设定用电源	作为外接频率设定（速度设定）用电位器时的电源使用（按照 Pr.73 模拟量输入选择）	
	5	频率设定公共端	频率设定信号（端子 2 或 4）及端子 AM 的公共端子，请勿接大地	
	2	频率设定（电压）	如果输入 DC 0～5V （或 0～10V），在 5V （10V）时为最大输出频率，输入与输出成正比。通过 Pr.73 进行 DC 0～5V（初始设定）和 DC 0～10V 输入的切换操作	
	4	频率设定（电流）	若输入 DC 4～20mA （或 0～5V，0～10V），在 20mA 时为最大输出频率，输入与输出成正比。只有 AU 信号为 ON 时端子 4 的输入信号才会有效（端子 2 的输入将无效）。通过 Pr.267 进行 4～20mA（初始设定）和 DC 0～5V，DC 0～10V 输入的切换操作 电压输入(0～5)V/(0～10)V 时，请将电压 / 电流输入切换开关切换至“V”	

表 9-5　控制电路接点输出端子的功能说明

种类	端子编号	端子名称	端子功能说明	
继电器	A，B，C	继电器输出（异常输出）	指示变频器因保护功能动作时输出停止的接点输出。异常时，B-C 间不导通（A-C 间导通）；正常时，B-C 间导通（A-C 间不导通）	
模拟	AM	模拟电压输出	可以从多种监示项目中选一种作为输出。变频器复位时不被输出。输出信号与监示项目的大小成比例	输出项目： 输出频率（初始设定）
集电极开路	RUN	正在运行	变频器输出频率大于或等于启动频率（初始值 0.5Hz）时为低电平，已停止或正在直流制动时为高电平	
	RUN	变频器正在运行	变频器输出频率大于或等于启动频率（初始值 0.5Hz）时为低电平，已停止或正在直流制动时为高电平	
	FU	频率检测	输出频率大于或等于任意设定的检测频率时为低电平，未达到时为高电平	
	SE	集电极开路输出公共端	端子 RUN，FU 的公共端子	

表 9-6　控制电路网络接口的功能说明

种　类	端子编号	端子名称	端子功能说明
RS-485	—	PU 接口	通过 PU 接口，可进行 RS-485 通信 标准规格：EIA-485（RS-485） 传输方式：多站点通信 通信速率：4800～38 400bps
USB	—	USB 接口	与个人计算机通过 USB 连接后，可以实现 FR Configurator 的操作 接口：USB1.1 标准 传输速度：12Mbps 连接器：USB 迷你-B 连接器（插座：迷你-B 型）

3）FR-E700 系列变频器的操作面板

使用变频器之前，首先要熟悉它的面板显示和键盘操作单元（或称控制单元），并且按使用现场的要求合理设置参数。FR-E700 系列变频器的参数设置，通常利用固定在其上的操作面板（不能拆下）实现，也可以使用连接到变频器 PU 接口的参数单元（FR-PU07）实现。使用操作面板可以进行运行方式、频率的设定，运行指令监视，参数设定、错误表示等。操作面板如图 9-26 所示，其上半部为面板显示器，下半部为 M 旋钮和各种按键。它们的具体功能分别见表 9-7 和表 9-8。

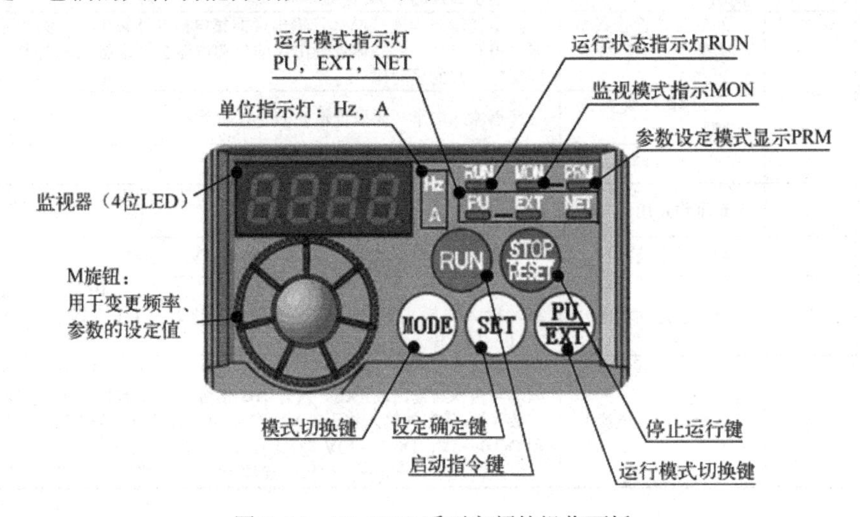

图 9-26　FR-E700 系列变频的操作面板

表 9-7　FR-E700 系列变频器操作面板上旋钮、按键的功能

旋钮和按键	功　能
M 旋钮（三菱变频器旋钮）	旋动该旋钮用于变更频率、参数的设定值。按下该旋钮可显示以下内容。 • 监视模式时的设定频率 • 校正时的当前设定值 • 报警历史模式时的顺序
模式切换键 MODE	用于切换各设定模式。和运行模式切换键同时按下也可以用来切换运行模式。长按此键（2s）可以锁定操作
设定确定键 SET	各设定的确定。此外，当运行中按此键则监视器出现以下显示： 运行频率→输出电流→输出电压→运行频率

续表

旋钮和按键	功　能
运行模式切换键 PU/EXT	用于切换 PU / 外部运行模式 使用外部运行模式（通过另接的频率设定电位器和启动信号启动运行）时请按此键，使表示运行模式的 EXT 处于亮灯状态 切换至组合模式时，可同时按 MODE 键 0.5s，或者变更参数 Pr.79
启动指令键 RUN	在 PU 模式下，按此键启动运行 通过 Pr.40 的设定，可以选择旋转方向
停止运行键 STOP/RE	在 PU 模式下，按此键停止运转 保护功能（严重故障）生效时，也可以进行报警复位

表 9-8　FR-E700 系列变频器操作面板上运行状态显示

显　示	功　能
运行模式显示	PU：PU 运行模式时亮灯 EXT：外部运行模式时亮灯 NET：网络运行模式时亮灯
监视器（4 位 LED）	显示频率、参数编号等
监视数据单位显示	Hz：显示频率时亮灯 A：显示电流时亮灯 （显示电压时熄灯，显示设定频率监视时闪烁）
运行状态显示 RUN	当变频器动作过程中亮灯或者闪烁，其中： 亮灯——正转运行中 缓慢闪烁（1.4s 循环）——反转运行中 下列情况下出现快速闪烁（0.2s 循环）： • 按键或输入启动指令都无法运行时 • 有启动指令，但频率指令在启动频率以下时 • 输入了 MRS 信号时
参数设定模式显示 PRM	参数设定模式时亮灯
监视器显示 MON	监视模式时亮灯

4）变频器的运行模式

由表 9-7 和表 9-8 可见，在变频器不同的运行模式下，各种按键、M 旋钮的功能各异。所谓运行模式是指对输入到变频器的启动指令和设定频率的命令来源的指定。

一般来说，使用控制电路端子、在外部设置电位器和使用开关来进行操作的是“外部运行模式”；使用操作面板或参数单元输入启动指令、设定频率的是“PU 运行模式”；通过 PU 接口进行 RS-485 通信或使用通信选件的是“网络运行模式（NET 运行模式）”。在进行变频器操作以前，必须了解其各种运行模式，才能进行各项操作。

FR-E700 系列变频器通过参数 Pr.79 的值来指定变频器的运行模式，设定值范围为 0，1，2，3，4，6，7；这 7 种运行模式的内容以及相关 LED 指示灯的状态见表 9-9。

变频器出厂时，参数 Pr.79 设定值为 0。当停止运行时用户可以根据实际需要修改其设定值。修改 Pr.79 设定值的一种方法是：按 MODE 键使变频器进入参数设定模式；旋动 M 旋钮，选择参数 Pr.79，用 SET 键确定；然后再旋动 M 旋钮选择合适的设定值，用 SET 键确定；两次按 MODE 键后，变频器的运行模式将变更为设定的模式。

图 9-27 是设定参数 Pr.79 的一个例子。该例子中把变频器从固定外部运行模式变更

为组合运行模式 1。

表 9-9　运行模式选择（Pr.79）

<table>
<tr><th>设定值</th><th colspan="2">内　容</th><th>LED 显示状态（■：灭灯；□：亮灯）</th></tr>
<tr><td>0</td><td colspan="2">外部/PU 切换模式，通过 PU/EXT 键可切换 PU 与外部运行模式。
注意：接通电源时为外部运行模式</td><td>外部运行模式：EXT
PU 运行模式：PU</td></tr>
<tr><td>1</td><td colspan="2">固定为 PU 运行模式</td><td>PU</td></tr>
<tr><td>2</td><td colspan="2">固定为外部运行模式
可以在外部、网络运行模式间切换运行</td><td>外部运行模式：EXT
网络运行模式：NET</td></tr>
<tr><td rowspan="6">3</td><td colspan="2">外部 / PU 组合运行模式 1</td><td rowspan="3">PU EXT</td></tr>
<tr><td>频率指令</td><td>启动指令</td></tr>
<tr><td>用操作面板设定或用参数单元设定，或外部信号输入【多段速设定，端子 4～5 间（AU 信号 ON 时有效）】</td><td>外部信号输入(端子 STF，STR)</td></tr>
<tr><td colspan="2">外部 / PU 组合运行模式 2</td><td rowspan="3">PU EXT</td></tr>
<tr><td>频率指令</td><td>启动指令</td></tr>
<tr><td>外部信号输入（端子 2，4，JOG，多段速选择等）</td><td>通过操作面板的 RUN 键，或通过参数单元的 FWD，REV 键来输入</td></tr>
<tr><td>6</td><td colspan="2">切换模式可以在保持运行状态的同时，进行 PU 运行、外部运行、网络运行模式的切换</td><td>PU 运行模式：PU
外部运行模式：EXT
网络运行模式：NET</td></tr>
<tr><td>7</td><td colspan="2">外部运行模式（PU 运行互锁）
X12 信号 ON 时，可切换到 PU 运行模式（外部运行中输出停止）；信号 OFF 时，禁止切换到 PU 运行模式</td><td>PU</td></tr>
</table>

5）参数的设定

变频器参数的出厂设定值被设置为完成简单的变速运行。如需按照负载和操作要求设定参数，则应进入参数设定模式，先选定参数号，然后设置其参数值。设定参数分两种情况，一种是停机“STOP”方式下重新设定参数，这时可设定所有参数；另一种是在运行时设定，这时只允许设定部分参数，但是可以核对所有参数号及参数。图 9-28 是参数设定过程的一个例子，所完成的操作是把参数 Pr.1（上限频率）从出厂设定值 120.0Hz 变更为 50.0Hz，假定当前运行模式为外部/PU 切换模式（Pr.79=0）。

图 9-28 所示的参数设定过程，需要先切换到 PU 模式下，再进入参数设定模式。实际上，在任一运行模式下，按 MODE 键，都可以进行参数设定，如图 9-28 所示那样，但只能设定部分参数。

FR-E700 系列变频器有几百个参数，实际使用时，只需根据使用现场的要求设定部分参数，其余按出厂设定即可。一些常用参数，则是应该熟悉的。

下面介绍一些常用参数的设定。关于参数设定更详细的说明请参阅 FR-E700 使用手册。

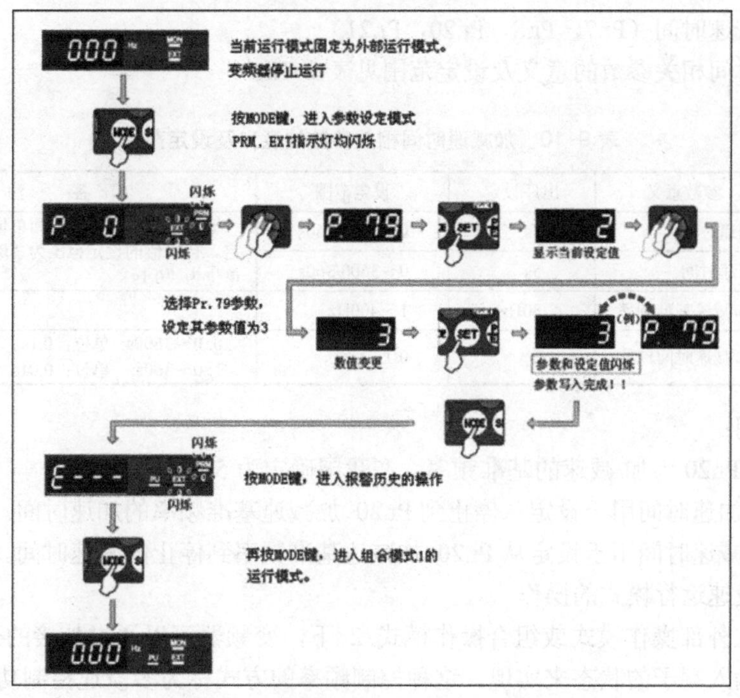

图 9-27　变频器的运行模式变更示例

（1）输出频率的限制（Pr.1，Pr.2，Pr.18）

为了限制电机的速度，应对变频器的输出频率加以限制。用 Pr.1“上限频率”和 Pr.2“下限频率”来设定，可将输出频率的上、下限位。

当在 120Hz 以上运行时，用参数 Pr.18“高速上限频率”设定高速输出频率的上限。

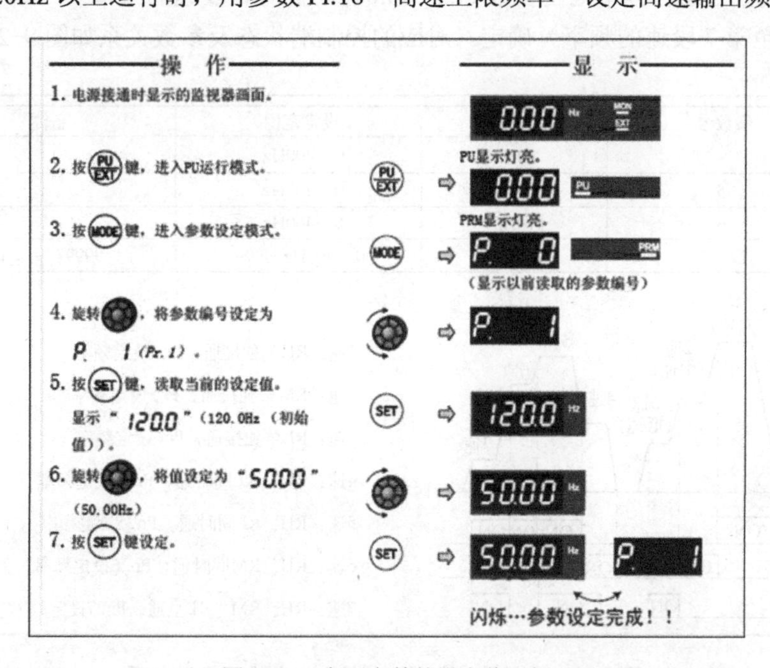

图 9-28　变更参数的设定值示例

（2）加减速时间（Pr.7，Pr.8，Pr.20，Pr.21）

加减速时间相关参数的意义及设定范围见表 9-10。

表 9-10 加减速时间相关参数的意义及设定范围

参数号	参数意义	出厂设定	设定范围	备　注
Pr.7	加速时间	5s	0～3600/360s	根据 Pr.21 加减速时间单位的设定值进行设定。初始值的设定范围为“0～3600s”、设定单位为“0.1s
Pr.8	减速时间	5s	0～3600/360s	
Pr.20	加/减速基准频率	50Hz	1～400Hz	
Pr.21	加/减速时间单位	0	0/1	0: 0～3600s; 单位：0.1s 1: 0～360s; 单位：0.01s

设定说明：

① 采用 Pr.20 为加/减速的基准频率，在我国确定为 50Hz。

② Pr.7 加速时间用于设定从停止到 Pr.20 加减速基准频率的加速时间。

③ Pr.8 减速时间用于设定从 Pr.20 加减速基准频率到停止的减速时间。

（3）多段速运行模式的操作

变频器在外部操作模式或组合操作模式 2 下，变频器可以通过外接的开关器件的组合通断改变输入端子的状态来实现。这种控制频率的方式称为多段速控制功能。FR-E740 变频器的速度控制端子是 RH，RM 和 RL。通过这些开关的组合可以实现 3 段、7 段的控制。

转速的切换：由于转速的挡次是按二进制的顺序排列的，故三个输入端可以组合成 3 挡至 7 挡（0 状态不计）转速。其中，3 段速由 RH，RM，RL 单个通断来实现。7 段速由 RH，RM，RL 通断的组合来实现。

7 段速的各自运行频率则由参数 Pr.4～Pr.6（设置前 3 段速的频率）、Pr.24～Pr.27（设置第 4 段速至第 7 段速的频率）确定。对应的控制端状态及参数关系如图 9-29 所示。

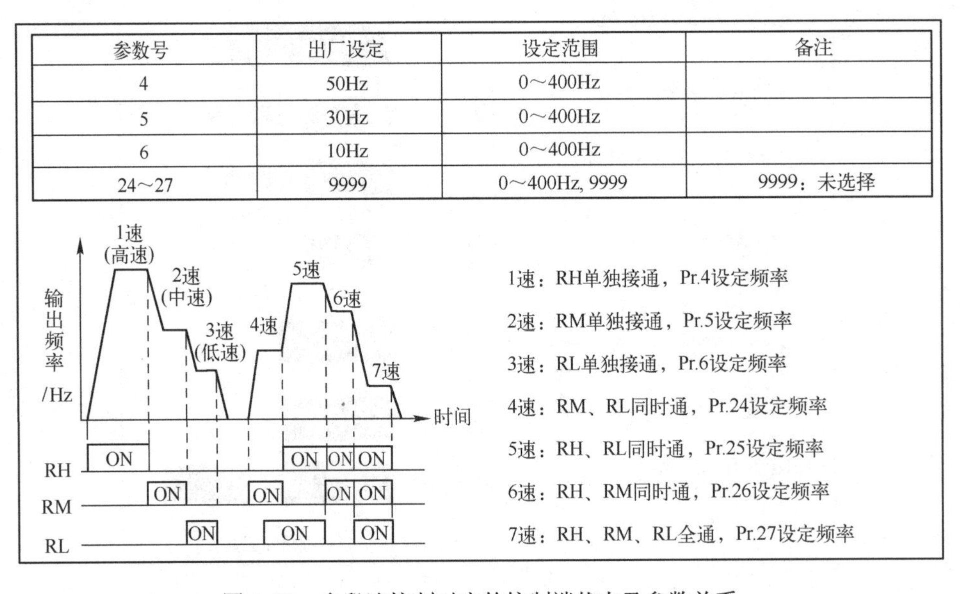

参数号	出厂设定	设定范围	备注
4	50Hz	0～400Hz	
5	30Hz	0～400Hz	
6	10Hz	0～400Hz	
24～27	9999	0～400Hz, 9999	9999：未选择

图 9-29 多段速控制对应的控制端状态及参数关系

多段速度设定在 PU 运行和外部运行过程中都可以设定。运行期间参数值也能被改变。3 速设定的场合（Pr.24～Pr.27 设定为 9999），2 速以上同时被选择时，低速信号的设定频率优先。最后指出，如果把参数 Pr.183 设置为 8，将 RMS 端子的功能转换成多速段控制端 REX，就可以用 RH，RM，RL 和 REX（由）通断的组合来实现 15 段速。详细的说明请参阅 FR-E700 使用手册。

除了可以用多段速进行频率设定外，还可以通过模拟量输入（端子 2，4）设定连续频率。例如，在变频器安装和接线完成进行运行试验时，常常用调速电位器连接到变频器的模拟量输入信号端，进行连续调速试验。其设定操作请参阅 FR-E700 使用手册。需要注意的是，如果要用模拟量输入（端子 2，4）设定频率，则 RH，RM，RL 端子应断开，否则多段速度设定优先。

6）参数清除

如果用户在参数调试过程中遇到问题，并且希望重新开始调试，可用参数清除操作方法实现。即，在 PU 运行模式下，设定 Pr.CL 参数清除、ALLC 参数全部清除均为“1”，可使参数恢复为初始值。但如果设定 Pr.77 参数写入选择=“1”，则无法清除。

参数清除操作，需要在参数设定模式下，用 M 旋钮选择参数编号为 Pr.CL 和 ALLC，把它们的值均置为 1，操作步骤如图 9-30 所示。

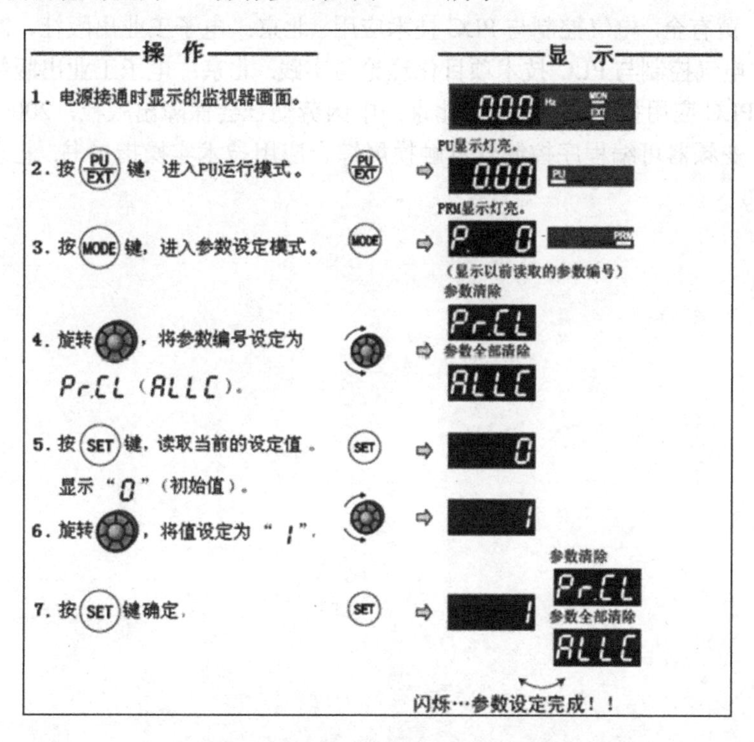

图 9-30　参数全部清除的操作示意

八、思考与练习

模拟设计一自动售货机的 PLC 控制程序，自动售货机的控制要求如下：

① 自动售货机有三种货物可以选择，分别是糖果、饮料、杂志，设有 1 元、5 元、

10 元三个投币孔。

② 用七段数码管显示已经投币的总金额。

③ 当投币的总金额超过售货价格，将可以通过退钱找零按钮找回余额。

④ 当投入的金额等于或大于 12 元时，糖果指示灯亮，表示只可选择糖果。

⑤ 当投入的金额等于或大于 15 元时，糖果和饮料指示灯亮，表示只可选择糖果和饮料。

⑥ 当投入的金额等于或大于 20 元时，糖果、饮料和杂志指示灯亮，表示三种物品均可选择。

⑦ 按下想要购买的物品的按钮，则相应的指示灯开始闪烁，闪烁 3s 后停止，表示该物品已经通过销售孔掉出来。

⑧ 物品卖出以后，按下退钱找零按钮，可以退回余额，如退回金额大于 10 元，则先退 10 元再退 1 元，如小于 10 元则直接退 1 元。

九、课外学习指导

本章推荐阅读书目：

FR-F740 系列变频器中文说明书

郁汉琪. 三菱 FX/Q 系列 PLC 应用技术. 南京：东南大学出版社，2003

刘小春，黄有全. 电气控制与 PLC 技术应用. 北京：电子工业出版社，2009

赵俊生. 电气控制与 PLC 技术项目化理论与实践. 北京：电子工业出版社 2009

瞿彩萍. PLC 应用技术（三菱）. 北京：中国劳动社会保障出版社，2009

吴启红. 变频器可编程序控制器及触摸屏综合应用技术实操指导书. 北京：机械工业出版社，2008

项目十　霓虹灯点亮的PLC控制

一、教学目标

1．知识目标

① 掌握ROR，ROL，RCR，RCL，SFTR，SFTL移位控制指令的功能及应用。

② 掌握条件跳转指令的应用。

③ 掌握区间复位指令的应用。

2．技能目标

① 会用功能指令编写霓虹灯点亮的PLC控制系统的梯形图程序。

② 完成整个系统的安装、调试与运行监控。

二、项目要求

现有L1～L8共8盏霓虹灯，要求用PLC来控制其点亮过程。当按下按钮SB1时，霓虹灯L1～L8以正序每隔1s轮流点亮，当L8点亮后，停2s；然后，反向逆序每隔1s轮流点亮，当L1再点亮后，停5s，重复上述过程。当按下按钮SB2时，霓虹灯停止工作。

三、工作流程图

本项目工作流程如图10-1所示。

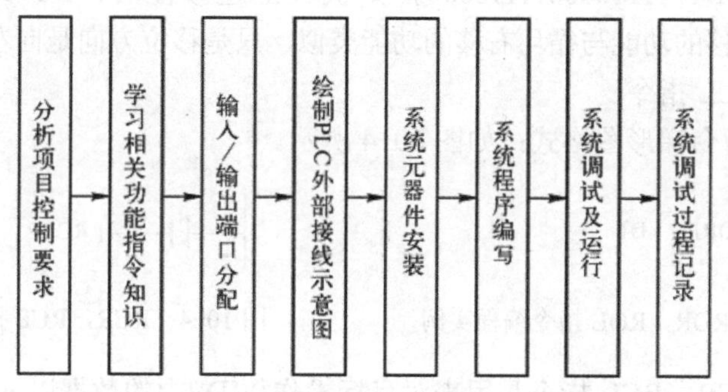

图10-1　霓虹灯点亮的PLC控制项目工作流程图

四、任务分析

本项目中有8盏灯和2个按钮，灯的输出由PLC的Y000～Y007端口输出来实现，灯的点亮是一个重复和循环的工作，如果利用前文介绍的基本指令以及定时器和顺序控制思路编写程序。则程序会很长，而且有大量重复的程序段。而在功能指令里就有移位指令，一个指令就能完成若干个位的移位，程序简洁、功能强大。因此，采用功能指令来实现是比较快捷的方式。

五、相关知识点

1．循环移位指令

循环移位指令包括ROR（循环右移）、ROL（循环左移）、RCR（带位循环右移）、RCL（带位循环左移）、SFTR（位右移）、SFTL（位左移）、WSFR（字右移）、WSFL（字左移）、

SFWR（移位写入）、SFRD（移位读出）等。这里主要介绍循环、位组件右移和左移指令。

（1）ROR，ROL 指令

ROR，ROL 指令梯形图格式：如图 10-2 所示。

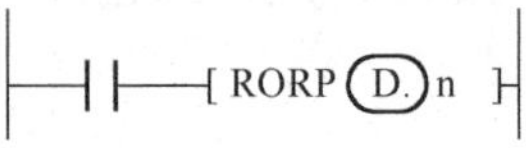

RORP (D.) n

图 10-2　ROR，ROL 指令梯形图格式

指令说明：ROR，ROL 指令是用来对目标操作数[D.]中的数据以 *n* 位为单位进行循环右移、左移。

目标操作数[D.]可取的数据类型为 KnY，KnM，KnS，T，C，D，V，Z；操作数 *n* 用来指定每次移位的“位”数，可取的数据类型为 K 或 H。

目标操作数[D.]可以是 16 位或者 32 位数据。若为 16 位数据，$n<16$；若为 32 位数据，需要在指令前面加“D”，并且此时的 $n<32$。

若目标操作数[D.]使用位组合元件，则只有 K4（16 位指令）或 K8（32 位指令）有效，即形式如 K4Y10，K8M0 等。

指令通常使用脉冲执行型操作，即在指令后面加字母“P”；若连续执行，则循环移位操作每个周期都执行一次。

编程实例：如图 10-3 所示，当 X002 的状态由“OFF”向“ON”变化一次时，D1 中的 16 位数据往右移动 4 位，并将最后一位从最右位移出的状态送入进位标识位（M8022）中。例如，假设 D1=1111000011110000，则执行上述移位后，D1=0000111100001111，M8022=0。循环左移的功能与循环右移的功能类似，只是移位方向是向左移。

（2）RCR，RCL 指令

RCR，RCL 指令梯形图格式：如图 10-4 所示。

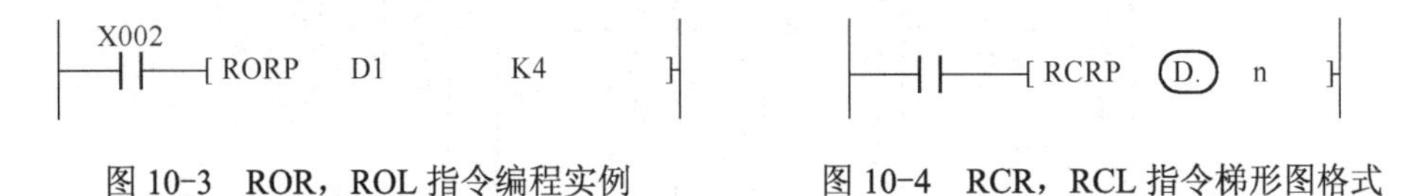

图 10-3　ROR，ROL 指令编程实例　　　图 10-4　RCR，RCL 指令梯形图格式

指令说明：RCR，RCL 指令是用来对目标操作数[D.]中的数据以 *n* 位为单位和带进位标志位 M8022 一起进行循环右移、左移。

目标操作数[D.]可取的数据类型为 KnY，KnM，KnS，T，C，D，V，Z；操作数 *n* 用来指定每次移位的“位”数，可取的数据类型为 K 或 H。

目标操作数[D.]可以是 16 位或者 32 位数据。若为 16 位数据，$n<16$；若为 32 位数据，需要在指令前面加“D”，并且此时的 $n<32$。

若目标操作数[D.]使用位组合元件，则只有 K4（16 位指令）或 K8（32 位指令）有效，即形式如 K4Y10，K8M0 等。

指令通常使用脉冲执行型操作，即在指令后面加字母“P”；若连续执行，则循环移位操作每个周期都执行一次。

因为指令是带位循环，循环环路中包含进位标志，所以如果执行循环指令前应该先

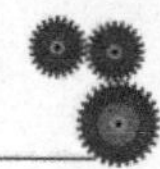

驱动 M8022，要带上 M8022 的值进行一起循环。循环后标志位也要跟着变化。

编程实例：如图 10-5 所示，当 X002 的状态右“OFF”向“ON”变化一次时，D1 中的 16 位数据往右移动 4 位，并将最后一位从最右位移出的状态送入进位标识位（M8022）中。例如，假设 D1=1111111100000000，执行指令前 M8022 为“ON”，即 M8022=1；则执行上述移位后，D1=0001111111111000，M8022=0。循环左移的功能与循环右移的功能类似，只是移位方向是向左移。

（3）SFTR，SFTL 指令

SFTR，SFTL 指令梯形图格式：如图 10-6 所示。

```
  X002
──┤├──[ RCRP  D1        K4    ]
```

图 10-5　RCR，RCL 指令编程实例

```
  X001
──┤├──[ SFTRP (S.) (D.) n1   n2  ]
```

图 10-6　SFTR，SFTL 指令梯形图格式

[S.]——移位的源操作数位组件首地址。

[D.]——移位的目标操作数位组件首地址。

n1——目标操作数位组件个数。

n2——源操作数位组件移位个数。

指令说明：位右移是将源操作数的低位从目标操作数的高位移入，目标操作数位向右移 n2 位，源操作数中的数据保持不变。位右移指令执行后，n2 个源操作数中的数被传送到了目标操作数的高 n2 位中，目标操作数的低 n2 位数从其低端溢出。

源操作数[S.]可取的数据类型为 X，Y，M，S。

目标操作数[D.]可取的数据类型为 Y，M，S。

n1 和 n2 可取的数据类型为 K 和 H，而且要求满足 n2≤nl≤1024，这是对 FX_{1N}，FX_{2N} 系列 PLC 来而言的，对于其他机型略有差异，如对于 FX0 和 FX0N 机型要求满足 n2≤nl≤512。

位左移指令的功能与位右移相反，对 n1 位的位元件进行 n2 位的位左移。

SFTR，SFTL 指令通常使用脉冲执行型操作，即在指令后面加字母“P”；SFTR，SFTL 在执行条件的上升沿时执行；用连续指令时，当执行条件满足时，每个扫描周期执行一次。

编程实例：如图 10-7 所示。图中，如果 X010 断开，则不执行这条 SFTR 指令，源、目标操作数中的数据均保持不变。当 X010 的状态由“OFF”向“ON”变化一次时，将执行位组件右移操作，即目标操作数中 M15～M0 位数据将右移 4 位，M0～M3 位数据从目标操作数的低位端移出，所以 M3～M0 中原来的内容将会丢失；源操作数中 X003～X000 位数据将被传送到目标操作数中的 M15～M12，但源操作数中 X003～X000 的数据保持不变。执行上述位组件右移指令的示意图如图 10-8 所示。

```
  X010
──┤├──[ SFTRP  X000    M0     K16     K4   ]
```

图 10-7　SFTR、SFTL 指令编程实例

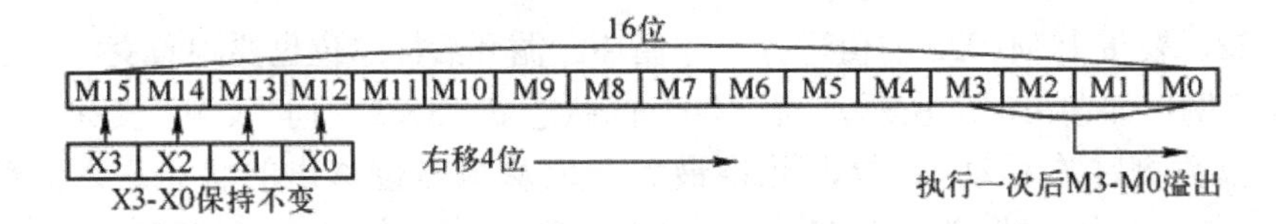

图 10-8 位组件右移过程示意图

图 10-9 所示为位组件左移指令应用示例梯形图，位组件左移指令的示意图如图 10-10 所示。

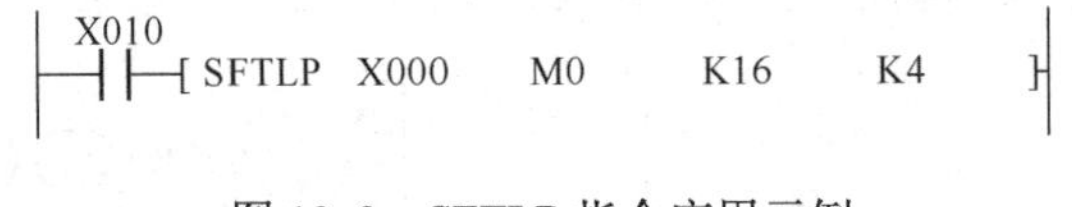

图 10-9 SFTLP 指令应用示例

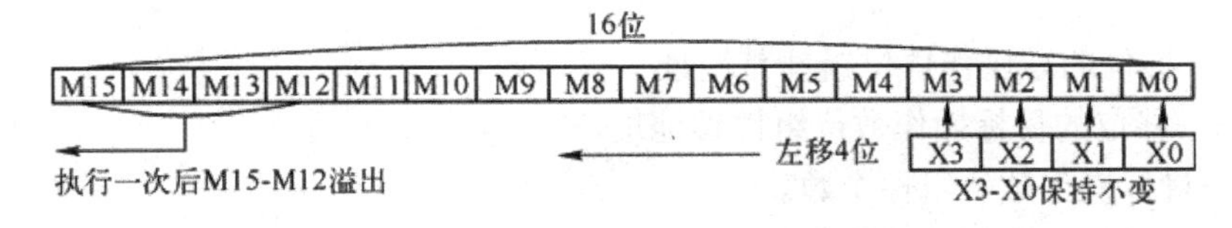

图 10-10 位组件左移过程示意图

2. 程序流程指令

程序流程控制指令的功能号为 FNC00～FNC09。主要包括 CJ（条件跳转）、CALL（子程序调用）、SRET（子程序返回）、IRET（中断返回）、EI（中断许可）、DI（中断禁止）、FEND（主程序结束）、WDT（看门狗定时器）、FOR（重复范围开始）、NEXT（重复范围结束）等。这里主要介绍 CJ（条件跳转）指令。

CJ 指令梯形图格式：如图 10-11 所示。

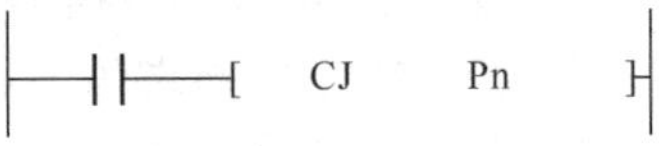

CJ Pn

图 10-11 CJ 指令梯形图格式

指令说明：CJ 和 CJ(P)指令用于跳过顺序程序中的某一部分，可以缩短运算周期以及使用双线圈。Pn 为跳转指针标号，一般在 CJ 指令之后，不同型号的 PLC 取值范围不同，对于 FX_{2N} 来说为 P0～P127，其中 P63 即 END，无需标号。

编程实例：如图 10-12（a）所示。当 X000 为 ON 时，程序跳到 P0 处；如果 X020 为 OFF，不执行跳转，程序按原顺序执行。跳转时，不执行被跳过的那部分指令。如果被跳过程序段中包含时间继电器和计数器，无论其是否具有掉电保持功能，由于相关程序停止执行，它们的现实值寄存器被锁定，跳转发生后其计数、计时值保持不变，在跳转中止时，计时、计数将继续进行。另外，计时、计数器的复位指令具有优先权，即使复位指令位于被跳过的程序段中，执行条件满足时，复位工作也将执行。

值得说明的是，跳转指针标号也可出现在跳转指令之前，如图 10-12（b）所示。但要注意，从程序执行顺序来看，如果 X020 为 ON 时间过长，会造成该程序的执行时间超过了警戒时钟设定值，则程序就会出错。跳转时，如果从主令控制区的外部跳入其内部，不管它的主控触点是否接通，都把它当成接通来执行主令控制区内的程序。如果跳步指令在主令控制区内，主控触点没有接通时不执行跳步。

在一个程序中，一个标号只能出现一次，如出现两次或两次以上，则会出现错误。但同一程序中两条跳转指令可以使用相同的标号，如图 10-13 所示。如果用辅助继电器 M8000 作为跳转指令的工作条件，跳转就成为无条件跳转，因为运行时辅助继电器 M8000 总是为 ON。

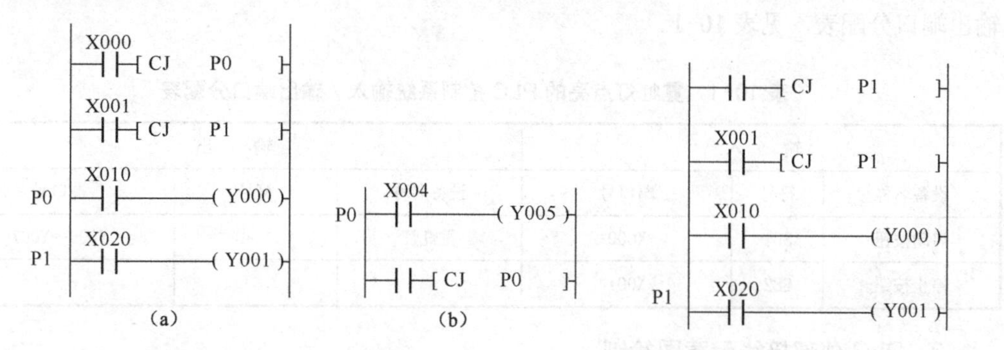

图 10-12　CJ 指令编程实例　　图 10-13　两条跳转指令使用同一标号

3. **数据处理指令**

数据处理指令的功能号为 FNC40～FNC49，主要包括 ZRST（区间复位）、DECO（译码）、ENCO（编码）、MEAN（平均值）、ANS（信号报警器置位）、ANR（信号报警器复位）等。这里主要介绍区间复位指令 ZRST。

ZRST 指令梯形图格式：如图 10-14 所示。

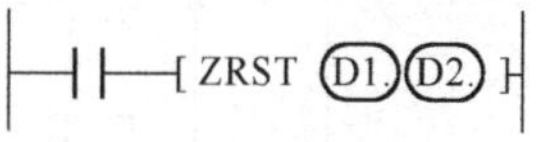

ZRST D1. D2.

图 10-14　ZRST 指令梯形图格式

指令说明：ZRST 指令是将目标操作数[D1.]和[D2.]指定的元件号范围内的同类元件成批复位。其功能指令编号为 FNC40，目标操作数[D1.]和[D2.]可取的数据类型有 T，C 和 D（字元件）或 Y，M，S（位元件）。

[D1.]和[D2.]指定的应为同一类元件，[D1.]的元件号应小于等于[D2.]的元件号。若[D1.]的元件号大于[D2.]的元件号，则只有[D1.]指定的元件被复位。

虽然 ZRST 指令是 16 位处理指令，但是可在[D1.]，[D2.]中指定 32 位计数器。不过不能混合指定，即不能在[D1.]中指定 16 位计数器，在[D2.]中指定 32 位计数器。

编程实例：如图 10-15 所示，当 M8002 由 OFF→ON 时，区间复位指令执行。位元件 M0～M10 成批复位，状态元件 SO～S20 成批复位，字元件 C0～C30 成批复位，字元件 T3～T21 成批复位。

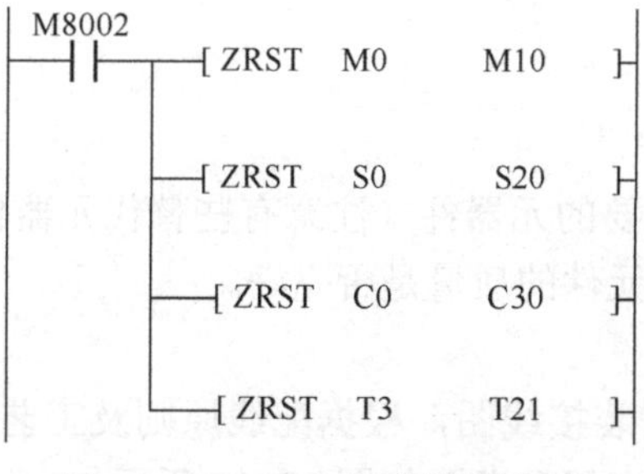

M8002
ZRST M0 M10
ZRST S0 S20
ZRST C0 C30
ZRST T3 T21

图 10-15　ZRST 指令编程实例

六、项目实施

1. 输入/输出端口分配

根据前文分析可知：本项目中输入设备有按钮 SB1，SB2；输出设备有霓虹灯。根据这些硬件与 PLC 中的编程软元件的对应关系，可得霓虹灯点亮的 PLC 控制系统的输入/输出端口分配表，见表 10-1。

表 10-1　霓虹灯点亮的 PLC 控制系统输入 / 输出端口分配表

输　入			输　出		
设备名称	符号	端口号	设备名称	符号	端口号
启动按钮	SB1	X000	霓虹灯	L1～L8	Y000～Y007
停止按钮	SB2	X001			

2. PLC 外部接线示意图绘制

根据输入/输出端口分配表，可画出霓虹灯的 PLC 控制系统 PLC 部分的外部接线示意图，如图 10-16 所示。

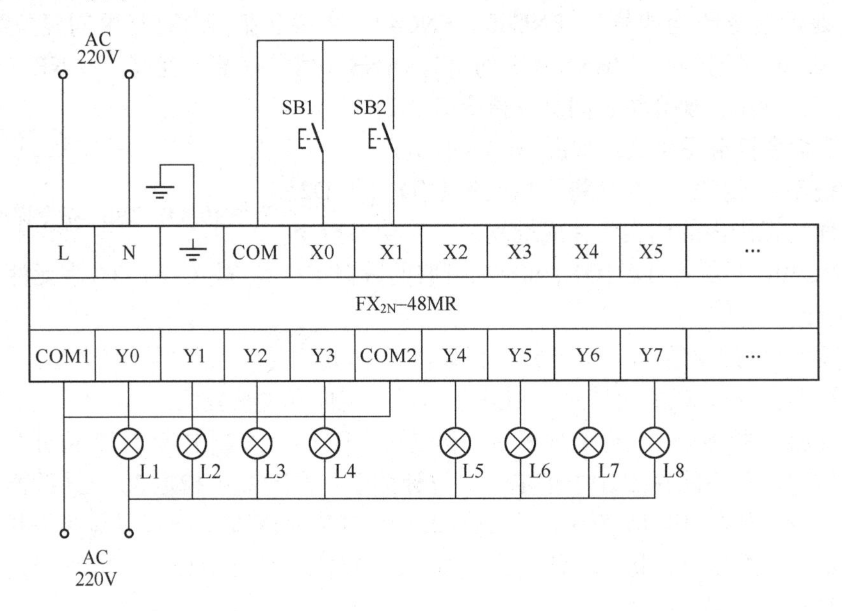

图 10-16　霓虹灯点亮的 PLC 控制系统 PLC 外部接线示意图

3. 系统安装

（1）检查元器件

根据项目要求选配齐需要的元器件（注意有些替代元器件的选用），并逐个检查元件的规格是否符合要求，检测元件的质量是否完好。

（2）安装元器件及接线

自行绘制本控制系统安装接线图，根据配线原则及工艺要求，对照绘制的接线图进行安装和接线，元器件安装布局参考图如图 10-17 所示。

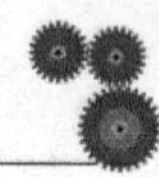

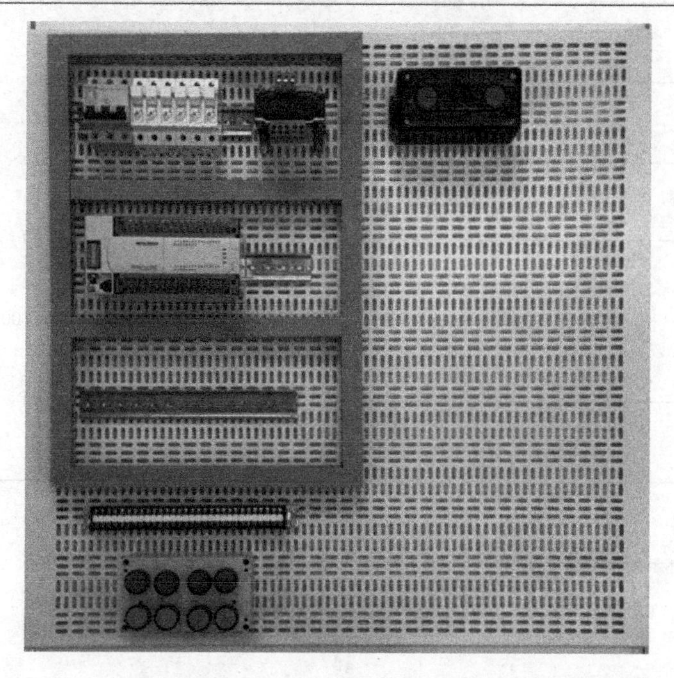

图 10-17　霓虹灯点亮的 PLC 控制系统的元器件安装布局参考图

（3）自检

① 检查布线。对照接线图检查是否掉线、错线，是否漏、错编号，接线是否牢固等。

② 使用万用表检测安装的电路，如测量结果与线路图不符，应根据线路图检查是否有错线、掉线、错位、短路等。

4. 程序编写

当启动按钮被按下，霓虹灯 L1～L8 以正序点亮，此时 Y000～Y007 的状态依次应该是 0000 0001，0000 0010，…，1000 0000，0000 0001，此操作可通过循环左移指令实现。同样，霓虹灯逆序点亮可通过循环右移指令实现，最后编写出来的梯形图如图 10-19 所示。

5. 程序录入

① 在作为编程器的计算机上，运行 SWOPC-FXGP/WIN-C 或 GX Developer 编程软件。

② 创建新文件，选择 PLC 类型为 FX_{2N}。

③ 按照前文介绍的方法，参照图 10-18 所示的梯形图程序将程序输入到计算机中。

④ 转换梯形图。

⑤ 文件赋名为“项目 10-1”，确认保存。

⑥ 在断电状态下，连接好 PC / PPI 电缆。

⑦ 将 PLC 运行模式选择开关拨到“STOP”位置，此时 PLC 处于停止状态，可以进行程序的传送。

⑧ 利用菜单“在线”→“PLC 写入”命令，将程序文件下载到 PLC 中。

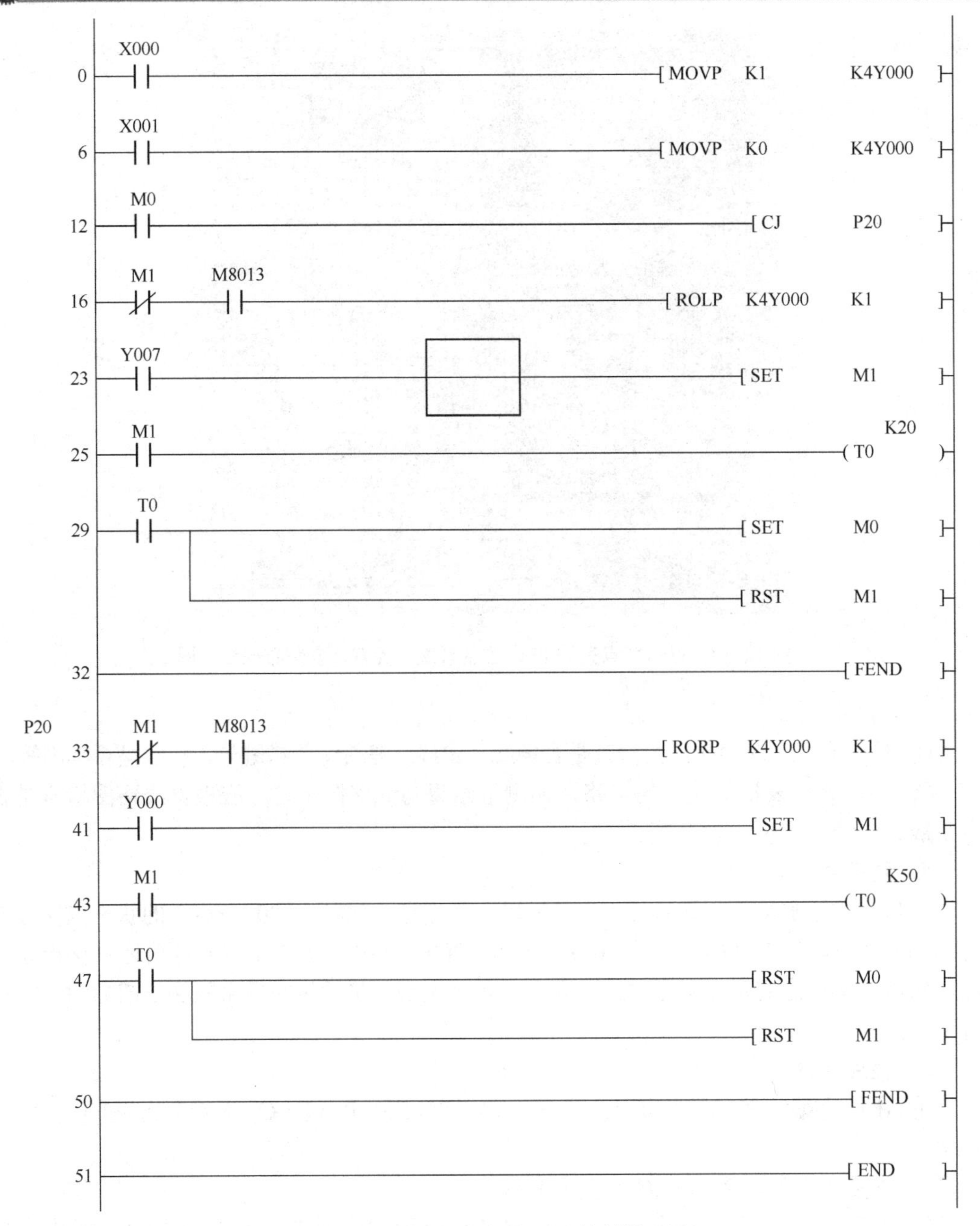

图 10-18　霓虹灯点亮的 PLC 控制梯形图

6．系统调试及运行

① 将 PLC 运行模式的选择开关拨到“RUN”位置，使 PLC 进入运行方式。

② 按表 10-2 操作，对程序进行调试运行，观察系统的运行情况。如出现故障，应立即切断电源，分别检查硬件线路接线和梯形图程序是否有误，修改后，应重新调试，直至系统按要求正常工作。

③ 记录系统调试及运行的结果，完成调试及运行情况记录于表 10-2 中。

表 10-2 霓虹灯点亮的 PLC 控制系统调试及运行情况记录表

操作步骤（每步间隔 5s）	操作内容	观察内容				霓虹灯观察结果
		PLC 指示 LED		输出设备		
		正确结果	观察结果	正确结果	观察结果	
1	按下 SB1	OUT0～OUT7 依次点亮熄灭		先按 L1～L8 顺序间隔 1s 点亮熄灭，然后再按 L8～L1 的顺序点亮熄灭		
2	按下 SB2	OUT0～OUT7 熄灭				

7. 项目质量考核要求及评分标准

项目质量考核要求及评分标准参见表 10-3。

表 10-3 霓虹灯点亮的 PLC 控制系统项目质量考核要求及评分标准

考核项目	考 核 要 求	配分	评 分 标 准	扣分	得分	备注
系统安装	1. 会安装元件 2. 按图完整、正确及规范接线 3. 按照要求编号	25	1. 元件松动扣 2 分，损坏一处扣 4 分 2. 错、漏线，每处扣 2 分 3. 反圈、压皮、松动，每处扣 2 分 4. 错、漏编号，每处扣 1 分			
编程操作	1. 会建立并保存程序文件 2. 正确编制梯形图程序 3. 会转换梯形图 4. 会传送程序	45	1. 不能建立并保存程序文件或错误，扣 2 分 2. 梯形图程序功能不能实现，错误一处扣 3 分 3. 转换梯形图错误，扣 2 分 4. 传送程序错误，扣 2 分			
运行操作	1. 操作运行系统，分析操作结果 2. 会监控梯形图 3. 会监控元件	20	1. 系统通电操作错误，一处扣 3 分 2. 分析操作结果错误，一处扣 2 分 3. 监控梯形图错误，一处扣 2 分 4. 监控元件错误，一处扣 2 分			
安全生产	自觉遵守安全、文明生产规程	10	1. 每违反一项规定，扣 3 分 2. 发生安全事故，0 分处理 3. 漏接接地线，一处扣 5 分			
时间	4 小时		提前正确完成，每 5 分钟加 2 分 超过定额时间，每 5 分钟扣 2 分			
开始时间：		结束时间：		实际时间：		

七、拓展与提高

下面介绍 WSFR（字右移）、WSFL（字左移）指令。

WSFR、WSFL 梯形图格式：如图 10-19 所示。

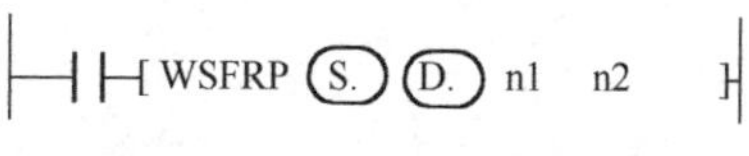

```
|—| |—[ WSFRP (S.) (D.) n1  n2 ]—|
```

图 10-19 WSFR 指令梯形图格式

[S.]——移位的源操作数字元件首地址。

[D.]——移位的目标操作数字元件首地址。

n1——目标操作数字元件个数。

n2——源操作数字元件移位个数。

指令说明：

WSFR，WSFL 指令是以字为单位，对 n1 个字的元件进行 n2 个字的右移或左移。字右移是将源操作数的低字从目标操作数的高位移入，目标操作数的字向右移 n2 个字，源操作数中的数据保持不变。字右移指令执行后，n2 个源操作数中的字被传送到了目标操作数的高 n2 个字中，目标操作数的低 n2 个字从其低端溢出。

源操作数[S.]可取的数据类型为 KnX，KnY，KnM，KnS，T，C，D。

目标操作数[D.]可取的数据类型为 KnY，KnM，KnS，T，C，D。

n1 和 n2 可取的数据类型为 K 和 H，而且要求满足 n2≤nl≤1024，这是对 FX_{1N}，FX_{2N}系列 PLC 而言的；对于其他机型略有差异，如对于 FX0 和 FX0N 机型要求满足 n2≤nl≤512。

字左移指令的功能与字右移相反，对 n1 个的字元件进行 n2 个的字左移。

WSFR，WSFL 指令通常使用脉冲执行型操作，即在指令后面加字母“P”；WSFR，WSFL 在执行条件的上升沿时执行；用连续指令时，当执行条件满足时，每个扫描周期执行一次。

编程实例：如图 10-20 所示。图中，如果 X001 断开，则不执行 SFTR 指令，源、目标操作数中的数据均保持不变。当 X001 的状态由“OFF”向“ON”变化一次时，将执行字组件右移操作，即目标操作数中 D25～D10 位数据将右移 4 个字，D13～D10 字的数据从目标操作数的低位端移出，源操作数中 D3～D0 字的数据将被传送到目标操作数中的 D25～D22，但源操作数中 D3～D0 字的数据保持不变。执行上述字组件右移指令的示意图如图 10-21 所示。

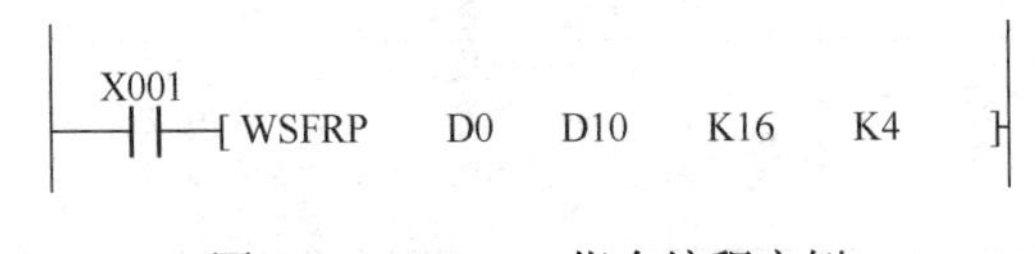

图 10-20 WSFR 指令编程实例

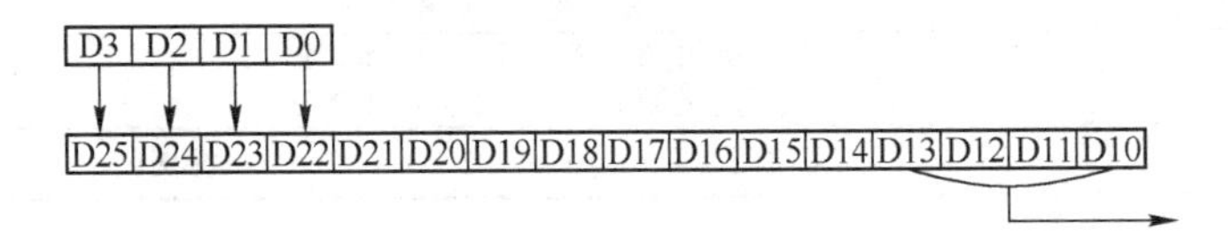

图 10-21 字组件右移过程示意图

图 10-22 所示为字组件左移指令编程实例梯形图，字组件左移指令的示意图如图 10-23 所示。

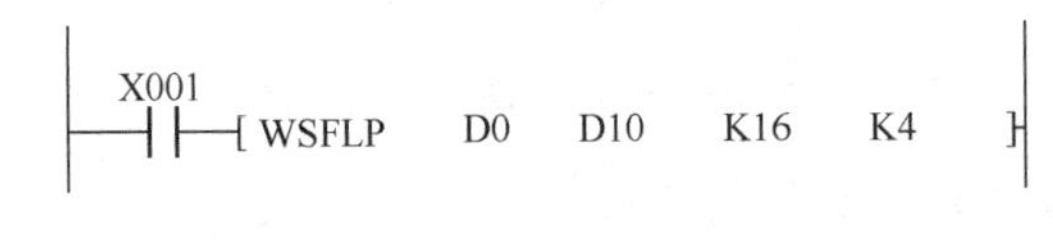

图 10-22 WSFL 指令编程实例

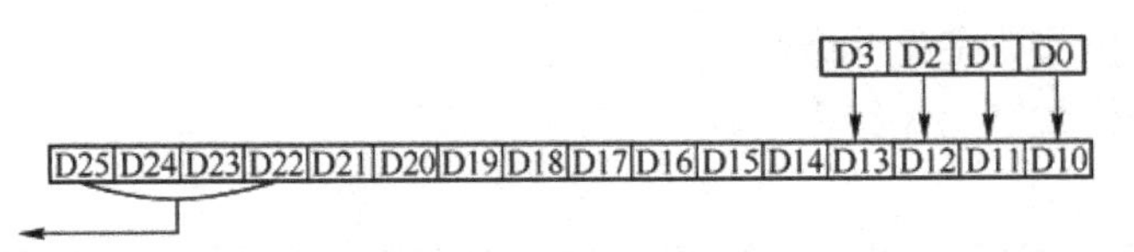

图 10-23 字组件左移过程示意图

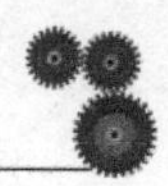

八、思考与练习

设计一个 16 位彩灯控制程序，要求 Y17～Y10 从 Y17 开始以 1s 速度逐位右移，到 Y10 后再以 1s 速度逐位左移，如此循环 4 次；然后跳转至 Y0～Y7，从 Y0 开始以 1s 速度逐位左移，到 Y7 后再以 1s 速度逐位右移，如此循环 2 次后为一个周期；最后再进行循环。

九、课外学习指导

本章推荐阅读书目：

郁汉琪．三菱 FX/Q 系列 PLC 应用技术．南京：东南大学出版社，2003

刘小春，黄有全．电气控制与 PLC 技术应用．北京：电子工业出版社，2009

赵俊生．电气控制与 PLC 技术项目化理论与实践．北京：电子工业出版社，2009

瞿彩萍．PLC 应用技术（三菱）．北京：中国劳动社会保障出版社，2009

项目十一　卧式镗床电气控制系统的PLC改造

一、学习目标

1．知识目标

① 掌握PLC控制系统设计步骤。

② 掌握PLC控制系统硬件选择。

2．技能目标

① 能根据工艺要求设计出满足要求的PLC控制系统（包含选择PLC机型、分配输入/输出端口、绘制PLC接线示意图、编写梯形图程序等）。

② 学会用PLC解决实际问题的思路和方法。

二、项目要求

用传统继电器、接触器来实现控制要求的T68卧式镗床电气控制系统电路原理图如图11-1所示。由于使用时间长，而且由继电器、接触器组成的控制线路比较复杂，出现故障后，排除比较困难，使得生产效率低、效益差。现要求采用可编程控制器（PLC）对其电气控制系统进行改造。

三、工作流程图

本项目工作流程如图11-2所示。

四、项目分析

为了用PLC来改造卧式镗床电气控制系统，我们就得弄清楚镗床的工作过程，有哪些信号在改造时需要传送给PLC，PLC又怎么输出信号给所需要驱动的外围设备，等等。

从图11-1可看出，卧式镗床电气控制系统的主电路中有两台电动机：主轴电动机M1，提供主轴旋转及常速给进的动力；快速进给电动机M2，提供各进给运动的快速移动的动力。主轴电动机有高、低速两挡，由变速手柄SQ控制。KM1和KM2为主轴正、反转接触器，KM3为主轴制动电阻短接接触器，KM6为主轴电动机低速运转接触器，KM7和KM8为主轴电动机高速运转接触器。主轴电动机正反转停止时，都是由速度继电器SR控制实现反接制动。快速进给电动机由接触器KM4和KM5实现正反转控制。

控制电路中，SB6为主轴电动机停止按钮，SB1和SB2为正、反转启动按钮，SB3和SB4为正、反转点动按钮。SQ，SQ1～SQ8为行程开关，KT为时间继电器。低速时，KM6导通（前提是正转KM1或反转KM2接通）；高速时，KM7、KM8导通。KM3起短接限流电阻R的作用，在正转或反转时接通，在点动和反接制动时断开（点动和反接制动是在低速下进行的）。快速电动机M2只有点动，没有自锁。FR为主电机M1的热保护元件；SR-1和SR-2为速度继电器的正向动合触点及反向动合触点。

因此，在改造过程中我们要将按钮、行程开关、变速手柄、速度继电器等设备与PLC的输入端口相连，将交流接触器与PLC的输出端口相连，然后进行控制逻辑分析，写出控制程序并进行调试，直至达到控制要求。

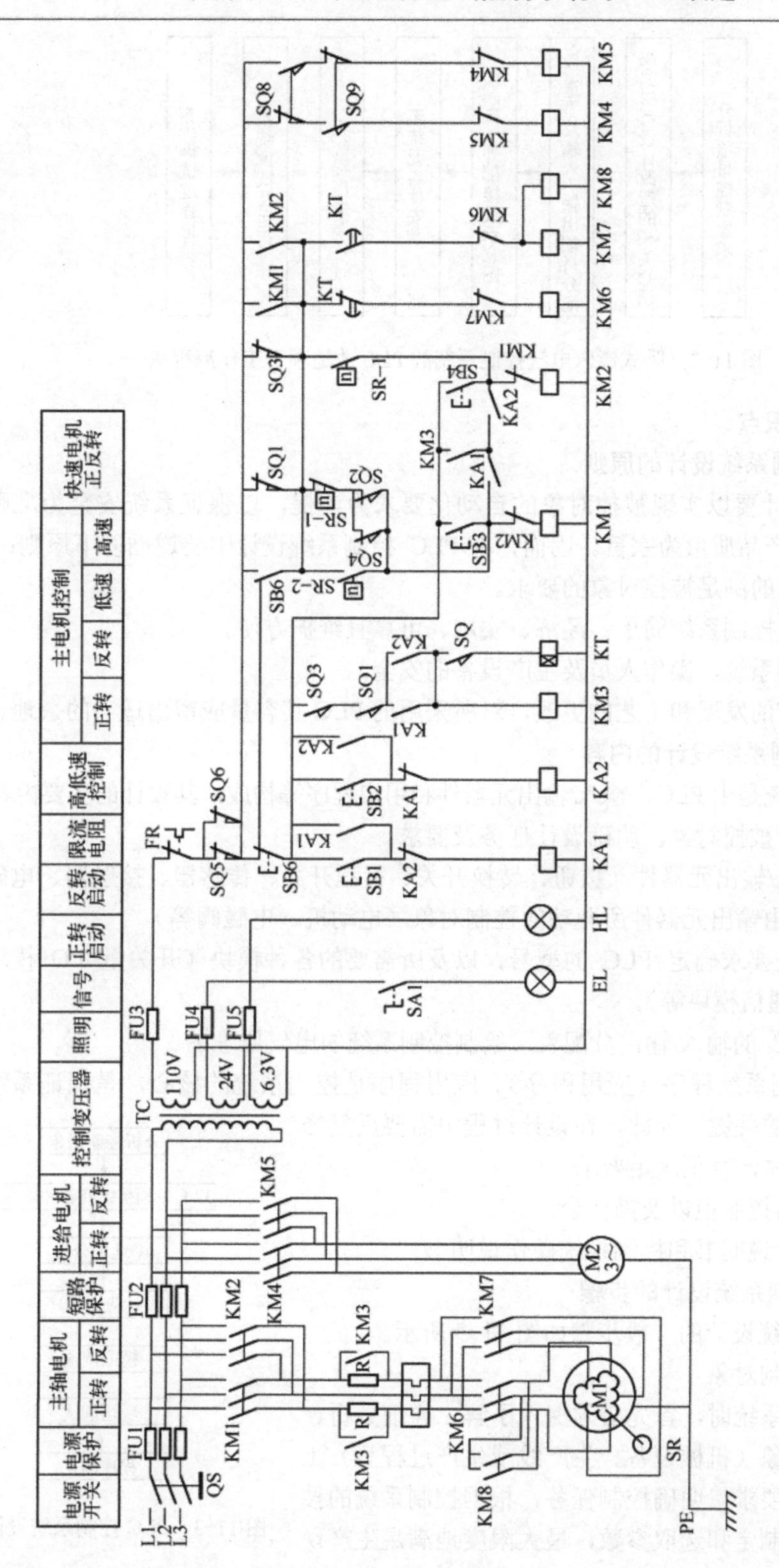

图 11-1　T68 卧式镗床电气控制系统电路原理图

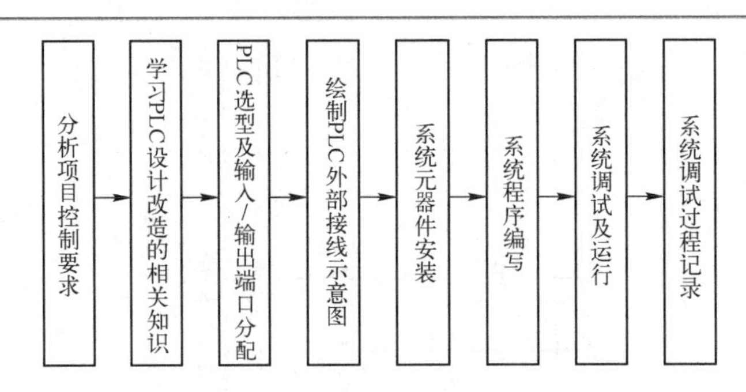

图 11-2　卧式镗床电气控制系统的 PLC 改造项目工作流程图

五、相关知识点

1. PLC 控制系统设计的原则

控制系统设计要以实现被控对象的自动化要求为前提，以保证系统安全为准则，以提高生产效率和产品质量为宗旨。因而，在 PLC 控制系统设计中要遵循以下原则：

① 最大限度的满足被控对象的要求。

② 尽可能使控制系统简单、经济、实用、可靠且维护方便。

③ 保证控制系统、操作人员及生产设备的安全。

④ 考虑生产的发展和工艺的更改，对所采用的 PLC 其容量应留出适当的余地。

2. PLC 控制系统设计的内容

PLC 控制系统是由 PLC、输入/输出元器件和用户程序等构成，其设计的主要内容有：

① 详细分析被控对象，明确设计任务及要求。

② 选择输入/输出元器件（按钮、转换开关、行程开关、传感器、接触器、电磁铁、信号灯等）以及由输出元器件所驱动的控制对象（电动机、电磁阀等）。

③ 根据系统要求确定 PLC 的型号，以及所需要的各种模块（开关量 I/O 模块、模拟量 I/O 模块、通信模块等）。

④ 编制 PLC 的输入/输出分配表，绘制控制系统的电气原理图。

⑤ 设计控制系统程序（应用程序）。应用程序是控制系统的核心，是保证系统正常工作和安全运行的关键，因此，在设计过程中需要反复修改、调试应用程序，直至满足要求。

⑥ 设计电器控制柜以及操作台。

⑦ 编写设计说明书和控制系统操作说明书。

3. PLC 控制系统设计的步骤

PLC 控制系统设计的一般步骤如图 11-3 所示。

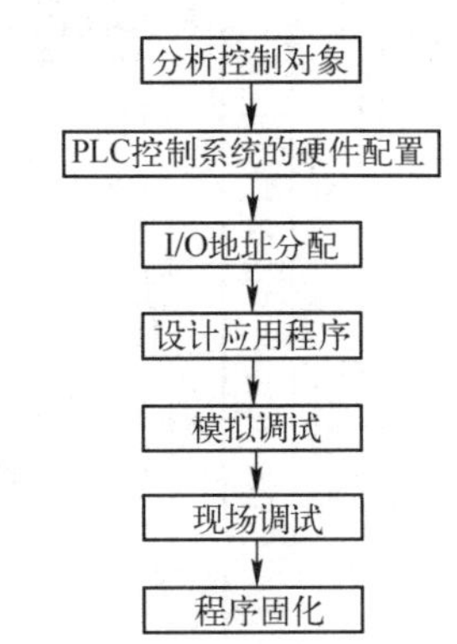

图 11-3　PLC 控制系统设计步骤

（1）分析控制对象

在设计控制系统时，首先必须深入了解、详细分析、认真研究被控对象（机械设备、生产线或生产过程等）工艺流程的特点和要求，明确控制任务，根据控制系统的技术指标要求合理制定和选取参数，最大限度地满足生产现场的要求。

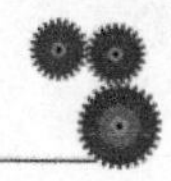

控制要求是指控制的方式，所要完成的动作时序和动作条件，应具备的操作方式（手动、半自动、自动、连续或断续等），必要的保护措施和联锁等。

在明确控制系统的设计任务和要求后，合理选择电气传动方式和电动机、电磁阀等执行机构的种类和数量，拟定电动机的启停、运行、调速、转向、制动等控制方案；确定输入/输出元器件的种类及数量，分析输入和输出信号之间的关系。

（2）PLC 控制系统的硬件配置

控制系统的硬件配置包括 PLC 的选型、I/O 选择、控制系统原理图的绘制等。

（3）I/O 地址分配

根据现场输入/输出要求及数量，对 I/O 地址进行分配，以便程序设计时使用。

（4）设计应用程序

设计应用程序是在硬件配置和 I/O 地址分配的基础上，根据控制系统的要求，应用相关编程软件设计梯形图程序（或顺控程序、语句表等），是整个设计的核心。

（5）程序调试及固化

模拟调试：将设计好的控制程序输入 PLC，首先进行模拟调试，对程序错误进行修改并进一步完善程序。

现场调试：在对应用程序完成模拟调试后，方可进行现场调试。现场调试时，如果程序较长（由多个环节组成），可利用 END 指令进行分段调试，并逐步修改，最后再进行整体调试，直至满足现场要求。

程序固化：将调试好的程序存入 E^2PROM，以备以后使用。

4．PLC 控制系统的硬件配置

1）PLC 机型选择

选择合适的 PLC 机型是整个硬件配置的关键。目前，国内外生产 PLC 的厂家很多，如三菱、西门子、欧姆龙、ABB、LG、松下等，不同厂家的 PLC 产品的功能虽然相似，但特殊功能、价格以及编程指令和编程软件却各不相同。而同一厂家的 PLC 产品又有不同系列，同一系列又有不同的型号，不同系列、不同型号的 PLC 产品在功能上存在很大的差异。因此，选型时一般要考虑以下几点。

（1）I/O 点数

I/O 点数是 PLC 的一项重要指标。合理选择 I/O 点数既可以满足控制系统要求，又能降低系统的成本。PLC 的 I/O 点数和种类应根据被控对象的开关量、模拟量等输入/输出设备的状况来确定。考虑到以后的调整和发展，可以适当留出备用量（一般为 20 %左右）。

（2）存储器容量的选择

微型和小型 PLC 的容量是固定的，约为 1～2KB。用户程序所占用的内存与很多因素有关，如 I/O 点数、控制要求、运算处理量、程序结构等。因此，在程序设计前只能大概估计所需内存。每个 I/O 点和有关功能元器件占用的内存大概如下：

开关量输入元器件　10～20B/点。

开关量输出元器件　5～10B/点。

定时器 / 计数器　2B/个。

模拟量　100～150B/点。

通信接口 一个通信接口一般需要 300B 以上。

根据 I/O 点数和各功能元器件估计出内存总量，然后再增加 25%左右的备用量，作为选择 PLC 内存的依据。

（3）CPU 功能和结构选择

随着 PLC 技术的高速发展，一般都具备开关量逻辑运算、定时、计数、数据处理等基本功能，有些高档 PLC 还可以扩展各种特殊模块，如模拟量 I/O 模块、PID 模块、位控模块、高速计数模块等。因此，选型时要注意以下问题。

① 功能和任务相适应。

对于开关量控制的系统，如果对控制速度要求不高，只需要选择小型或者微型 PLC 就可以满足使用要求，如单台机床控制、生产线控制等。

对于以开关量控制为主且带有部分模拟量控制的系统，如在某些控制系统中除了开关量还需要温度、压力、流量、液位等连续量控制，就需选择具有 A/D 或 D/A 功能的模块，且具有较强运算能力的小型 PLC。

对于工艺复杂、控制要求较高的系统，如果需要进行 PID 调节、位置控制、快速响应、联网通信等，必须选择中型或者大型 PLC。

② PLC 的处理速度必须满足实时控制要求。

PLC 控制系统由于其本身的特点，客观存在滞后现象，这对于一般的工业现场是允许的。但一些要求实时性控制较高的场合，就不允许有较大的滞后时间，一般允许在几十毫秒之内。而滞后的时间与 I/O 点数、应用程序、编程质量等都有关系。

要满足现场的实时控制的速度要求，可以选择运行速度快的 PLC，并对应用程序进行优化，以缩短扫描周期；必要时也可以采用快速响应模块，其响应时间不受扫描周期所限制，只取决于硬件的延时。

③ PLC 结构合理。

PLC 分为整体式和模块式两种，对于单机控制或者集中控制系统一般选择整体式结构机型；对于规模较大的集散控制系统及远程 I/O 控制系统多采用模块式结构，模块式结构组态灵活、扩充方便。

一个工业企业应尽可能选择同一厂家的同一系列的 PLC 机型，这样就具备了更灵活的模块通用性，减少了备用量，并且给编程和使用维护带来了极大的便利。

④ 在线编程和离线编程的选择。

小型 PLC 一般使用简易编程器进行编程。编程器和 PLC 共用 CPU，必须将编程器和 PLC 连接才可以进行程序的编制。这类编程方式称为离线编程。简易编程器具有结构简单、体积小和携带方便的特点，很适应于生产现场调试和修改程序。

现代很多 PLC 都有相应的编程软件，这类软件与计算机相配合，实现了在线编程。如三菱的 FXGPWIN、西门子的 STEP7-Micro/WIN32 、松下的 NPST1 等编程软件，可以很方便地进行编制程序、调试监控等。

2）开关量 I/O 选择

（1）开关量输入选择

开关量输入是将外部现场的各种开关、按钮信号转换为 PLC 的 CPU 可以接收的 TTL

标准电平的数字信号。PLC 输入电路分为共点式、分组式和隔离式。常用的共点式输入电路只有一个公共端；分组式输入电路是将输入端子分为多组，各组共用一个公共端；隔离式输入电路的各组输入点之间互相隔离，可各自使用独立电源，其用量极少，需另配扩展模块。

（2）开关量输出选择

输出模块是连接 PLC 与外部执行机构的桥梁，不同外部设备所需要的驱动方式也不同，输出模块有继电器输出、晶体管输出和双向晶闸管输出 3 种方式。

① 继电器输出

继电器输出的负载电源由用户提供，负载可以是交流或直流。继电器输出具有抗干扰能力强、使用电压范围广（交直流均可）和负载驱动能力强（一般负载能力为交流 2A/250V）等优点。但其机械寿命受限制（10 万～30 万次），信号响应速度慢，一般延时可达 8～10ms。

② 晶体管输出

晶体管输出的负载只能是直流负载，负载电源由用户提供。晶体管输出具有无触点、使用寿命长、响应速度快（延时一般为 0.5～1ms）等优点；但其负载驱动能力较差（负载电流为 0.3～0.5A）。

③ 双向晶闸管输出

双向晶闸管输出的负载只能是交流负载，负载电源由用户提供。双向晶闸管具有无触点、使用寿命长、响应速度较快（一般导通延时为 1～2ms，关断延时为 8～10ms）、负载驱动能力强（负载电流为 1A）等特点。

开关量输出模块的选择主要考虑负载类型、负载大小、操作频率等因素。

3）模拟量 I/O 选择

（1）模拟量输入模块选择

模拟量输入模块选择时主要考虑以下几点。

① 模拟量值的输入范围。

模拟量输入可以是电压信号或者电流信号。标准电压信号为 0～5V，0～10V（单极性）；-2.5～+2.5V，-5～+5V（双极性）。标准电流信号为 0～20mA，4～20mA 等。在选择时一定要注意与现场过程检测信号范围相对应，如果现场变送器与模拟量模块相距较远，最好采用电流输入信号。

② 模拟量输入模块的参数指标。

模拟量输入模块的分辨率、精度和转换时间等参数指标必须满足现场的要求。

③ 抗干扰措施。

在系统设计中要注意抗干扰措施。主要方法有：输入信号必须与交流信号和可能产生干扰源的供电电源保持一定距离；模拟量输入信号要采取屏蔽措施和补偿技术以减少环境变化对模拟量输入信号的影响。

（2）模拟量输出模块选择

模拟量输出模块有电压输出和电流输出两种，电压的输出范围为 0～10V，-10～+10V 等，电源的输出范围分别为 0～20mA，4～20mA 等。一般，模拟量输出模块都同

时具有这两种输出类型，只是在与负载相连接时接线方式不同。

模拟量输出模块有不同的输出功率，选择时要根据负载来确定。

模拟量输出模块的参数指标和抗干扰措施与模拟量输入模块类似。

4）智能 I/O 模块的选择

智能 I/O 模块包括高速计数模块（如三菱的 FX_{2N}-1HC）、PID 过程控制模块（如三菱的 FX_{2N}-2LC）、通信模块（如三菱的 FX_{2N}-232IF）、运动控制模块（如三菱的 FX_{2N}-1PG）、凸轮控制模块（如三菱的 FX_{2N}-1RM-SET）、网络通信模块（如三菱的 FX_{2N}-16CCL-M）等。通常这些模块价格较昂贵，而有些功能采用一般的 I/O 模块或功能指令也可以实现，只是编程复杂，增加了程序设计的工作量，因此选择时要根据实际情况决定。

在完成 PLC 的系统配置后，还要根据控制要求选择其他相关的硬件，如触摸屏的人机接口等；然后设计控制系统的原理图（以此表明控制系统的原理）、接线图（以此表明 PLC 与现场设备之间的实际连线）。

六、项目实施

1. PLC 机型选择

根据 T68 卧式镗床的电气控制系统电路原理图，我们可以知道该机床的控制系统操作元器件主要是按钮、行程开关等，输入信号有 17 个；控制元器件主要为接触器线圈，输出信号有 7 个。根据控制系统的工作电流较大、动作频率不是很高的特点，并考虑留有一定的裕量，选用 I/O 点数为 48 点的 FX_{2N}-48MR 型 PLC 即能够满足要求。

2. 输入 / 输出端口分配

根据前文分析可知：本项目中输入设备有按钮和开关以及速度继电器的触点；输出设备有交流接触器。根据这些硬件与 PLC 中的编程软元件的对应关系，我们可以得到卧式镗床 PLC 控制系统的输入/输出端口分配表，见表 11-1。

表 11-1　卧式镗床电气控制系统的输入/输出端口分配表

输　入			输　出		
设备名称	符号	端口号	设备名称	符号	端口号
M1 反接制动按钮	SB6	X000	M1 正转接触器	KM1	Y001
M1 正转启动按钮	SB1	X001	M1 反转接触器	KM2	Y002
M1 反转启动按钮	SB2	X002	限流电阻接触器	KM3	Y003
M1 正向点动按钮	SB3	X003	M2 正转接触器	KM4	Y004
M1 反向点动按钮	SB4	X004	M2 反转接触器	KM5	Y005
M1 过载热继电器	FR	X005	M1 低速接触器	KM6	Y006
变速限位开关	SQ	X006	M1 高速接触器	KM7	Y007
M2 快速正转开关	SQ7	X007	M1 高速接触器	KM8	Y008
M2 快速反转开关	SQ8	X010			
主运动变速冲动开关	SQ1	X011			
主运动变速冲动开关	SQ2	X012			
进给运动变速冲动开关	SQ3	X013			

续表

输　入			输　出		
设备名称	符号	端口号	设备名称	符号	端口号
进给运动变速冲动开关	SQ4	X014			
主轴箱、工作台进给联锁开关	SQ5	X015			
主轴箱、平旋盘滑块进给联锁开关	SQ6	X016			
速度继电器（正转动合）触点	SR-1	X017			
速度继电器（反转动合）触点	SR-2	X020			

3．PLC 外部接线示意图绘制

根据输入/输出端口分配表，可画出卧式镗床 PLC 控制系统的 PLC 部分的外部接线示意图，如图 11-4 所示。

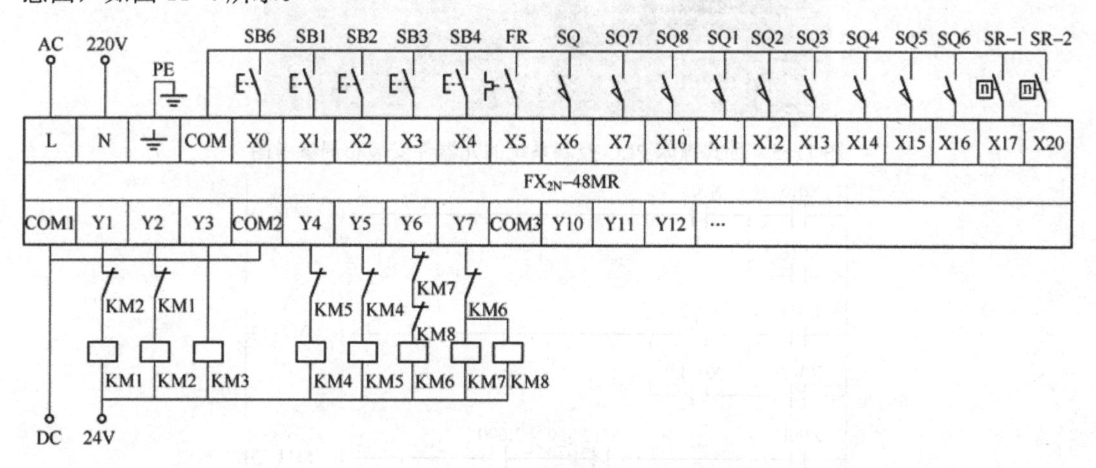

图 11-4　卧式镗床 PLC 控制系统的 PLC 外部接线示意图

4．系统安装

（1）检查元器件

根据项目要求选配齐需要的元器件（注意有些替代元器件的选用），并逐个检查元件的规格是否符合要求，检测元件的质量是否完好。

（2）安装元器件及接线

自行绘制本控制系统安装接线图，根据配线原则及工艺要求，对照绘制的接线图进行安装和接线，元器件安装布局参考图如图 11-5 所示。

（3）自检

① 检查布线。对照接线图检查是否掉线、错线，是否漏编、错编，接线是否牢固等。

② 使用万用表检测安装的电路，如测量与线路图不符，应根据线路图检查是否有错线、掉线、错位、短路等。

5．程序编写

T68 卧式镗床的动作复杂，互锁关系多，因此，用移植法将电气控制系统电路原理图改为 PLC 的控制梯形图时，中间继电器可以用 PLC 内部的辅助继电器代替，时间继电器的作用由定时器 T0 来实现，多用辅助继电器来实现互锁。具体梯形图如图 11-6 所示。

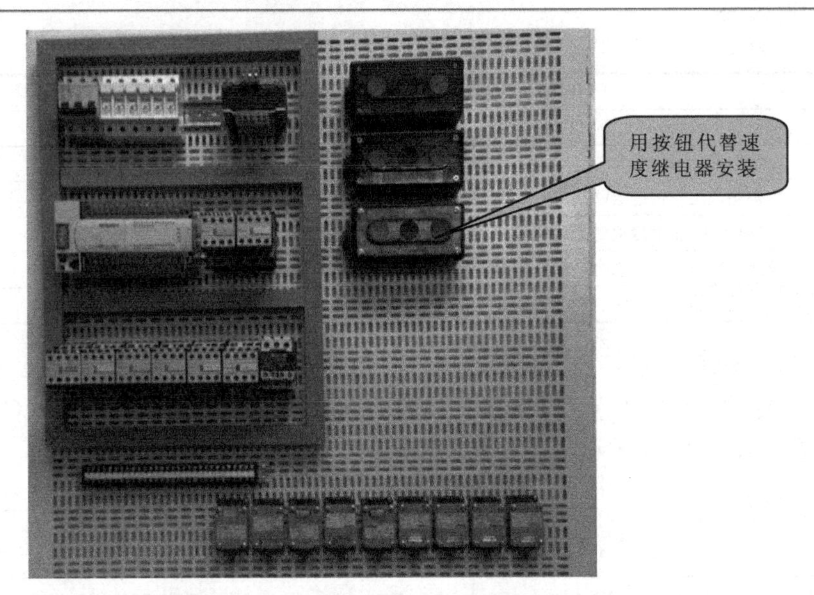

图 11-5 卧式镗床 PLC 控制系统的元器件安装布局参考图

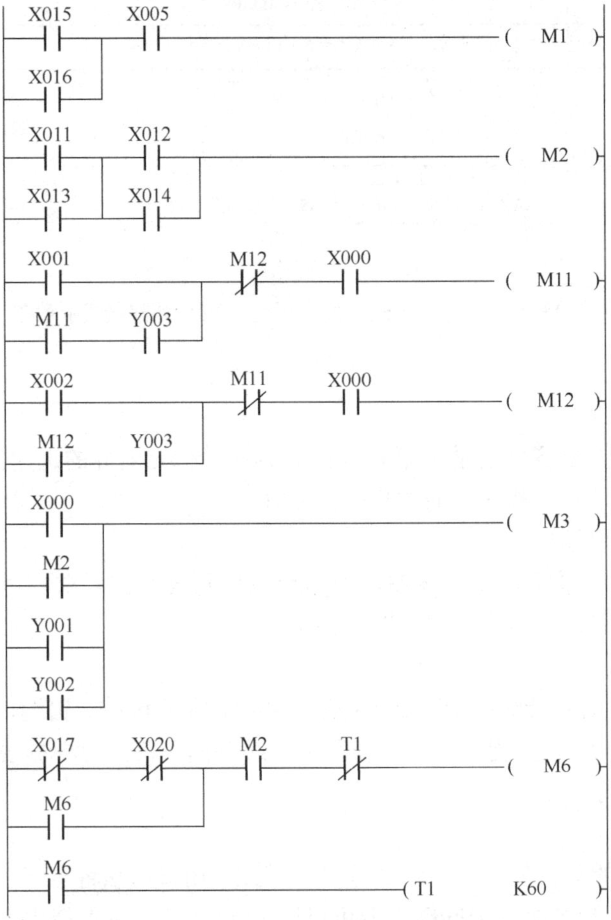

```
X015      X005
─┤├───┬───┤├──────────────────────────( M1 )
X016  │
─┤├───┘

X011      X012
─┤├───┬───┤├───┬──────────────────────( M2 )
X013  │   X014 │
─┤├───┘───┤├───┘

X001                 M12      X000
─┤├──────────────┬───┤/├──────┤├──────( M11 )
M11       Y003   │
─┤├───────┤├─────┘

X002                 M11      X000
─┤├──────────────┬───┤/├──────┤├──────( M12 )
M12       Y003   │
─┤├───────┤├─────┘

X000
─┤├───┬───────────────────────────────( M3 )
M2    │
─┤├───┤
Y001  │
─┤├───┤
Y002  │
─┤├───┘

X017      X020       M2       T1
─┤/├──────┤/├────┬───┤├───────┤/├─────( M6 )
M6               │
─┤├──────────────┘

M6
─┤├───────────────────────────( T1    K60 )
```

图 11-6 T68 卧式镗床 PLC 控制系统的梯形图

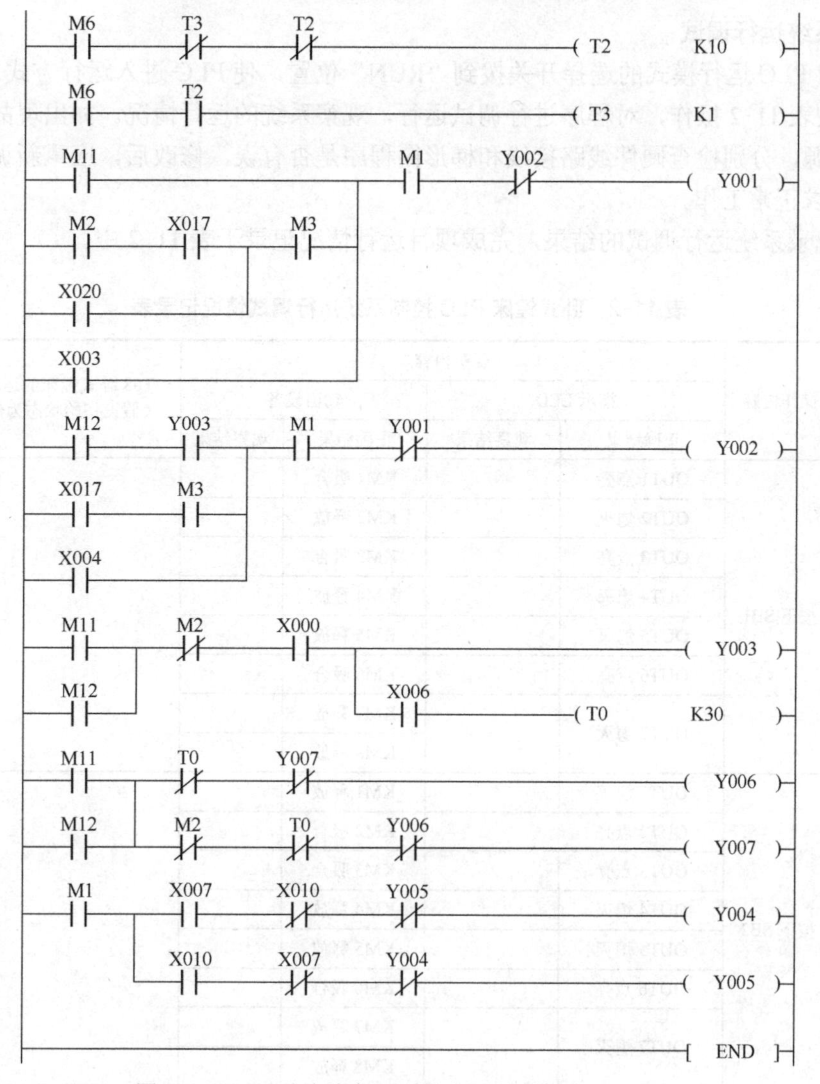

图 11-6　T68 卧式镗床 PLC 控制系统的梯形图（续）

6. 程序录入

① 在作为编程器的计算机上，运行 SWOPC-FXGP/WIN-C 或 GX Developer 编程软件。

② 创建新文件，选择 PLC 类型为 FX_{2N}。

③ 按照前文介绍的方法，参照图 11-6 所示的梯形图程序将程序输入到计算机中。

④ 转换梯形图。

⑤ 文件赋名为“项目 10-1”，确认保存。

⑥ 在断电状态下，连接好 PC/PPI 电缆。

⑦ 将 PLC 运行模式选择开关拨到“STOP”位置，此时 PLC 处于停止状态，可以进行程序的传送。

⑧ 利用菜单“在线”→“PLC 写入”命令，将程序文件下载到 PLC 中。

7. 系统运行调试

① 将 PLC 运行模式的选择开关拨到“RUN”位置，使 PLC 进入运行方式。

② 按表 11-2 操作，对程序进行调试运行，观察系统的运行情况。如出现故障，应立即切断电源，分别检查硬件线路接线和梯形图程序是否有误，修改后，应重新调试，直至系统按要求正常工作。

③ 记录系统运行调试的结果，完成项目运行情况记录于表 11-2 中。

表 11-2 卧式镗床 PLC 控制系统运行调试情况记录表

操作步骤	操作内容	观察内容				T68 卧式镗床的运动观察结果（假设初始状态为停止状态）
		指示 LED		输出设备		
		正确结果	观察结果	正确结果	观察结果	
1	按下 SB1	OUT1 点亮		KM1 吸合		
		OUT2 熄灭		KM2 释放		
		OUT3 点亮		KM3 吸合		
		OUT4 熄灭		KM4 释放		
		OUT5 熄灭		KM5 释放		
		OUT6 点亮		KM6 吸合		
		OUT7 熄灭		KM7 释放		
				KM8 释放		
2	按下 SB2	OUT1 熄灭		KM1 释放		
		OUT2 点亮		KM2 吸合		
		OUT3 点亮		KM3 吸合		
		OUT4 熄灭		KM4 释放		
		OUT5 熄灭		KM5 释放		
		OUT6 点亮		KM6 吸合		
		OUT7 熄灭		KM7 释放		
				KM8 释放		
3	变换 SQ，低速挡至高速挡	OUT1 熄灭		KM1 释放		
		OUT2 点亮		KM2 吸合		
		OUT3 点亮		KM3 吸合		
		OUT4 熄灭		KM4 释放		
		OUT5 熄灭		KM5 释放		
		OUT6 熄灭		KM6 释放		
		OUT7 点亮		KM7 吸合		
				KM8 吸合		
4	按下 SB6	OUT1 熄灭		KM1 释放		
		OUT2 熄灭		KM2 释放		
		OUT3 熄灭		KM3 释放		
		OUT4 熄灭		KM4 释放		
		OUT5 熄灭		KM5 释放		

续表

操作步骤	操作内容	观察内容				T68 卧式镗床的运动观察结果（假设初始状态为停止状态）
		指示 LED		输出设备		
		正确结果	观察结果	正确结果	观察结果	
4	按下 SB6	OUT6 熄灭		KM6 释放		
		OUT7 熄灭		KM7 释放		
				KM8 释放		
5	按下 SB3	OUT1 点亮		KM1 吸合		
		OUT2 熄灭		KM2 释放		
		OUT3 熄灭		KM3 释放		
		OUT4 熄灭		KM4 释放		
		OUT5 熄灭		KM5 释放		
		OUT6 点亮		KM6 吸合		
		OUT7 熄灭		KM7 释放		
				KM8 释放		
6	按下 SB4	OUT1 熄灭		KM1 释放		
		OUT2 点亮		KM2 吸合		
		OUT3 熄灭		KM3 释放		
		OUT4 熄灭		KM4 释放		
		OUT5 熄灭		KM5 释放		
		OUT6 点亮		KM6 吸合		
		OUT7 熄灭		KM7 释放		
				KM8 释放		
7	扳动 SQ7	OUT1 熄灭		KM1 释放		
		OUT2 熄灭		KM2 释放		
		OUT3 熄灭		KM3 释放		
		OUT4 点亮		KM4 吸合		
		OUT5 熄灭		KM5 释放		
		OUT6 熄灭		KM6 释放		
		OUT7 熄灭		KM7 释放		
				KM8 释放		
8	扳动 SQ8	OUT1 熄灭		KM1 释放		
		OUT2 熄灭		KM2 释放		
		OUT3 熄灭		KM3 释放		
		OUT4 熄灭		KM4 释放		
		OUT5 点亮		KM5 吸合		
		OUT6 熄灭		KM6 释放		
		OUT7 熄灭		KM7 释放		
				KM8 释放		

七、项目质量考核要求及评分标准

项目质量考核要求及评分标准参见表 11-3。

表 11-3 卧式镗床 PLC 控制项目质量考核要求及评分标准

考核项目	考核要求	配分	评分标准	扣分	得分	备注
系统安装	1．会安装元件 2．按图完整、正确及规范接线 3．按照要求编号	25	1．元件松动扣 2 分，损坏一处扣 4 分 2．错、漏线，每处扣 2 分 3．反圈、压皮、松动，每处扣 2 分 4．错、漏编号，每处扣 1 分			
编程操作	1．会建立并保存程序文件 2．正确编制梯形图程序 3．会转换梯形图 4．会传送程序	45	1．不能建立并保存程序文件或错误，扣 2 分 2．梯形图程序功能不能实现错误，一处扣 3 分 3．转换梯形图错误扣 2 分 4．传送程序错误扣 2 分			
运行操作	1．操作运行系统，分析操作结果 2．会监控梯形图 3．会监控元件	20	1．系统通电操作错误，一处扣 3 分 2．分析操作结果错误，一处扣 2 分 3．监控梯形图错误，一处扣 2 分 4．监控元件错误，一处扣 2 分			
安全生产	自觉遵守安全、文明生产规程	10	1．每违反一项规定，扣 3 分 2．发生安全事故，0 分处理 3．漏接接地线，一处扣 5 分			
时间	4 小时		提前正确完成，每 5 分钟加 2 分 超过定额时间，每 5 分钟扣 2 分			
开始时间：		结束时间：		实际时间：		

八、拓展与提高

用逻辑函数表达式把继电器控制系统电路图转换成 PLC 梯形图。

1．写逻辑函数表达式的原则

① 线圈写在等式的左边，触点连接关系写在等式的右边。

② 线圈得电为“1”，线圈断电为“0”。

③ 常开触点用原变量表示，常闭触点用反变量表示；触点动作为“1”，不动作为“0”。

④ 接触器、中间继电器的线圈与常开触点的逻辑状态一致。

⑤ 时间继电器的线圈与其延时动作触点的逻辑状态不一致，并且时间继电器的触点有 4 种状态（延时断开、延时闭合、瞬动断开、瞬动闭合），需要作特殊处理。

2．应用举例

下面以 PLC 改造某三相异步电动机启动和自动加速控制系统为例，来说明其转换过程。

（1）原控制系统分析

继电器控制系统电路图如图 11-7（a）所示。根据电路原理图，可确定被控系统必须完成的动作及这些动作的顺序以及输入信号和输出对象的控制关系波形图，如图 11-7（b）所示。

（2）确定输入与输出信号

原系统有 2 个输入信号：启动按钮 SB1 和停止按钮 SB2；3 个输出信号：接触器 KM1，KM2 和 KM3。输入/输出均为数字开关量信号，无特殊要求（高速输入/输出），也无模拟量输入/输出信号。

（3）输入/输出端口地址分配

输入/输出端口地址分配表见表 11-4。

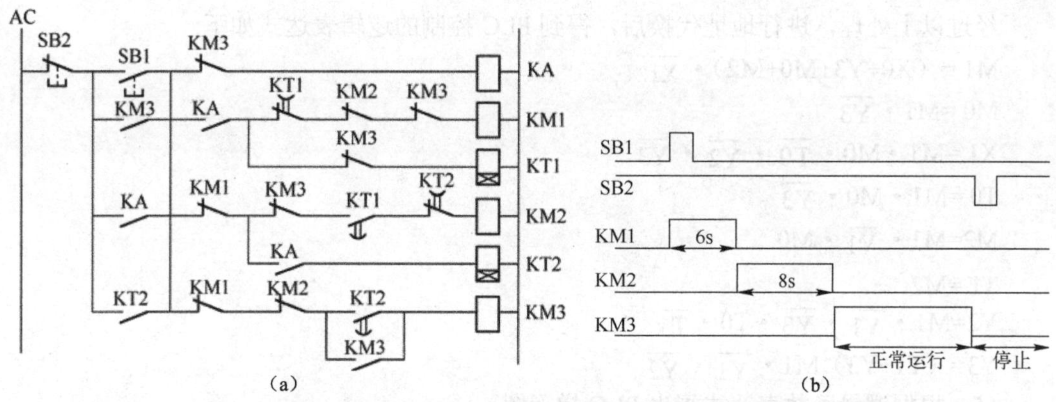

图 11-7　三相异步电动机启动和自动加速控制系统

表 11-4　三相异步电动机启动和自动加速控制系统输入/输出端口地址分配表

输入/输出地址分配				中间变量地址	
外部输入信号	输入地址	外部输出信号	输出地址	继电器中间信号	PLC 内部地址
启动按钮 SB1（常开）	X000	KM1 线圈	Y001	KT1 线圈	T0
停止按钮 SB2（常开）	X001	KM2 线圈	Y002	KT2 线圈	T1
		KM3 线圈	Y003	KA 线圈	M0

（4）根据继电器电路图推导逻辑函数表达式，并进行整理

$$KA=\overline{SB2}\cdot(SB1+KM3+KA+KT2')\cdot\overline{KM3}$$
$$=(SB1+KM3+KA+KT2')\cdot\overline{SB2}\cdot\overline{KM3};$$
$$KM1=\overline{SB2}\cdot(SB1+KM3+KA+KT2')\cdot KA\cdot\overline{KT1}\cdot\overline{KM2}\cdot\overline{KM3}$$
$$=(SB1+KM3+KA+KT2')\cdot\overline{SB2}\cdot KA\cdot\overline{KT1}\cdot\overline{KM2}\cdot\overline{KM3};$$
$$KT1=\overline{SB2}\cdot(SB1+KM3+KA+KT2')\cdot KA\cdot\overline{KM3}$$
$$=(SB1+KM3+KA+KT2')\cdot\overline{SB2}\cdot KA\cdot\overline{KM3};$$
$$KM2=\overline{SB2}\cdot(SB1+KM3+KA+KT2')\cdot\overline{KM1}\cdot\overline{KM3}\cdot KT1\cdot\overline{KT2}$$
$$=(SB1+KM3+KA+KT2')\cdot\overline{SB2}\cdot\overline{KM1}\cdot\overline{KM3}\cdot KT1\cdot\overline{KT2};$$
$$KT2=\overline{SB2}\cdot(SB1+KM3+KA+KT2')\cdot\overline{KM1}\cdot KA$$
$$=(SB1+KM3+KA+KT2')\cdot\overline{SB2}\cdot\overline{KM1}\cdot KA;$$
$$KM3=\overline{SB2}\cdot(SB1+KM3+KA+KT2')\cdot\overline{KM1}\cdot\overline{KM2}\cdot(KT2+KT3)$$
$$=(SB1+KM3+KA+KT2')\cdot(KT2+KM3)\cdot\overline{SB2}\cdot\overline{KM1}\cdot\overline{KM2};$$

上述逻辑表达式中，触点 KT2 表示时间继电器 KT2 的常开延时闭合触点，$\overline{KT2}$ 表示常闭延时断开触点，KT2'表示时间继电器 KT2 的常开瞬动触点。

在进行地址代换前，先对上述逻辑表达式进行优化处理：一是所有的式子中均含有 $(SB1+KM3+KA+KT2')\cdot\overline{SB2}$，可用一中间继电器（如 M0）来代替；二是由于 PLC 内部的时间继电器只有延时断开和闭合 2 种状态，对于时间继电器 KT2 的触点出现了 4 种状态的情况，可以采用一与时间继电器线圈同时得失电的中间继电器（如 M1）来处理 KT2 的瞬动触点。

经过以上处理，进行地址代换后，得到 PLC 控制的逻辑表达式如下:

$M1 = (X0+Y3+M0+M2) \cdot \overline{X1}$

$M0 = M1 \cdot \overline{Y3}$

$X1 = M1 \cdot M0 \cdot \overline{T0} \cdot \overline{Y2} \cdot \overline{Y3}$

$T0 = M1 \cdot M0 \cdot \overline{Y3}$

$M2 = M1 \cdot \overline{Y1} \cdot M0$

$T1 = M2$

$Y2 = M1 \cdot \overline{Y1} \cdot \overline{Y3} \cdot T0 \cdot \overline{T1}$

$Y3 = (T1+Y3) M1 \cdot \overline{Y1} \cdot \overline{Y2}$

（5）根据逻辑函数表达式画出 PLC 梯形图

三相异步电动机启动和自动加速控制系统 PLC 梯形图如图 11-8 所示。

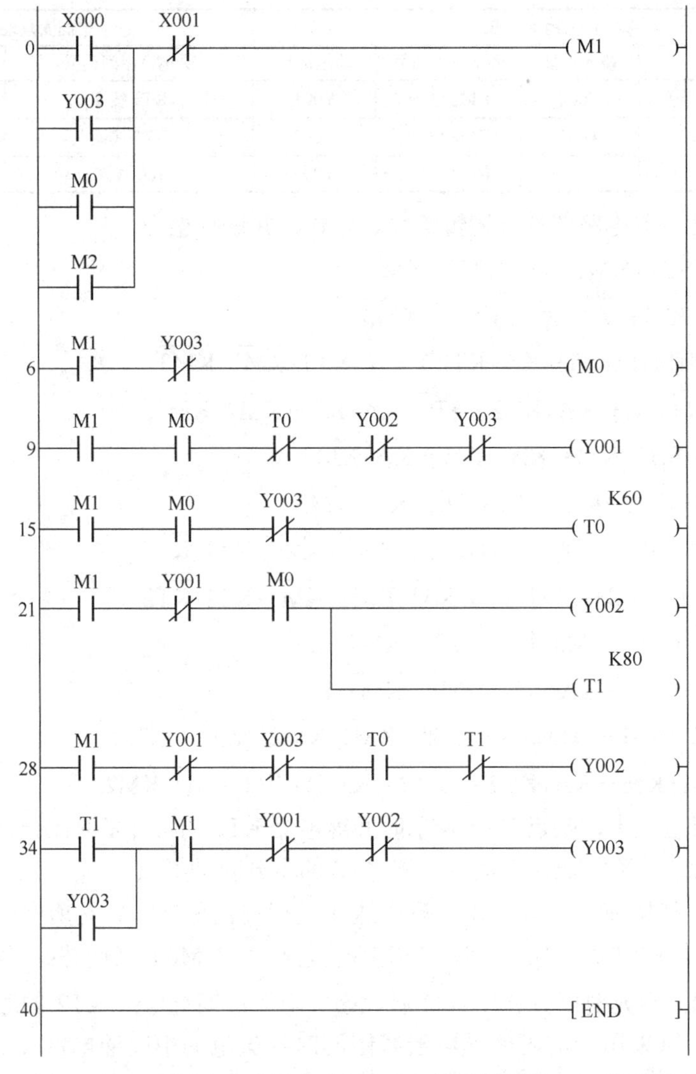

图 11-8　三相异步电动机启动和自动加速控制系统 PLC 梯形图

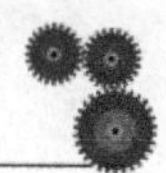

九、思考与练习

四工位组合机床由四个工作滑台，各带一个加工动力头，组成四个加工工位。该机床十字轴的俯视图如图 11-9 所示。除了四个加工工位外，还有夹具、上下料机械手和进料器四个辅助装置以及冷却和液压系统共四部分。工艺要求为：由上料机械手自动上料，机床的四个加工动力头同时对一个零件进行加工，一次加工完成一个零件，通过下料机械手自动取走加工完成的零件。要求具有全自动、半自动、手动三种工作方式。

组合机床全自动和半自动工作过程如下。

上料：按下启动按钮，上料机械手前进，将零件送到夹具上，夹具夹紧零件。同时进料装置进料，之后上料机械手退回原位，放料装置退回原位。

加工：四个工作滑台前进，四个加工动力头同时加工，铣端面、打中心孔。加工完成后，各工作滑台退回原位。

下料：下料机械手向前抓住零件，夹具松开，下料机械手退回原位并取走加工完的零件。

试用 PLC 来实现其整个工作过程的控制要求。

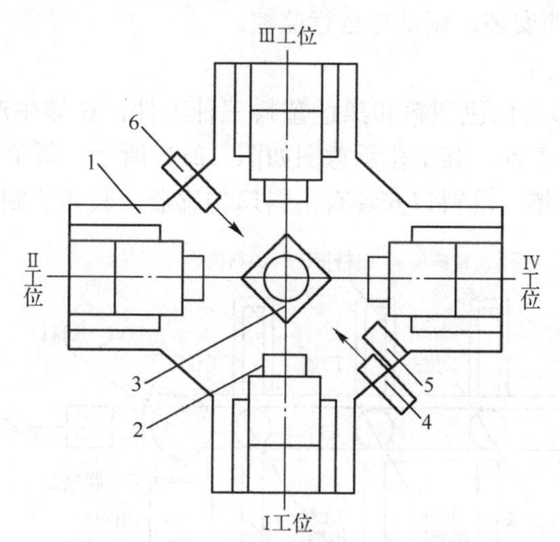

图 11-9　四工位组合机床十字轴示意图

1—工作滑台；2—主轴；3—夹具；4—上料机械手；5—进料装置；6—下料机械手

十、课外学习指导

本章推荐阅读书目：

郁汉琪．三菱 FX/Q 系列 PLC 应用技术．南京：东南大学出版社，2003

刘小春，黄有全．电气控制与 PLC 技术应用．北京：电子工业出版社，2009

赵俊生．电气控制与 PLC 技术项目化理论与实践．北京：电子工业出版社，2009

瞿彩萍．PLC 应用技术（三菱）．北京：中国劳动社会保障出版社，2009

廖常初．PLC 编程及应用．北京：机械工业出版社，2002

张运波．工厂电气控制技术．北京：高等教育出版社，2001

项目十二　物料识别和分拣的 PLC 控制

一、学习目标

1. 知识目标

① 掌握气动的基本知识。

② 掌握常见传感器的基本知识。

③ 掌握触摸屏的基本知识。

2. 技能目标

能够正确使用 YL-235 实训设备完成工件的识别和分拣。

① 正确编写 PLC 控制的梯形图程序。

② 正确连接电路、气路。

③ 完成整个系统的安装、调试与运行监控。

二、项目要求

某生产线加工金属、白色塑料和黑色塑料三种工件，在该生产线的终端有一个识别装置，用以识别这三种工件，其工作示意图如图 12-1 所示。每个工位都有一个相应的传感器、推料汽缸和出料槽，落料口安装有落料口传感器。具体控制要求如下：

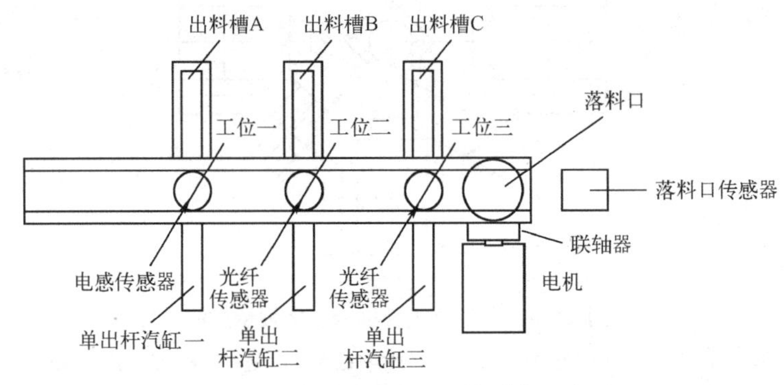

图 12-1　物料的识别和分拣系统示意图

① 当按下启动按钮时，设备启动，开始工件分拣。

② 系统启动后，当进料口检测到工件时，输送皮带以 20Hz 的频率正转运行，将工件送往各工位。

③ 工件在相应工位停止 3s 以便进行材质的识别。

④ 当工件材质被识别出来后，相应的推料杆将不同材质的工件正确地送入对应的料槽。

A 槽——金属。

B 槽——白色塑料。

C 槽——黑色塑料。

⑤ 待工件被送入相应的料槽后，系统重新启动，等待分拣下一个工件。

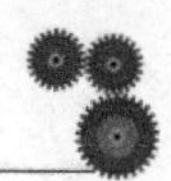

⑥ 在整个工件的分拣过程中，皮带输送机只能正向运行。

⑦ 按下停止按钮后，系统应完成当前工件的识别和分拣后再停止。

⑧ 有必要的安全保护措施。

三、工作流程图

本项目工作流程如图 12-2 所示。

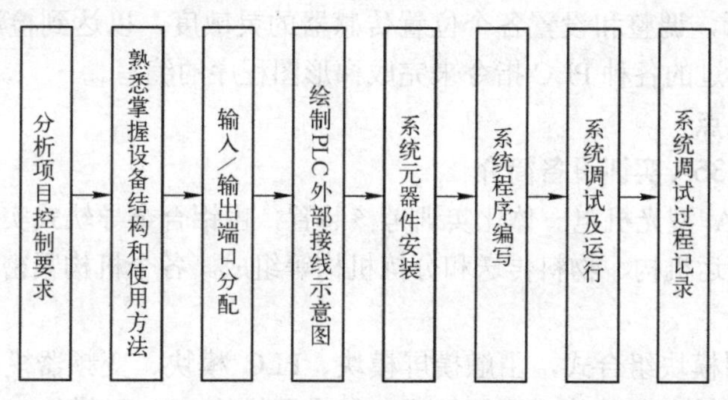

图 12-2　物料识别和分拣的 PLC 控制项目工作流程图

四、项目分析

根据项目的具体控制要求，我们可以得到以下结论。

① 根据“控制要求②”我们可以推断出：落料口传感器能够检测到有无工件进入落料口，但是不能识别它们的材质。

② 根据“控制要求③”我们可以推断出：各个工位能够识别的材质的性质，见表 12-1。

表 12-1　传感器识别材质表

材质 \ 能否识别 \ 工位	工位一（电感式传感器）	工位二（光纤传感器）	工位三（光纤传感器）
金属	是		
白色塑料	否	是	
黑色塑料	否	否	是

工位一：电感式传感器能将金属材质识别出来，但不能识别白色和黑色塑料。

工位二：光纤传感器能将白色塑料识别出来，但不能识别黑色塑料。

工位三：光纤传感器能将黑色塑料识别出来。

③ 根据“控制要求④”我们可以推断出：在工件的材质被识别出来后，相应位置的汽缸动作将工件推入料槽，见表 12-2。

表 12-2　推料杆动作表

材质 \ 推料杆 \ 料槽	料槽 A	料槽 B	料槽 C
金属	推入		
白色塑料		推入	
黑色塑料			推入

工位一：推料杠将金属工件推入料槽 A。

工位二：推料杠将白色塑料工件推入料槽 B。

工位三：推料杠将黑色塑料工件推入料槽 C。

④ 根据“控制要求⑤和⑥”我们可以推断出：在系统运行过程，一次只能进行一个工件识别和分拣，只有当皮带上的工件被推入相应料槽后，才能在落料口放入下一个工件。

根据以上分析，调整和设置各个位置传感器的灵敏度，以达到检测和区分的目的，同时综合应用已学过的各种 PLC 指令来完成梯形图程序的编写。

五、相关知识点

1. 亚龙 YL-235A 实训设备简介

亚龙 YL-235A 型光机电一体化实训考核装置，由铝合金导轨式实训台、上料机构、上料检测机构、搬运机构、物料传送和分拣机构等组成。各个机构紧密相连，学生可以自由组装和调试。

控制系统采用模块组合式，由触摸屏模块、PLC 模块、变频器模块、按钮模块、电源模块、接线端子排和各种传感器等组成。触摸屏模块、PLC 模块、变频器模块、按钮模块等可按实训需要进行组合、安装、调试。

该系统包含了机电一体化专业学习中所涉及的诸如电机驱动、机械传动、气动、触摸屏控制、可编程控制器、传感器，变频调速等多项技术，为学生提供了一个典型的综合实训环境；利用该实训设备使学生对过去学过的诸多单科的专业知识，能够得到全面的认识、综合的训练和实际运用。

2. 气动原理

本实训设备气动装置主要分为两部分：一是气动执行元件部分，有单出杆汽缸、单出双杆汽缸、旋转汽缸、气动手爪；二是气动控制元件部分，有单控电磁换向阀、双控电磁换向阀、节流阀、磁性限位传感器。

下面就本项目用到的几个元件做简单介绍。

（1）汽缸及电控阀使用

汽缸的正确运动使物料被传送到相应的位置，只要交换进出气的方向就能改变汽缸的伸出（缩回）运动，汽缸两侧的磁性开关可以识别汽缸是否已经运动到位，其示意图如图 12-3 所示。

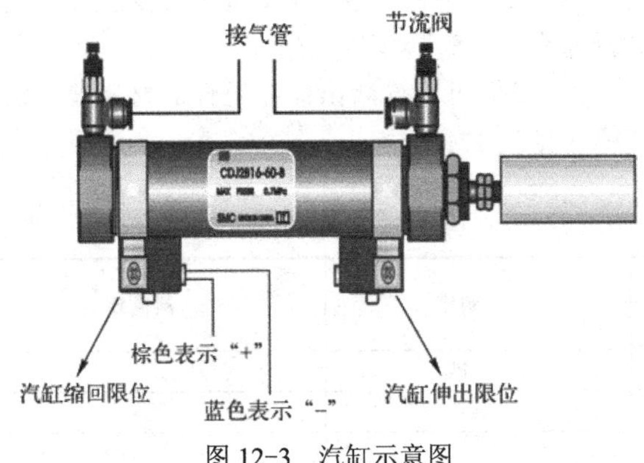

图 12-3　汽缸示意图

单向电控阀用来控制汽缸单个方向运动，实现汽缸的伸出、缩回运动。与双向电控阀区别在于：双向电控阀初始位置是任意的，可以随意控制两个位置，而单控阀初始位置是固定的，只能控制一个方向，其示意图如图 12-4 所示。

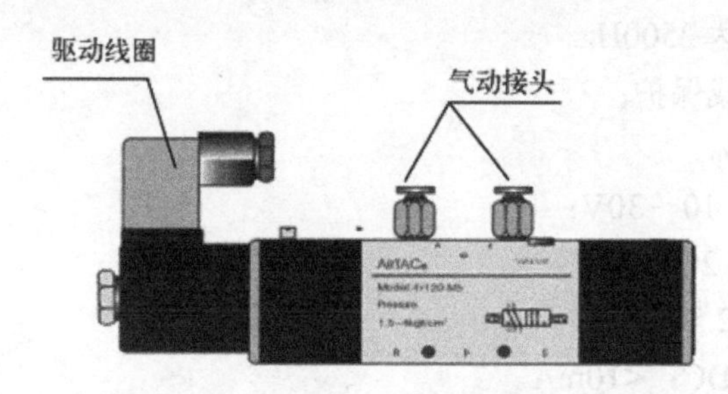

图 12-4　单相电磁阀示意图

双向电控阀用来控制汽缸进气和出气，从而实现汽缸的伸出、缩回运动。电控阀内装的红色指示灯有正负极性，如果极性接反了也能正常工作，但指示灯不会亮，其示意图如图 12-5 所示。

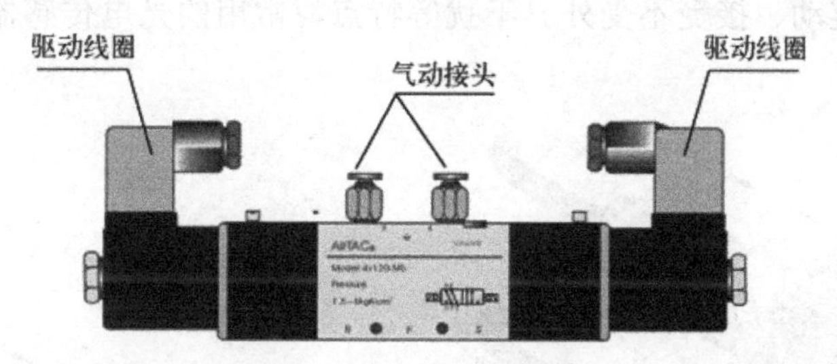

图 12-5　双向电磁阀示意图

（2）气源处理组件（油气分离器）

主要由手阀（进气开关）、压力调节过滤器、弯头组成。气源处理组件输入气源来自空气压缩机，所提供的压力为 0.6～1.0MPa，输出压力为 0～0.8MPa（可调）。输出的压缩空气送到各工作单元。其示意图如图 12-6 所示。

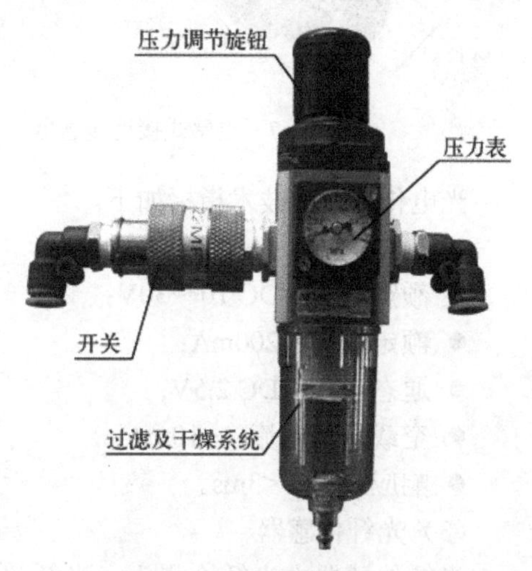

图 12-6　油气分离器示意图

3．传感器应用说明

（1）电感式接近传感器

电感式接近传感器由高频震荡、检波、放大、触发及输出电路等组成。震荡器在传感器检测面产生一个交变电磁场，当金属物料接近传感器检测面时，金属中产生的涡流吸收了震荡器的能量，使震荡减弱以至停滞。震荡器的震荡及停振这两种状态，转换为电信号，再通过整形放大器转换成二进制的开关信号，经功率放大后输出。常用的电感式接近传感器示意图如图 12-7 所示。

这种传感器的技术指标如下：

- 检测距离为 2～4mm；
- 体积小，安装方便；
- 动作频率可高达 2500Hz
- 极性保护和过载保护；
- 重复精度式<5%；
- 额定电压 DC：10～30V；
- 额定电流 DC：200mA；
- 通态压降 DC<2.5V；
- 空载消耗电流 DC：<10mA。

（2）光电传感器

光电传感器是一种红外调制型无损检测光电传感器，采用高效果红外发光二极管/光敏三极管作为光电转换元件，工作方式有同轴反射和对射型。在亚龙 Y1-235A 装置中均采用同轴反射型光电传感器，它们具有体积小、使用简单、性能稳定、寿命长、响应速度快、抗冲击、耐震动、接受不受外界干扰等特点，常用的光电传感器示意图如图 12-8 所示。

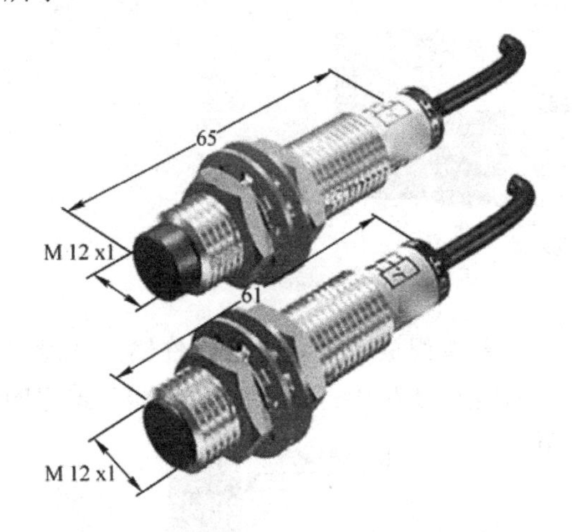

图 12-7　电感式接近传感器

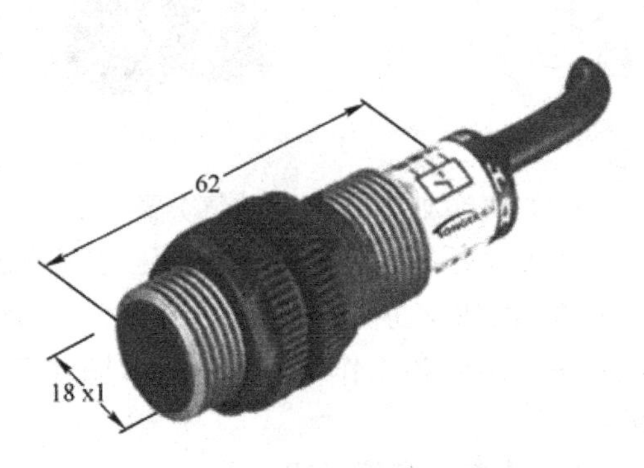

图 12-8　光电传感器示意图

光电传感器的技术指标如下。

- 检测距离：3～100mm；
- 额定电压：DC 10～30V；
- 额定电流：200mA；
- 通态压降：DC 2.5V；
- 空载消耗电流：<10mA；
- 响应时间：<3ms。

（3）光纤传感器

光纤传感器由光纤检测头、光纤放大器两部分组成，放大器和光纤检测头是分离的

两个部分，光纤检测头的尾端部分分成两条光纤，使用时分别插入放大器的两个光纤孔。常用的光电传感器示意图如图12-9所示。

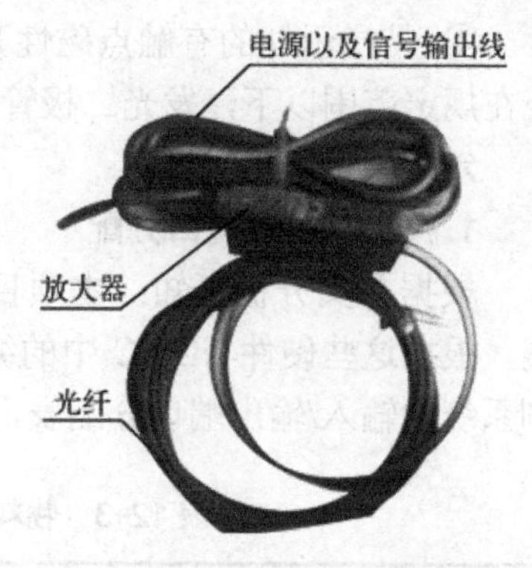

图12-9　光纤传感器示意图

光纤传感器也是光电传感器的一种，相对于传统电量型传感器（热电偶、热电阻、压阻式、振弦式、磁电式），光纤传感器具有下述优点：抗电磁干扰，可工作于恶劣环境，传输距离远，使用寿命长。此外，由于光纤头具有较小的体积，所以可以安装在很小空间的地方。

当光纤传感器灵敏度调得较小时，反射性较差的黑色物体，光电探测器无法接收到反射信号；而反射性较好的白色物体，光电探测器就可以接收到反射信号。反之，若调高光纤传感器灵敏度，则即使对反射性较差的黑色物体，光电探测器也可以接收到反射信号。从而可以通过调节灵敏度判别黑白两种颜色物体，将两种物料区分开，从而完成自动分拣工序

光纤传感器调节使用说明如图12-10所示。

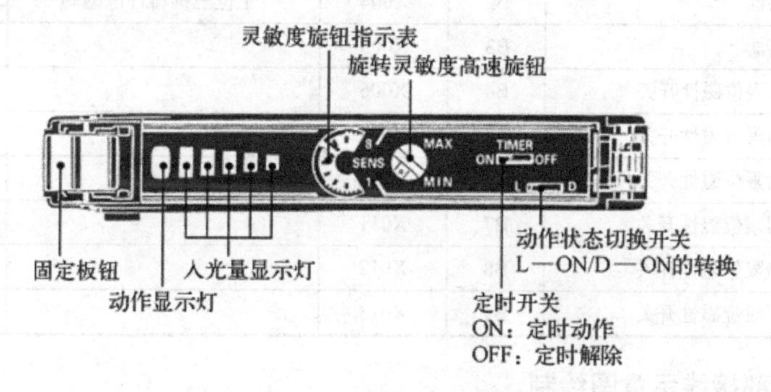

图12-10　光纤传感器使用说明

（4）磁性开关

磁性开关是用来检测汽缸活塞位置的，即检测活塞的运动行程的。它可分为有触点式和无触点式两种。亚龙Y1-235A装置上用的磁性开关均为有触点式的。它是通过机械触点的动作进行开关的通（ON）和断（OFF）。

用磁性开关来检测活塞的位置，从设计、加工、安装、调试等方面，都比使用其他限位开关方式简单、省时。磁性开关的技术指标及特点：触点电阻小，一般为50～200mΩ，吸合功率小，过载能力较差，只适合低压电路；响应快，动作时间为1.2ms；耐冲击，冲击加速度可达$300m/s^2$，无漏电流存在。

使用磁性开关的注意事项：

① 安装时，不得让开关受过大的冲击力，如将开关打入、抛扔等。

② 不要把连接导线与动力线（如电动机等）、高压线并在一起。

③ 磁性开关的配线不能直接接到电源上，必须串接负载，且负载绝不能短路，以免开关烧坏。

④ 带指示灯的有触点磁性开关，当电流超过最大电流时，发光二极管会损坏；若电流在规定范围以下，发光二极管会变暗或不亮。

六、项目实施

1. 输入/输出端口分配

根据前文分析可知：本项目中输入设备有按钮和传感器；输出设备有变频器和电磁阀。根据这些硬件与 PLC 中的编程软元件的对应关系，我们可以得到物料识别的 PLC 控制系统的输入/输出端口分配表，见表 12-3。

表 12-3 物料识别的 PLC 控制系统输入/输出端口分配表

输入			输出		
设备名称	符号	端口号	设备名称	符号	端口号
启动按钮	SB1	X000	变频器正转	STF	Y020
停止按钮	SB2	X001	变频器中速驱动	RL	Y021
落料口传感器	B0	X002	工位一推料杆电磁阀	YV1	Y000
工位一电感式传感器	B1	X003	工位二推料杆电磁阀	YV2	Y001
工位二光纤传感器	B2	X004	工位三推料杆电磁阀	YV3	Y002
工位三光纤传感器	B3	X005			
工位一推料伸出限位磁性开关	B4	X006			
工位一推料缩回限位磁性开关	B5	X007			
工位二推料伸出限位磁性开关	B6	X010			
工位二推料缩回限位磁性开关	B7	X011			
工位三推料伸出限位磁性开关	B8	X012			
工位三推料缩回限位磁性开关	B9	X013			

2. PLC 外部接线示意图绘制

根据输入/输出端口地址分配表，可画出物料识别的 PLC 控制系统 PLC 部分的外部接线示意图，如图 12-11 所示。

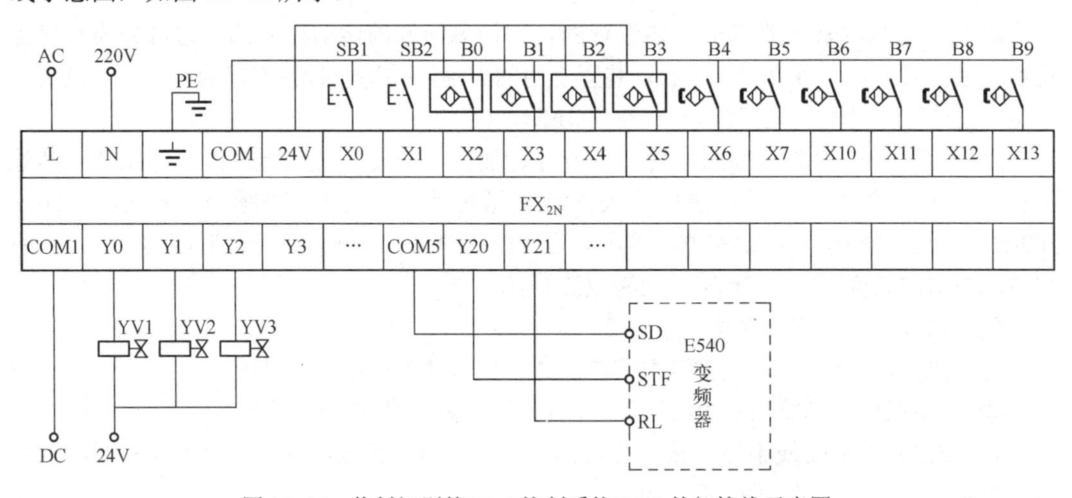

图 12-11 物料识别的 PLC 控制系统 PLC 外部接线示意图

3．系统安装

按图 12-12 所示的设备安装图示意图和图 12-13 所示系统气动连接图，在 YL-235A 型光机电一体化实训装置的安装平台上安装相关的设备和连通气路，组成模拟的分拣设备。

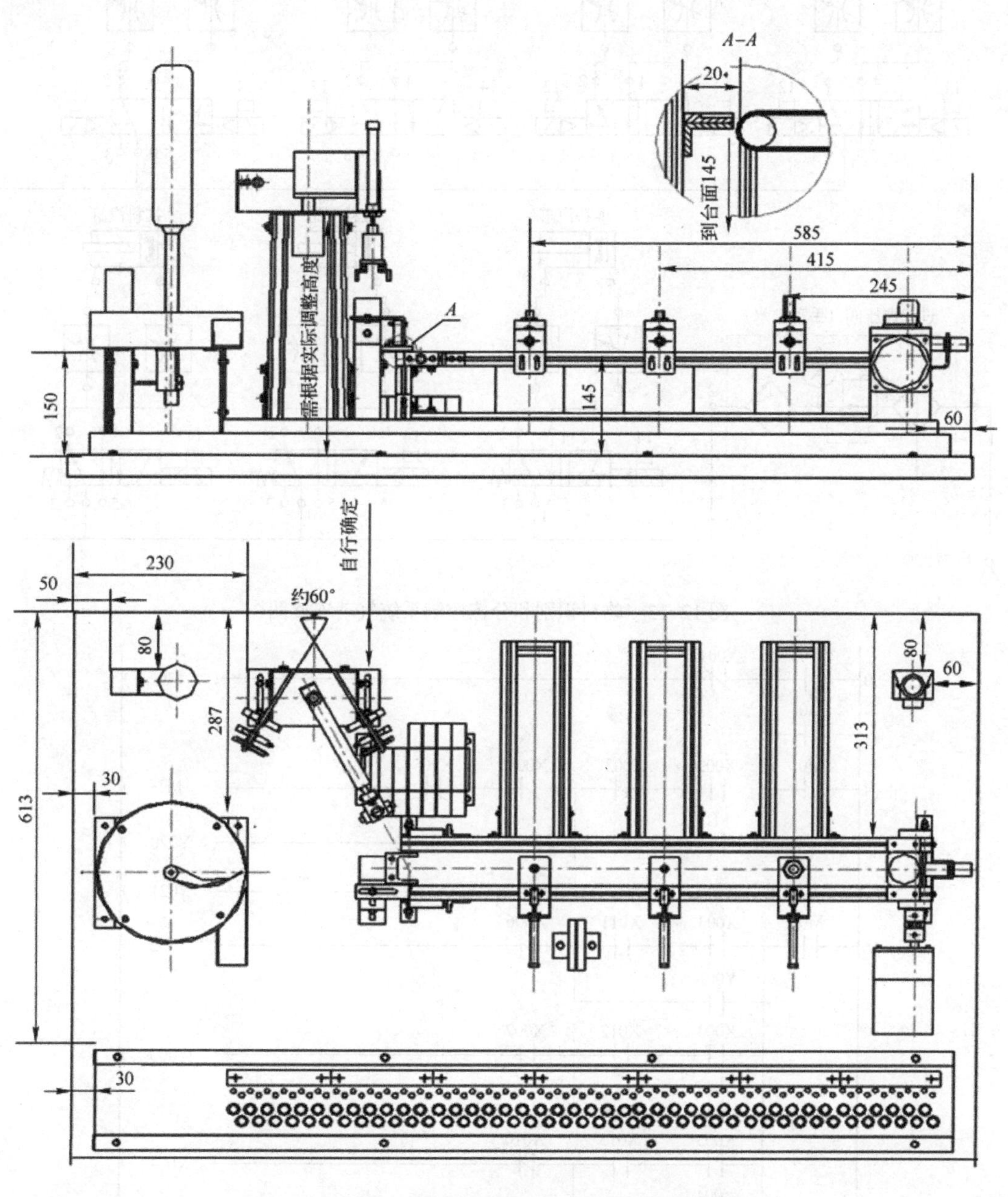

图 12-12　物料识别和分拣控制系统设备安装示意图

4．程序编写和变频器参数设置

① 根据设备的工作要求编写 PLC 的控制程序，如图 12-14 所示。

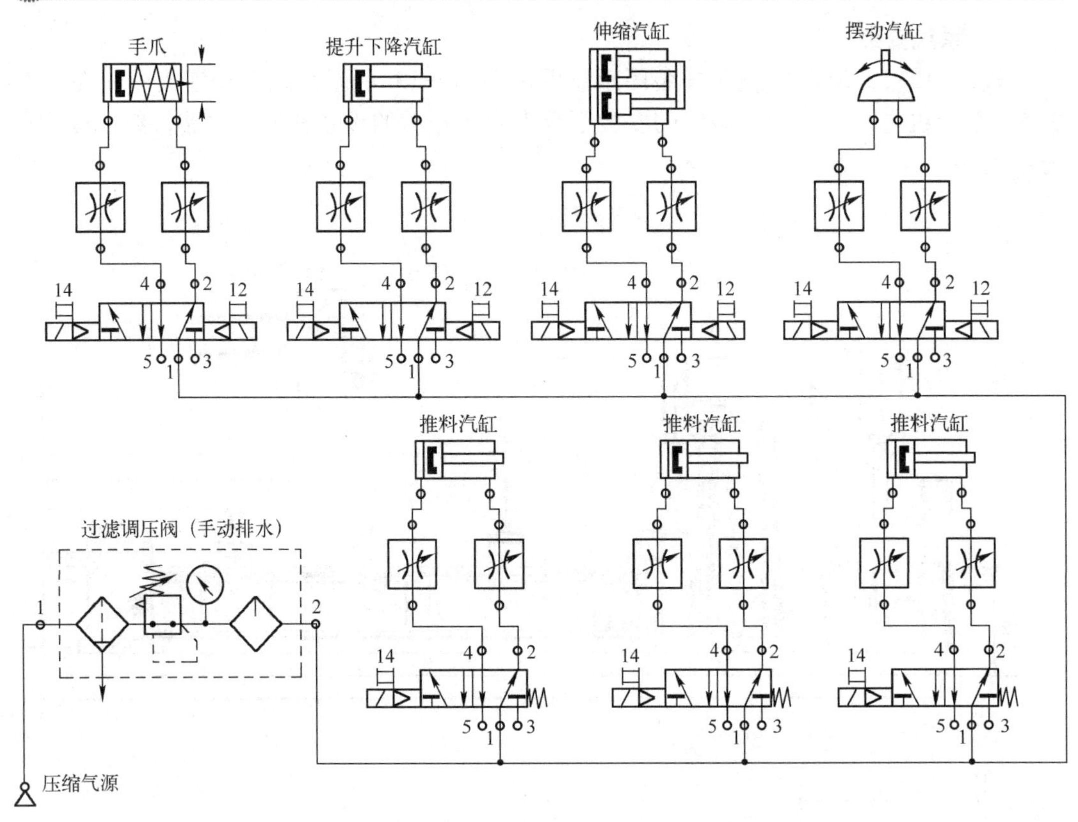

图 12-13 物料识别和分拣控制系统气动连接图

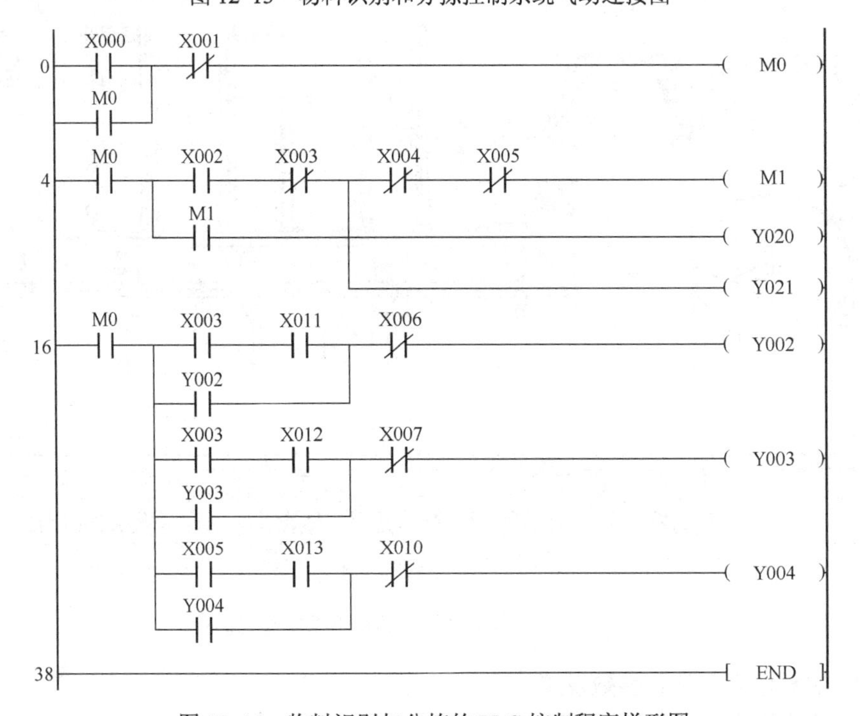

图 12-14 物料识别与分拣的 PLC 控制程序梯形图

② 根据设备的工作要求设置变频器参数，如表 12-4 所示。

表 12-4　变频器参数设置表

序　号	参数代号	参　数　值	说　明
1	P6	20	低速
2	P7	3	加速时间
3	P8	0.5	减速时间
4	P79	2	电动机控制模式（外部操作模式）

5．程序录入

① 在作为编程器的计算机上，运行 SWOPC-FXGP/WIN-C 或 GX Developer 编程软件。

② 创建新文件，选择 PLC 类型为 FX_{2N}。

③ 按照前文介绍的方法，参照图 12-14 所示的梯形图程序将程序输入到计算机中。

④ 转换梯形图。

⑤ 文件赋名为“项目 12-1.pmw”，确认保存。

⑥ 在断电状态下，连接好 PC / PPI 电缆。

⑦ 将 PLC 运行模式选择开关拨到“STOP”位置，此时 PLC 处于停止状态，可以进行程序的传送。

⑧ 选择菜单“在线”→“PLC 写入”命令，将程序文件下载到 PLC 中。

6．系统调试及运行

① 将 PLC 运行模式的选择开关拨到“RUN”位置，使 PLC 进入运行方式。

② 调节机械部件或零件的位置，对程序进行调试运行，观察系统的运行情况。如出现故障，应立即切断电源，分别检查硬件线路接线和梯形图程序是否有误，修改后，应重新调试，直至系统按要求正常工作。

③ 系统调试及运行，完成调试及运行情况的记录。

7．项目质量考核要求及评分标准

项目质量考核要求及评分标准参见表 12-5。

表 12-5　物料识别与分拣的 PLC 控制项目质量考核要求及评分标准

考核项目	考 核 要 求	配分	评 分 标 准	扣分	得分	备注
系统安装	1．按图正确、规范安装各部分元件 2．按图完整、正确及规范的连接电路和气路 3．按照要求编号	25	1．电机与输送机不同轴度超过±1mm，扣 2 分；输送机、接料口高度差超过±1mm，1 分/ mm；到边上距离差超过±1mm，扣 1 分 2．气源组件安装尺寸误差超过±1mm，0.5 分 3．元件选择与项目要求不符，0.5 分；最多扣 2 分 4．电路连接：不牢、露铜超过 2mm，同一接线端子上连接导线超 2 条，0.5 分；最多扣 4 分 5．气路连接：漏接、脱落、漏气，0.5 分，最多扣 4 分 6．元件布局不合理扣 1 分，零乱扣 1 分；长度不合理，没有绑扎，扣 1 分			
编程操作	1．会建立并保存程序文件 2．正确编制梯形图程序 3．会转换梯形图 4．会传送程序	45	1．不能建立并保存程序文件或错误，扣 2 分 2．梯形图程序功能不能实现错误，一处扣 3 分 3．转换梯形图错误，扣 2 分 4．传送程序错误，扣 2 分			

续表

考核项目	考 核 要 求	配分	评 分 标 准	扣分	得分	备注
运行操作	1. 操作运行系统，分析操作结果 2. 会监控梯形图 3. 会监控元件	20	1. 系统通电操作错误，一处扣 3 分 2. 分析操作结果错误，一处扣 2 分 3. 监控梯形图错误，一处扣 2 分 4. 监控元件错误，一处扣 2 分			
安全生产	自觉遵守安全、文明生产规程	10	1. 每违反一项规定，扣 3 分 2. 发生安全事故，0 分处理 3. 漏接接地线，一处扣 5 分			
时间	4 小时		提前正确完成，每 5 分钟加 2 分 超过定额时间，每 5 分钟扣 2 分			
开始时间：		结束时间：		实际时间：		

七、拓展与提高

触摸屏又称人机界面（Human-Computer Interface，简写 HCI，又称用户界面或使用者界面），是人与计算机之间传递、交换信息的媒介和对话接口，是计算机系统的重要组成部分。下面介绍在 YL235 设备上使用较多的两种触摸屏。

（一）步科触摸屏

目前，步科触摸屏在中国的市场份额已经领先国际同行，位居前列，同时引领中国人机界面技术向嵌入式与开放式的方向发展，把 Profibus，Canopen，以太网等多种现场总线技术集成在产品之中，实现了高可靠性、高速度的通信传输。

在步科的触摸屏系列产品中 MT5000 和 MT4000 是全新一代的工业嵌入式触摸屏人机界面，它具有以下特点：

- 使用高速低功耗嵌入式 RISC CPU；
- 使用嵌入式操作系统；
- 更高的速度，更流畅的操作；
- 更丰富的色彩，更细腻的显示；
- MT5000 全面支持以太网、USB 等高速接口，MT4000 支持 USB 高速接口；
- 更多的资源，相对低的价格；
- 简单易用，稳定可靠。

下面介绍如何使用步科触摸屏。

1. EV5000 组态软件的安装

（1）计算机硬件最低配置要求（推荐配置）

CPU：Intel Pentium II 以上等级。

内存：128MB 以上（推荐 512MB）

硬盘：2.5GB 以上，最少留有 100MB 以上的磁盘空间（推荐 40GB 以上）

光驱：4 倍速及以上光驱一个。

显示器：支持分辨率 800×600，16 位色及以上的显示器（推荐 1024×768，32 位真彩色及以上）。

RS-232 COM 口：至少保留一个，以备触摸屏在使用串口线通信时使用。

USB 口：USB 1.1 以上主口。

操作系统：Windows 2000/ Windows XP。

（2）安装步骤

① 将光盘放入光驱，计算机将会自动运行安装程序，或者手动运行光盘根目录下的“Setup.exe”程序，屏幕显示如图 12-15 所示。

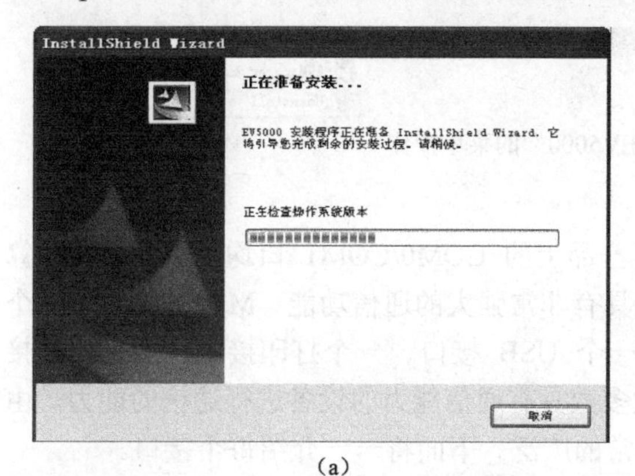

（a）

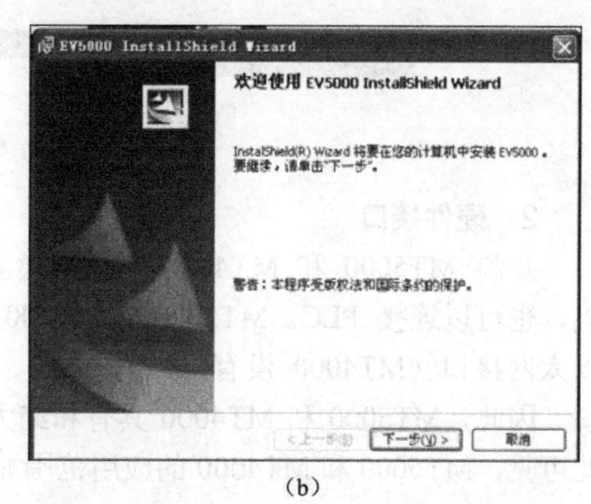

（b）

图 12-15　安装屏幕显示

② 根据安装向导提示，逐步单击“下一步”按钮，输入用户信息，如图 12-16 所示。

（a）

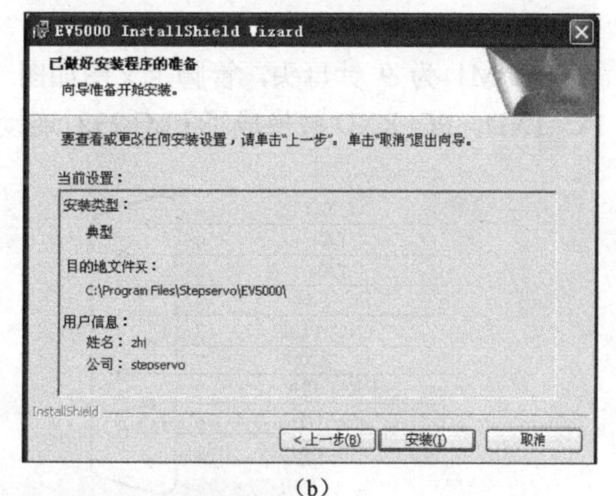

（b）

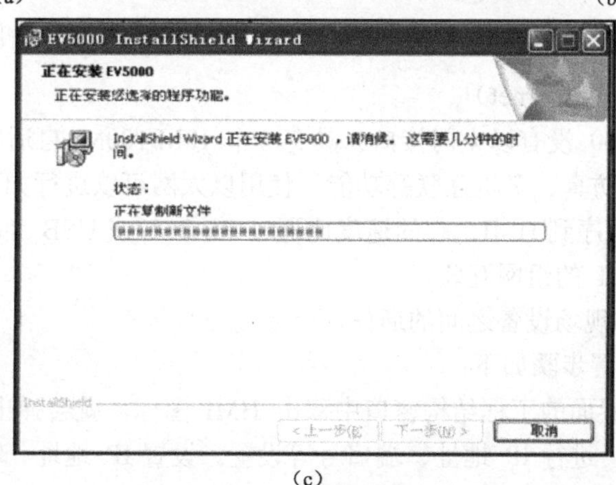

（c）

图 12-16　安装过程

③ 按下“完成”按钮，软件安装完毕。

④ 要运行程序，可以在菜单“开始”→“程序”→“Stepservo”→“ev5000”下找到相应的可执行程序双击即可，如图 12-17 所示。

图 12-17　启动“EV5000”的菜单操作

2．硬件接口

步科 MT5000 和 MT4000 系列触摸屏产品上的 COM0/COM1 口均可以连接到计算机，也可以连接 PLC。MT5000，MT4000 具有非常强大的通信功能。MT5000 拥有一个以太网接口（MT4000 没有以太网接口）、一个 USB 接口、一个打印接口、两个串行接口。因此，MT5000 和 MT4000 具有和绝大多数具有通信能力的设备进行通信的能力。由此可见，MT5000 和 MT4000 的应用范围非常的广泛。下面将一一介绍每个接口。

（1）串行接口

MT5000 和 MT4000 有两个串行接口，标记为 COM0，COM1。两个接口分别为公头和母头，以方便区分，管脚的差别仅在于 PIN7 和 PIN8。COM0 为 9 针公头，管脚定义图如图 12-18 所示。

COM1 为 9 针母头，管脚定义图如图 12-19 所示。COM1 与 COM0 的区别仅在于 PC_TXD，PC_RXD 被换成了 PLC 232 连接的硬件流控 RTS_PLC，CTS_PLC。

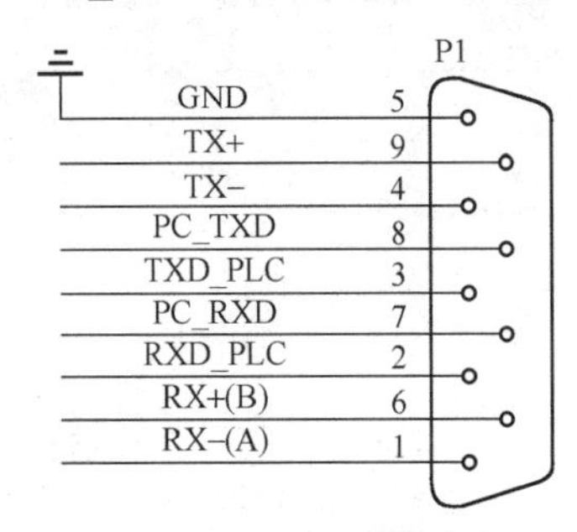

图 12-18　公头管脚定义图

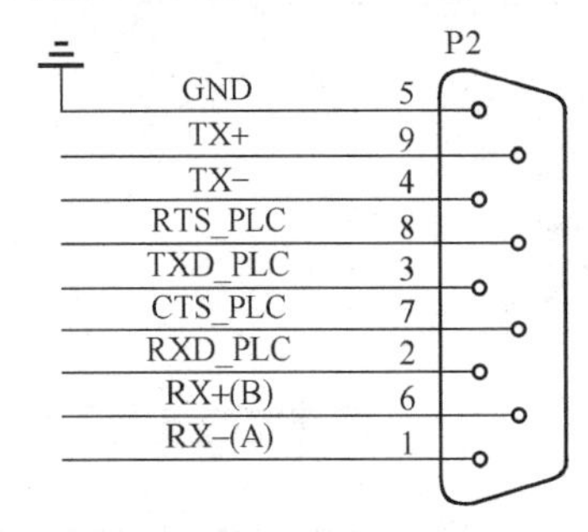

图 12-19　母头管脚定义图

（2）以太网接口（Ethernet）

MT5000（MT4000 没有以太网接口）具有一个 10M/100M 自适应网络接口，可以实现程序的下载、在线仿真、多机互联等功能。使用以太网可以进行如下的操作：

① 从 PC 下载程序到 HMI，它的速度比通过 RS-232 或 USB 都要快很多。

② 实现多个 HMI 的组网互联。

③ 实现 HMI 与现场设备之间的通信。

以太网接口的设置步骤如下：

① 在 EV5000 界面的工程结构窗口中双击 HMI 图标，就会弹出如图 12-20 所示的“HMI 属性”对话框，进行 IP 地址、端口号等设置。设置 IP 地址、端口号时应注意，同一网络中各触摸屏 IP 地址不能一样。

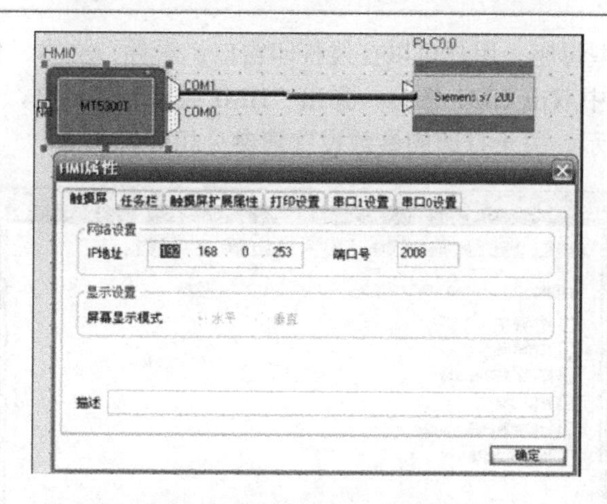

图 12-20　IP 地址、端口号设置对话框

② 保存编译后，可通过串口或 USB 端口下载 HMI 的 IP 地址。下载后，触摸屏的 IP 地址将变为图 12-20 所设置的 IP 地址。选择“工具”→“设置选项”→“编译下载选项”命令，打开“编译下载选项”对话框，如图 12-21 所示。在该对话框的“下载”选项区域中，选择下载设备为“USB”，单击“确定”按钮即可通过串口或 USB 端口下载程序。

③ 如果通过以太网接口来下载程序，需要把 IP 地址设置与 PC 相异。可以将触摸屏后面的两个拨码开关全部拨到 ON，然后复位 HMI，即可进入内置的 SETUP 界面，进行 IP 地址的修改。在“编译下载选项”对话框中，选择下载设备为“以太网”，IP 地址和端口号分别设置为触摸屏的 IP 地址与端口号，如图 12-22 所示，单击“确定”按钮即可通过以太网下载程序。

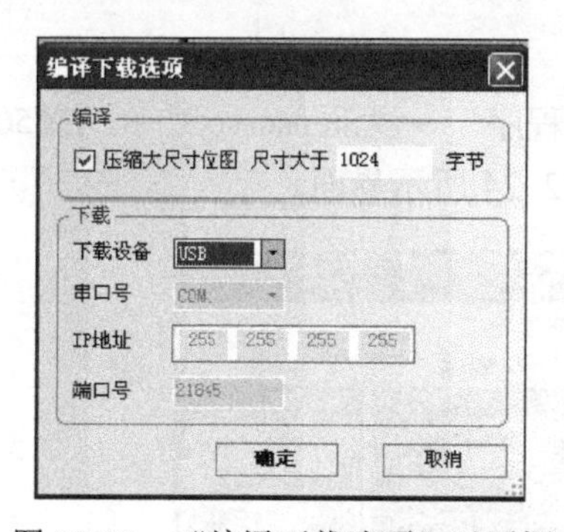

图 12-21　“编译下载选项”对话框

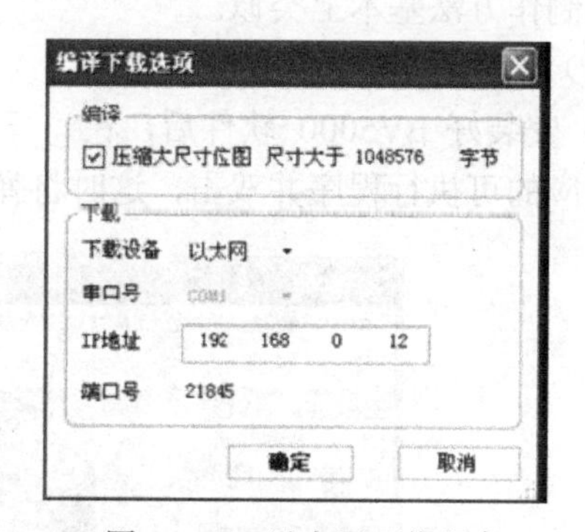

图 12-22　以太网下载程序

注意：工程下载后，触摸屏的 IP 地址将自动变为 HMI 属性中设置的 IP 地址。如果 HMI 属性中设置的 IP 地址与“编译下载选项”对话框中设定的 IP 地址不一致，使用旧的下载 IP 地址将无法成功下载。此时需要调整“编译下载选项”对话框中的 IP 地址，或者进入 SETUP 状态，修改触摸屏的当前 IP 地址。

（3）打印机接口

步科 MT5000 系列以及 MT4400T，MT4500T 系列提供了一个打印机接口，其接口设置与计算机接口一样。而 MT4300 系列触摸屏提供了一个 15 针的打印接口，其并行打印通信端口 15 针 D 型母座。用户可以在线打印窗口、事件、文本、位图等。

在工程结构窗口中双击 HMI 图标，弹出“HMI 属性”对话框，打开“打印设置”选项卡，如图 12-23 所示。关于打印的参数设置请参见相关说明书。

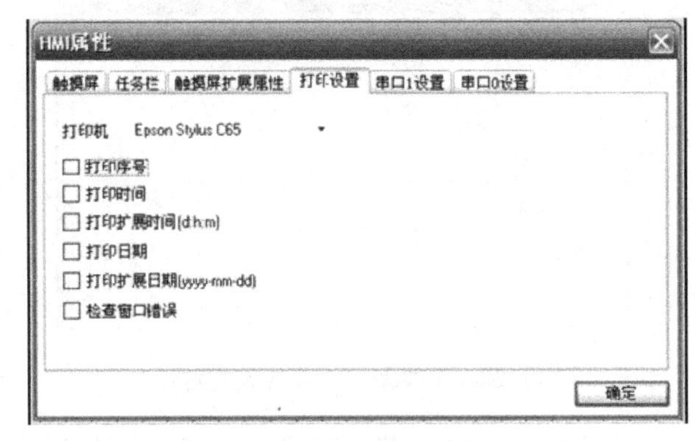

图 12-23 “打印设置”选项卡

（4）USB 接口

步科 MT5000 和 MT4000 系列触摸屏提供了一个高速的下载通道，这就是 USB 口，它将大大加快下载的速度，且不需要预先知道目标触摸屏的 IP 地址。因此，建议使用 USB 来下载。

3. 制作一个简单的工程

使用便捷是 EV5000 组态软件的最大优点。在这里我们将通过演示制作只包含一个开关控制元件的工程来说明 EV5000 工程的简单制作方法。其他元件的制作方法和这个开关的制作方法基本上类似。

（1）创建一个新的空白工程

① 安装好 EV5000 软件后，在“开始”→“程序”→“Stepservo”→“EV5000”下找到相应的可执行程序并双击，这时将弹出如图 12-24 所示界面。

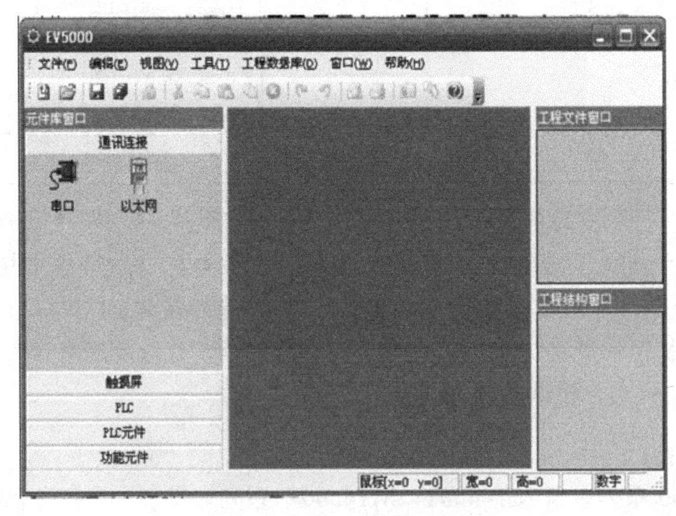

图 12-24 打开 EV5000 界面

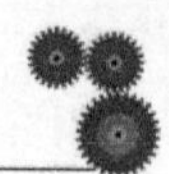

② 选择“文件”→“新建工程”命令，弹出如图 12-25 所示对话框。在话框中，输入想建工程的名称。单击“>>”按钮，打开如图 12-26 所示“浏览文件夹”对话框，选择所建文件的存放路径。在这里将文件命名为“test_01”，单击“建立”按钮即可。

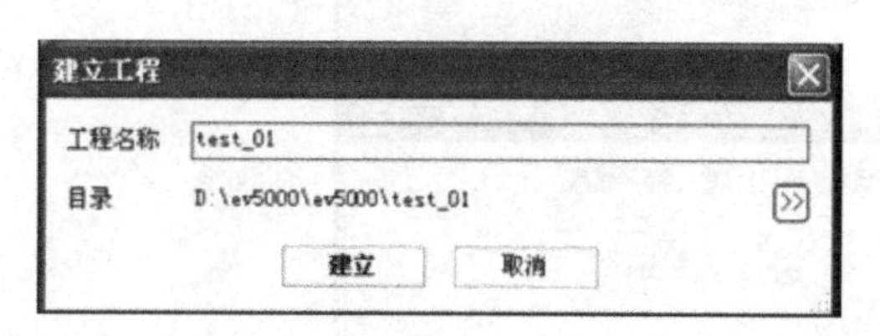

图 12-25 “建立工程”对话框

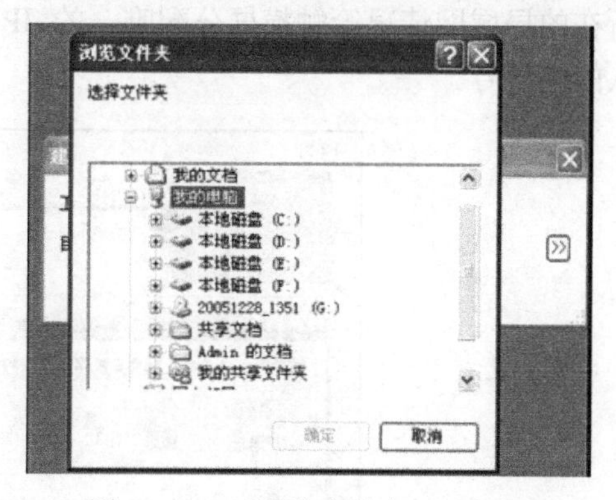

图 12-26 “浏览文件夹”对话框

③ 选择所需的通信连接方式，MT5000 支持串口、以太网连接。单击元件库窗口中的“通信连接”，选中所需的连接方式拖入工程结构窗口中即可，如图 12-27 所示。

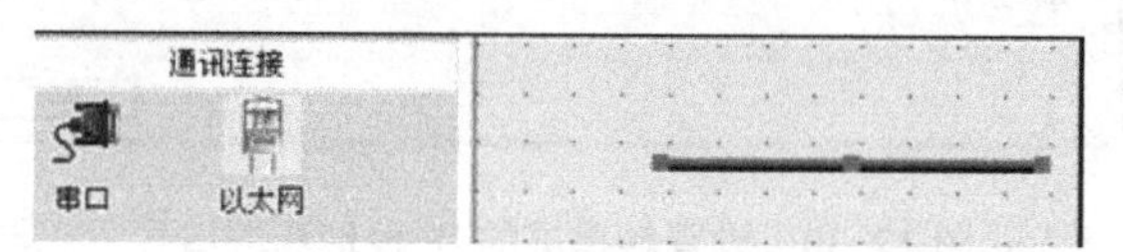

图 12-27 建立通信方式

④ 选择所需的触摸屏型号，将其拖入工程结构窗口。放开鼠标，将弹出如图 12-28 所示对话框。可以选择水平或垂直方式显示，即水平还是垂直使用触摸屏，然后单击“OK”按钮确认。

图 12-28 “显示方式”对话框

⑤ 选择需要连线的 PLC 类型,拖入工程结构窗口中。如图 12 29（a）所示，适当移动 HMI 和 PLC 的位置，将连接端口（白色梯形）靠近连接线的任意一端，就可以顺利把它们连接起来，结果如图 12-29（b）所示。注意：连接使用的端口号要与实际的物理连接一致。拉动 HMI 或者 PLC，检查连接线是否断开，如不断开就表示 PLC 与 HMI 之间的连接成功。

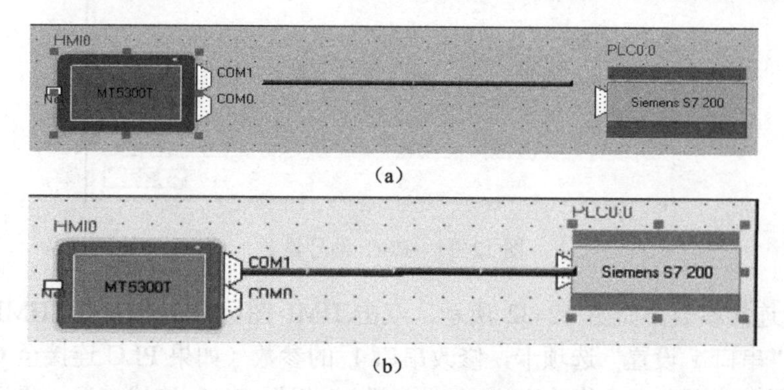

图 12-29 PLC 类型连接

⑥ 双击 HMI 图标，弹出如图 12-30 所示的对话框。在此对话框中需要设置触摸屏的 IP 地址和端口号。如果使用的是单机系统，且不使用以太网下载组态和间接在线模拟，则可以不必设置此对话框。如果使用了以太网多机互联或以太网下载组态等功能，请根据所在的局域网情况给触摸屏分配唯一的 IP 地址。如果网络内没有冲突，建议不要修改默认的端口号。

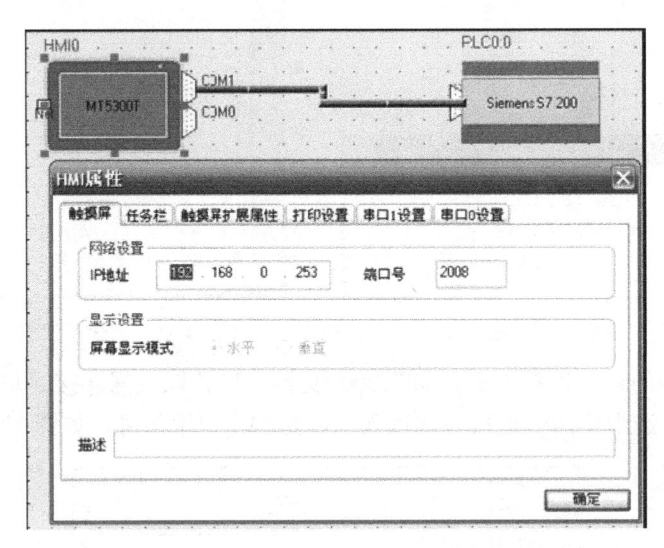

图 12-30　设置触摸屏的 IP 地址和端口号

⑦ 双击 PLC 图标，设置站号为相应的 PLC 站号，如图 12-31 所示。

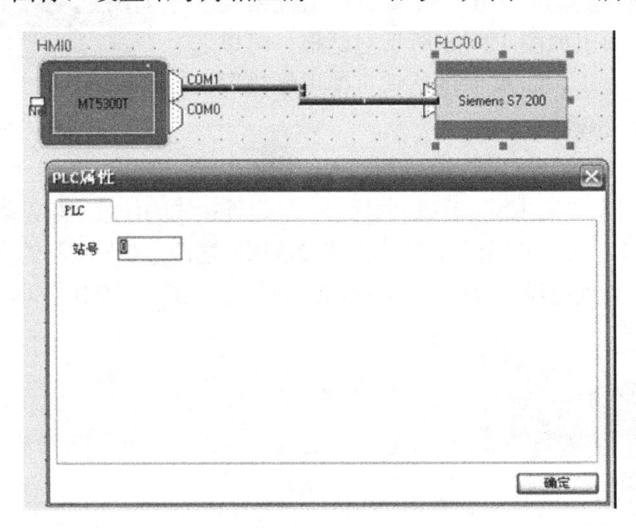

图 12-31　PLC 站号设置

⑧ 设置连接参数。如图 12-32 所示，双击 HMI 图标，在弹出的“HMI 属性”对话框中切换到“串口 1 设置”选项卡，修改串口 1 的参数（如果 PLC 连接至 COM0，请在“串口 0 设置”选项卡中，修改串口 0 的参数）；根据 PLC 连线情况，设置通信类型为

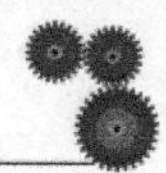

RS-232，RS-485-4W 或 RS-485-2W，并设置与 PLC 相同的波特率，设置字长和奇偶校验，停止位等参数。非高级用户，右面一栏一般不必改动。这样，新工程就创建好了。单击工具条上的“保存”图标即可保存工程。

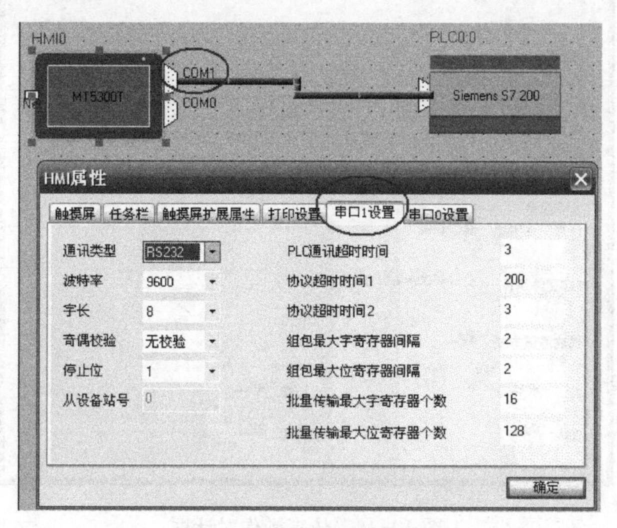

图 12-32　设置连接参数

⑨ 选择 “工具”→“编译”命令，或者单击工具条上的“编译”图标，系统自动进行编译。编译完毕后，在编译信息窗口中会出现“编译完成”字样，如图 12-33 所示。

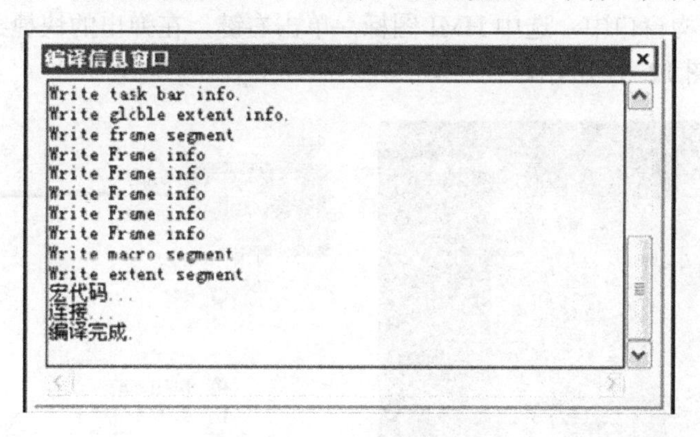

图 12-33　编译信息窗口

⑩ 选择“工具”→“离线模拟”命令，如图 12-34 所示，或者单击工具条上的“离线模拟”图标，系统弹出如图 12-35 所示仿真操作对话框。单击“仿真”按钮，这时就可以看到刚刚创建的新空白工程的模拟图了，如图 12-36 所示。可以看到该工程没有任何元件，并不能执行任何操作。在当前屏幕上单击右键，在弹出的快捷菜单中选择“Close”命令，或者直接按下空格键可以退出模拟程序。

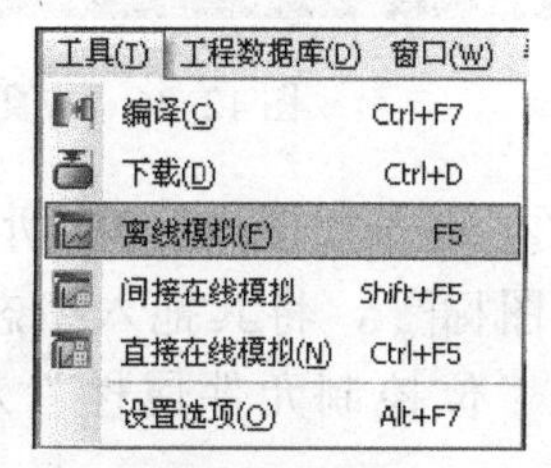

图 12-34　选择“工具”→“离线模拟”命令

图 12-35　仿真操作对话框

（2）创建一个开关元件

接下来我们向刚才创建的工程中添加一个开关元件。

① 在工程结构窗口中，选中 HMI 图标，单击右键，在弹出的快捷菜单中选择“编辑组态”命令，如图 12-37 所示。

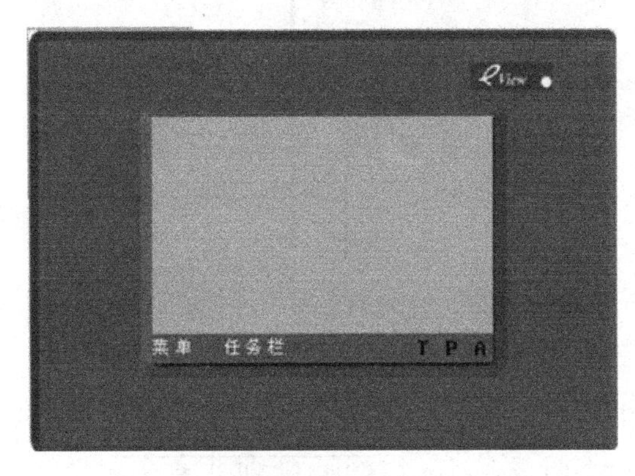

图 12-36　仿真界面

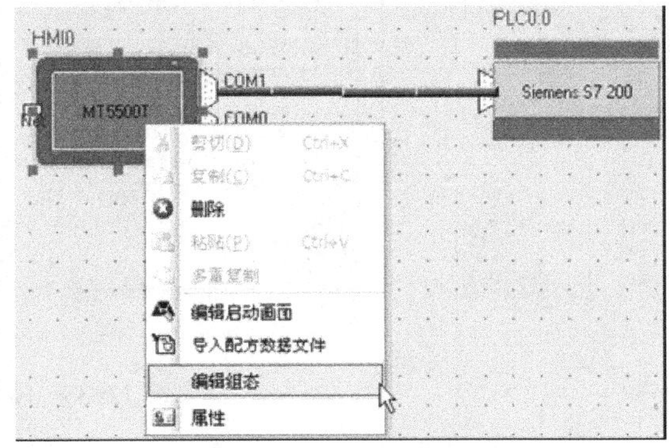

图 12-37　选择“编辑组态”命令

② 进入如图 12-38 所示界面。在图 12-38 所示界面左边的“PLC 元件”中，单击图标，将其拖入组态窗口中（图 12-38 所示界面的中间部分）放置，这时将弹出“位控制元件属性”对话框，设置位控制元件的输入/输出地址，如图 12-39 所示。

③ 切换到“开关”选项卡，设定开关类型。这里设定为“切换开关”，如图 12-40 所示。

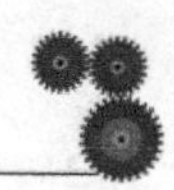

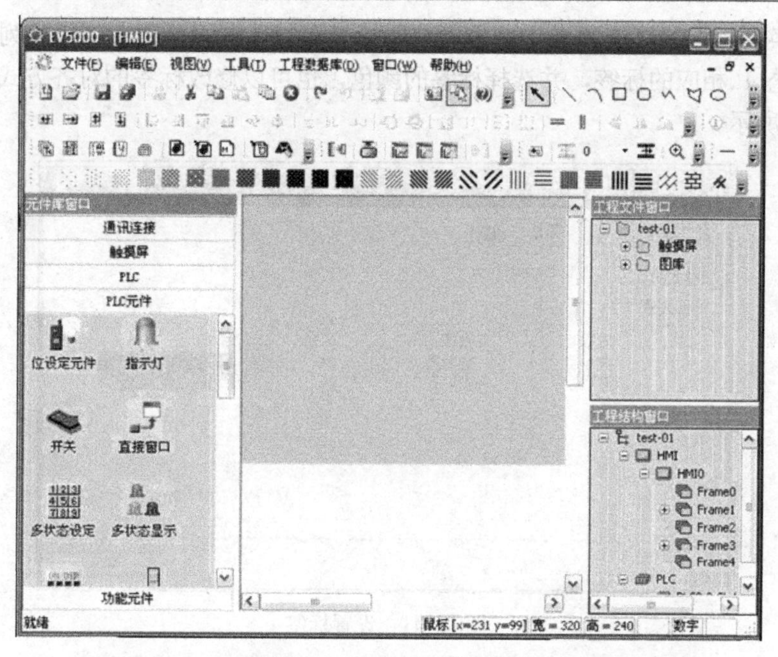

图 12-38　选择“开关”元件

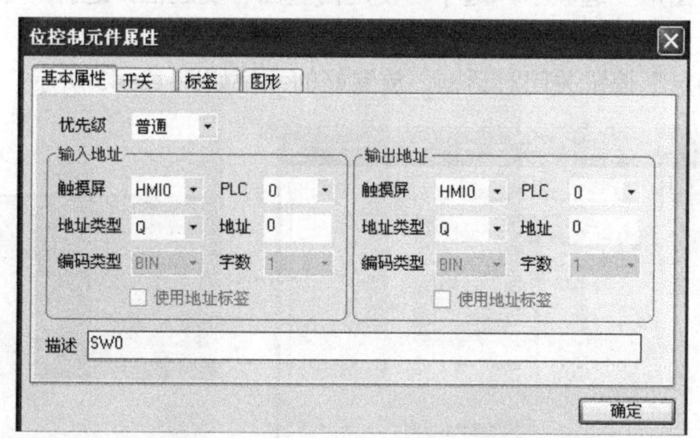

图 12-39　“位控制元件属性”对话框

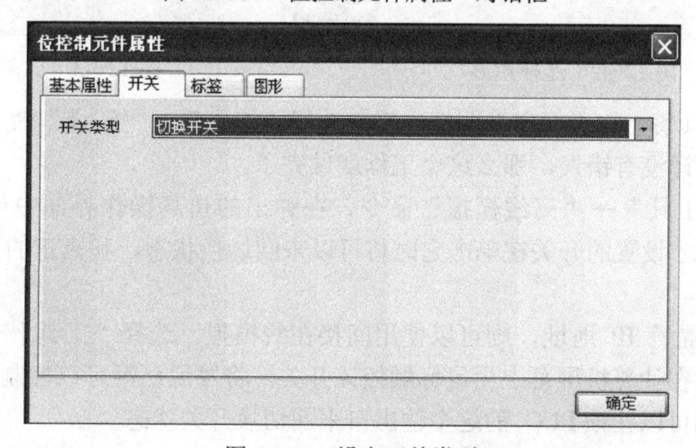

图 12-40　设定开关类型

④ 切换到“标签”选项卡，选中“使用标签”复选框，分别在“标签列表”中输入状态 0、状态 1 相应的标签，并选择标签的颜色，也可以修改标签的对齐方式、字号等，如图 12-41 所示。

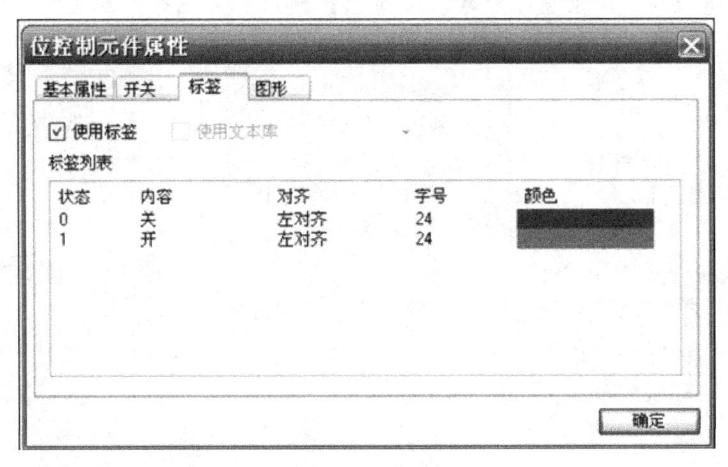

图 12-41 设置标签

⑤ 切换到“图形”选项卡，选中“使用向量图”复选框，选择一个需要的图形，这里选择了如图 12-42 所示的开关。

⑥ 单击“确定”按钮关闭对话框，放置好的元件如图 12-43 所示。

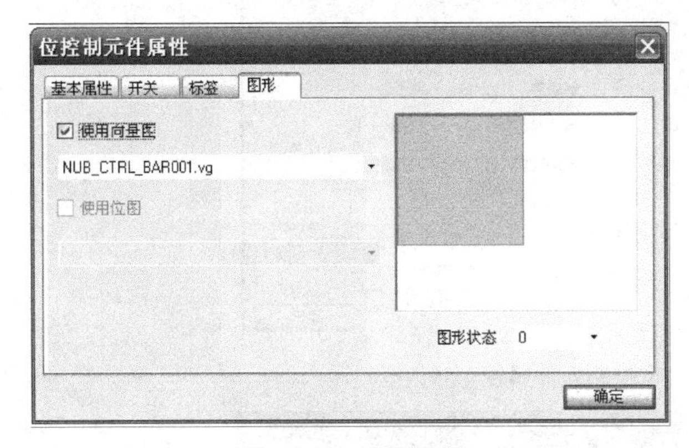

图 12-42 选择图形

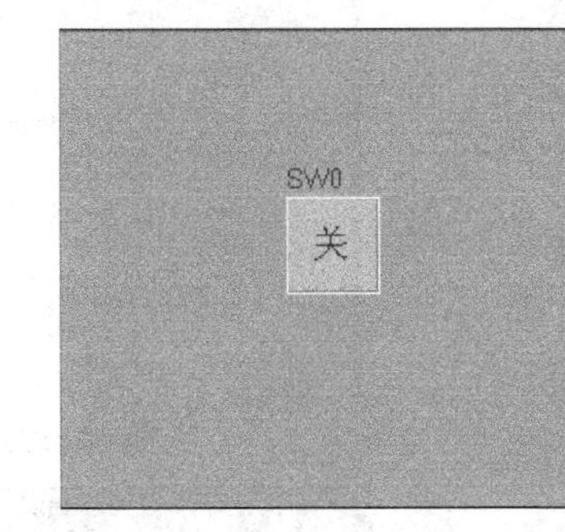

图 12-43 放置好的元件

⑦ 单击工具条上的“保存”图标，接着选择“工具”→“编译”命令，系统自动进行编译。如果编译没有错误，那么这个工程就做完了。

⑧ 选择“工具”→“离线模拟”命令，在弹出的仿真操作界面中单击“仿真”按钮，可以看到刚才设置的开关在单击它时将可以来回切换状态，和真正的开关一模一样，如图 12-44 所示。

⑨ 如果设置了 IP 地址，则可以使用间接在线模拟。选择“工具”→“间接在线模拟”命令，这时在计算机屏幕上用鼠标触控该开关，将发现已经可以控制 PLC 的对应的输出口了。我们可以让该 PLC 的这个输出口来回切换开关状态。

⑩ 选择“工具”→“下载”命令，下载开关元件组态。下载完毕，把触摸屏重新复

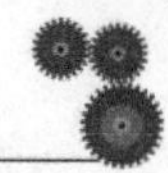

位，这时将可以在触摸屏上通过手指来触控这个开关了。到此为止，开关的制作就完成了，其他元件的制作方法与此类似。

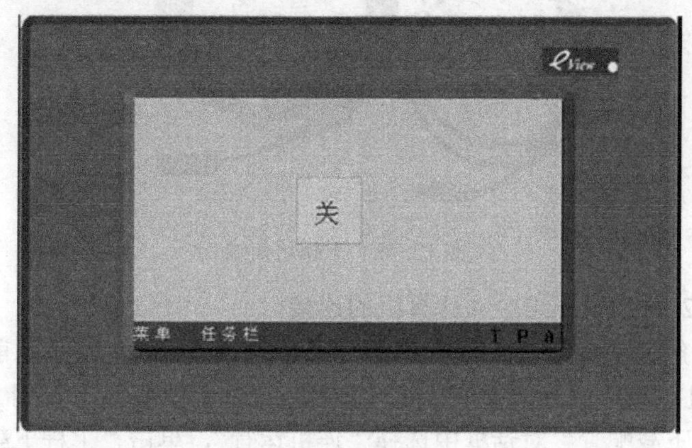

图 12-44 仿真结果

（二）MCGS

MCGS 嵌入版触摸屏 TPC7062KS 是北京昆仑通态自动化软件科技有限公司生产的产品。MCGS 嵌入版是基于 MCGS 基础上开发的专门应用于嵌入式计算机监控系统的组态软件，它的组态环境能够在基于 Microsoft 的各种 32 位 Windows 平台上运行，运行环境则是在实时多任务嵌入式操作系统 WindowsCE 中运行。该触摸屏适应于应用系统对功能、可靠性、成本、体积、功耗等综合性能有严格要求的专用计算机系统。通过对现场数据的采集处理，以动画显示、报警处理、流程控制和报表输出等多种方式向用户提供解决实际工程问题的方案，在自动化领域有着广泛的应用。

1．认知 TPC7062KS 人机界面

TPC7062KS 是一款能在实时多任务嵌入式操作系统 WindowsCE 环境中运行的触摸屏。

该产品采用了 7 英寸高亮度 TFT 液晶显示屏（分辨率 800dpi×480dpi），四线电阻式触摸屏（分辨率 4096dpi×4096dpi），色彩达 64K 彩色。

CPU 主板： ARM 结构嵌入式低功耗 CPU 为核心，主频 400MHz，存储空间 64MB。

2．TPC7062KS 人机界面的硬件连接

TPC7062KS 人机界面的电源进线、各种通信接口均设置在其背面，如图 12-45 所示。其中，USB1 口用来连接鼠标和 U 盘等，USB2 口用于工程项目下载，COM（RS-232）用来连接 PLC。下载线和通信线如图 12-46 所示。

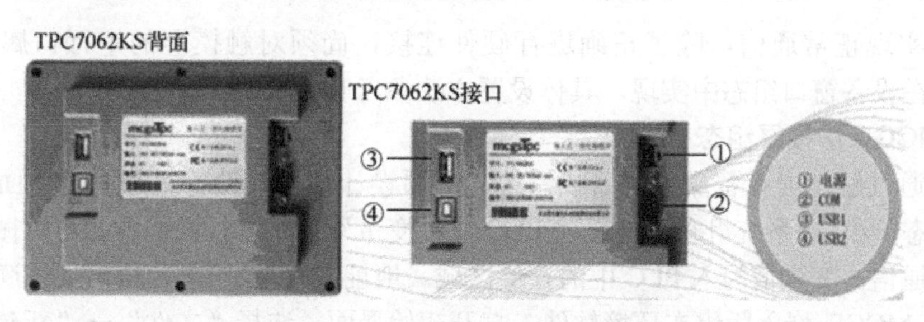

图 12-45 TPC7062KS 的接口

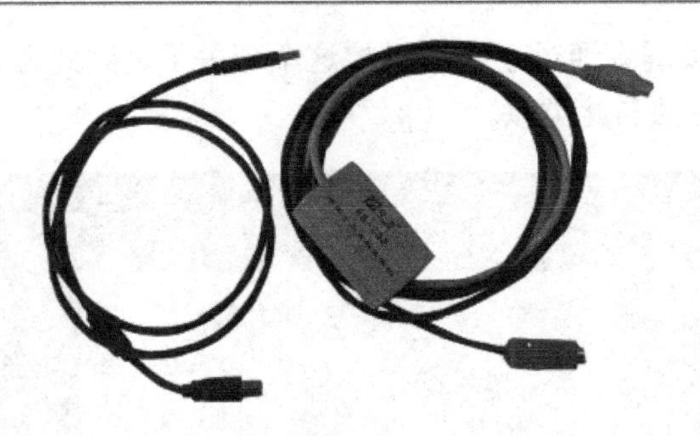

图 12-46　下载通信线

（1）TPC7062KS 触摸屏与个人计算机的连接

TPC7062KS 触摸屏是通过 USB2 口与个人计算机连接的，连接以前，个人计算机应先安装 MCGS 组态软件。当需要在 MCGS 组态软件上把资料下载到 HMI 时，只要在图 12-47 中的“下载配置”对话框中选择“连机运行”，单击“工程下载”按钮即可进行下载。如果工程项目要在计算机上进行模拟测试，则单击“下载配置”对话框中“模拟运行”按钮，然后下载工程即可。

（2）TPC7062KS 触摸屏与 FX 系列 PLC 的连接

触摸屏通过 COM 口直接与 PLC（FX_{2N}-48MR）的编程口连接。所使用的通信线带有 RS-232/RS-422 转换器，如图 12-46 所示。

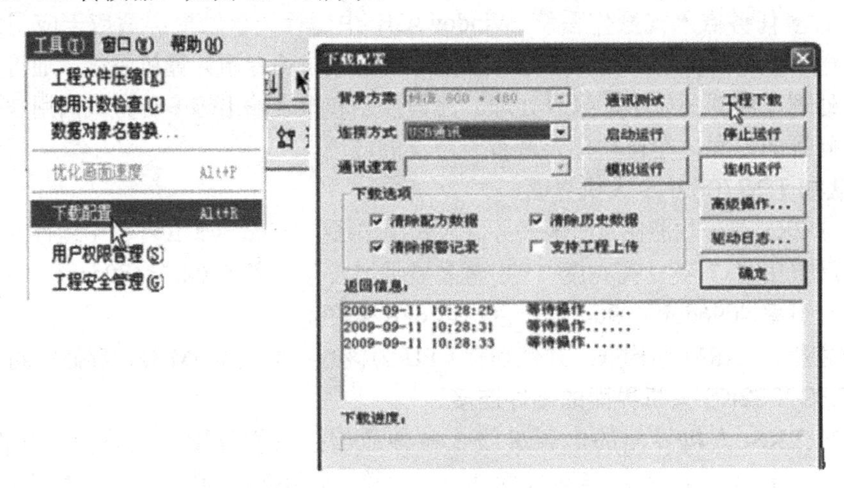

图 12-47　工程下载方法

为了实现正常通信，除了正确进行硬件连接，尚须对触摸屏的串行口属性进行设置，这将在设备窗口组态中实现，具体设置方法参考有关说明书。

3．MCGS 触摸屏组态

为了通过触摸屏设备操作机器或系统，必须设计触摸屏设备组态用户界面，该过程称为“组态阶段”。系统组态就是通过 PLC 以“变量”方式进行操作单元与机械设备或过程之间的通信。变量值写入 PLC 中的存储区域（地址），由操作单元从该区域读取。

运行 MCGS 嵌入版组态环境软件，打开初始界面，选择“文件”→“新建工程”命

令，弹出如图 12-48 所示窗口。MCGS 嵌入版用“工作台”窗口来管理构成用户应用系统的五个部分（对应窗口中的五个标签）：主控窗口、设备窗口、用户窗口、实时数据库和运行策略。这五个不同的窗口界面，每一个界面负责管理用户应用系统的一个部分，用鼠标单击不同的标签可选取不同窗口界面，对应用系统的相应部分进行组态操作。

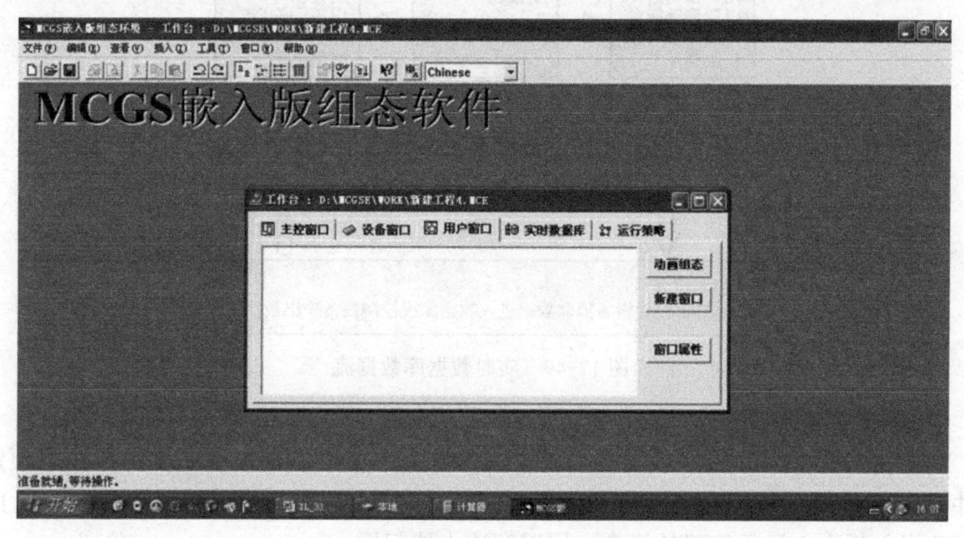

图 12-48 “工作台”窗口

（1）主控窗口

MCGS 嵌入版的主控窗口是组态工程的主窗口，是所有设备窗口和用户窗口的父窗口，它相当于一个大的容器，可以放置一个设备窗口和多个用户窗口，负责这些窗口的管理和调度，并调度用户策略的运行。同时，主控窗口又是组态工程结构的主框架，可在主控窗口内设置系统运行流程及特征参数，方便用户的操作。

（2）设备窗口

设备窗口是 MCGS 嵌入版系统与作为测控对象的外部设备建立联系的后台作业环境，负责驱动外部设备，控制外部设备的工作状态。系统通过设备与数据之间的通道，把外部设备的运行数据采集进来，送入实时数据库，供系统其他部分调用，并且把实时数据库中的数据输出到外部设备，实现对外部设备的操作与控制。

（3）用户窗口

用户窗口本身是一个“容器”，用来放置各种图形对象（图元、图符和动画构件），不同的图形对象对应不同的功能。通过对用户窗口内多个图形对象的组态，生成漂亮的图形界面，为实现动画显示效果做准备。

（4）实时数据库

在 MCGS 嵌入版中，用数据对象来描述系统中的实时数据，用对象变量代替传统意义上的值变量。把数据库技术管理的所有数据对象的集合称为实时数据库。

实时数据库是 MCGS 嵌入版系统的核心，是应用系统的数据处理中心。系统各个部分均以实时数据库为公用区交换数据，实现各个部分协调动作。

设备窗口通过设备构件驱动外部设备，将采集的数据送入实时数据库；由用户窗口

组成的图形对象，与实时数据库中的数据对象建立连接关系，以动画形式实现数据的可视化；运行策略通过策略构件，对数据进行操作和处理。实时数据库数据流如图 12-49 所示。

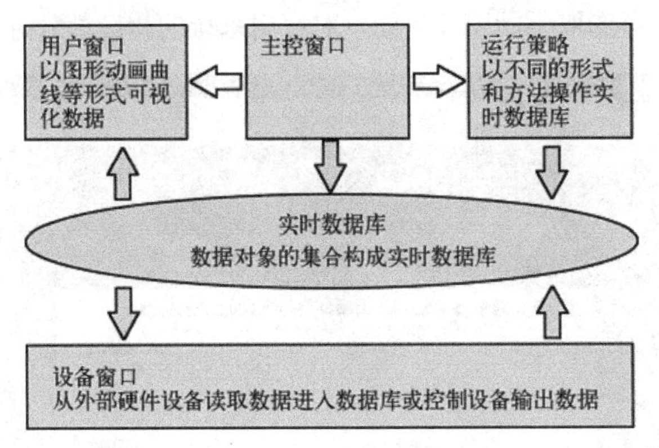

图 12-49　实时数据库数据流

（5）运行策略

对于复杂的工程，监控系统必须设计成多分支、多层循环嵌套式结构，按照预定的条件，对系统的运行流程及设备的运行状态进行有针对性选择和精确的控制。为此，MCGS 嵌入版引入运行策略的概念，用以解决上述问题。

所谓“运行策略”，是用户为实现对系统运行流程自由控制所组态生成的一系列功能块的总称。MCGS 嵌入版为用户提供了进行策略组态的专用窗口和工具箱。运行策略的建立，使系统能够按照设定的顺序和条件，操作实时数据库，控制用户窗口的打开、关闭以及设备构件的工作状态，从而实现对系统工作过程精确控制及有序调度管理的目的。

为了进一步说明人机界面组态的具体方法和步骤，下面以自锁控制界面效果图（见图 12-50）为例来进行说明。

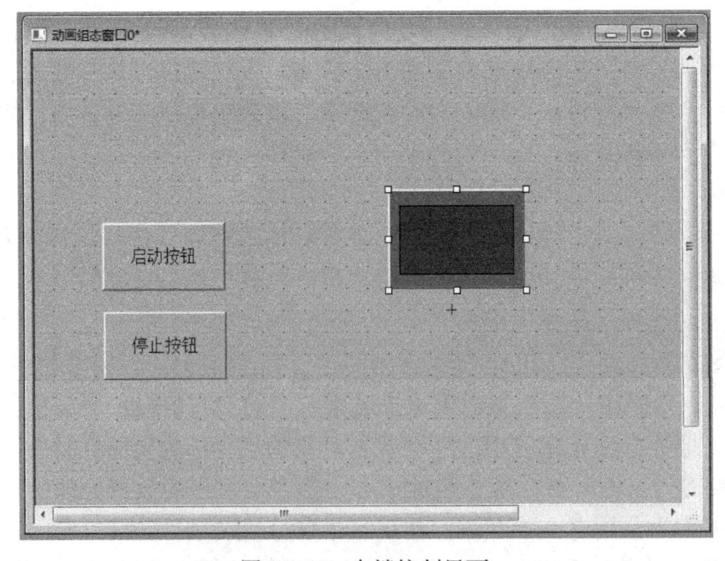

图 12-50　自锁控制界面

界面中包含了以下内容。

■ 状态指示：电机的运转。

■ 按钮：启动、停止。

■ 标签。

触摸屏组态界面各元件对应的 PLC 地址，见表 12-6。

表 12-6　触摸屏组态界面各元件对应的 PLC 地址

元件类别	名　称	输入地址	输出地址	备　注
状态指示	电机运转		Y0004	
按钮	启动按钮	M0001	M0001	
	停止按钮	M0002	M0002	

4．人机界面的组态

人机界面的组态步骤和方法如下。

（1）创建工程

运行“MCGS 嵌入版组态环境”软件，选择“文件”→“新建工程”命令，在弹出的“新建工程设置”对话框中选择触摸屏型号，TPC 类型中如果找不到“TPC7062KS”，则请选择“TPC7062K”，如图 12-51 所示。工程名称为“设备的自锁控制实训”。

图 12-51　“新建工程设置”对话框

（2）定义数据对象

根据前文给出的表 12-6，定义数据对象，所有的数据对象见表 12-7。

表 12-7　触摸屏组态界面各元件对应的数据名称和类型

数据名称	数据类型	注　释
运行状态	开关型	状态指示灯
启动按钮	开关型	
停止按钮	开关型	

（3）设备连接

为了能够使触摸屏和 PLC 能够进行通信连接，须把定义好的数据对象和 PLC 内部变量进行对应的连接，具体操作步骤如下：

① 在“工作台”窗口中双击“设备窗口”标签，进入如图 12-52 所示界面。

图 12-52　设备窗口设置界面

② 单击工具条中的“工具箱”图标，打开“设备工具箱”窗口，如图 12-53 所示。

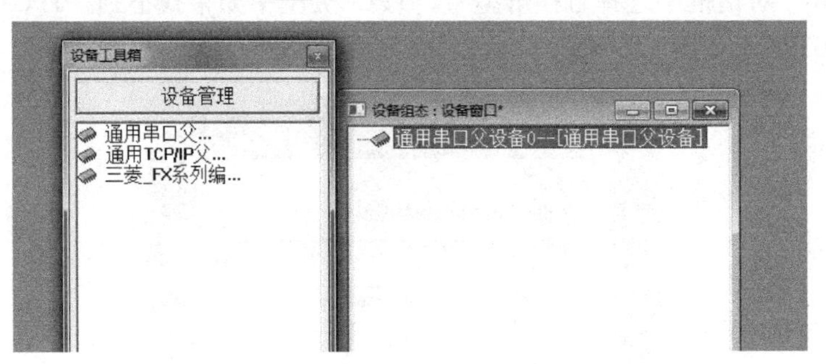

图 12-53　“设备工具箱”窗口

③ 在可选设备列表中，双击“通用串口父设备”，然后双击“三菱_FX 系列编程口”，出现“通用串口父设备 0—[通用串口父设备]”及其分支“设备 0—[三菱_FX 系列编程口]”，如图 12-54 所示。

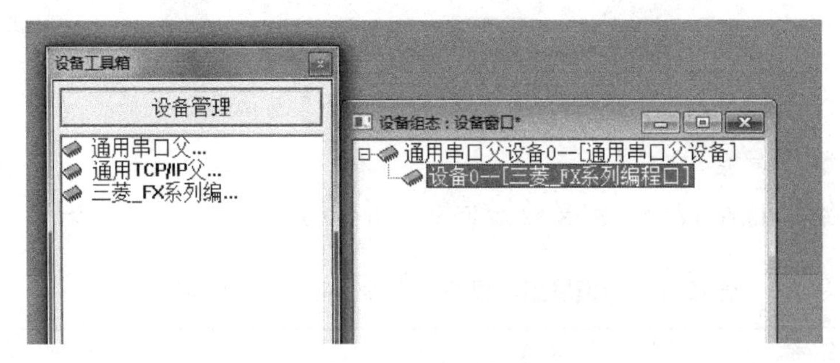

图 12-54　设备设置窗口

④ 双击“通用串口父设备 0—[通用串口父设备]”，进入“通用串口设备属性编辑”对话框，如图 12-55 所示，作如下设置。

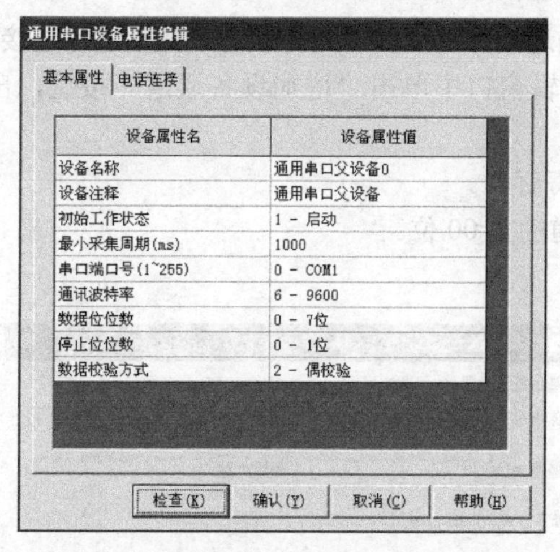

图 12-55 “通用串口设备属性编辑”对话框

■ 串口端口号（1～255）设置为：0—COM1。

■ 通信波特率设置为：6—9600。

■ 数据校验方式设置为：2—偶校验。

■ 其他设置为默认。

⑤ 双击“设备 0—[三菱_FX 系列编程口]”，进入设备编辑窗口，如图 12-56 所示。左边窗口下方 CPU 类型选择“2-FX2NCPU”；右窗口中“通道名称”默认为 X000～X007，可以单击“删除全部通道”按钮给以删除。

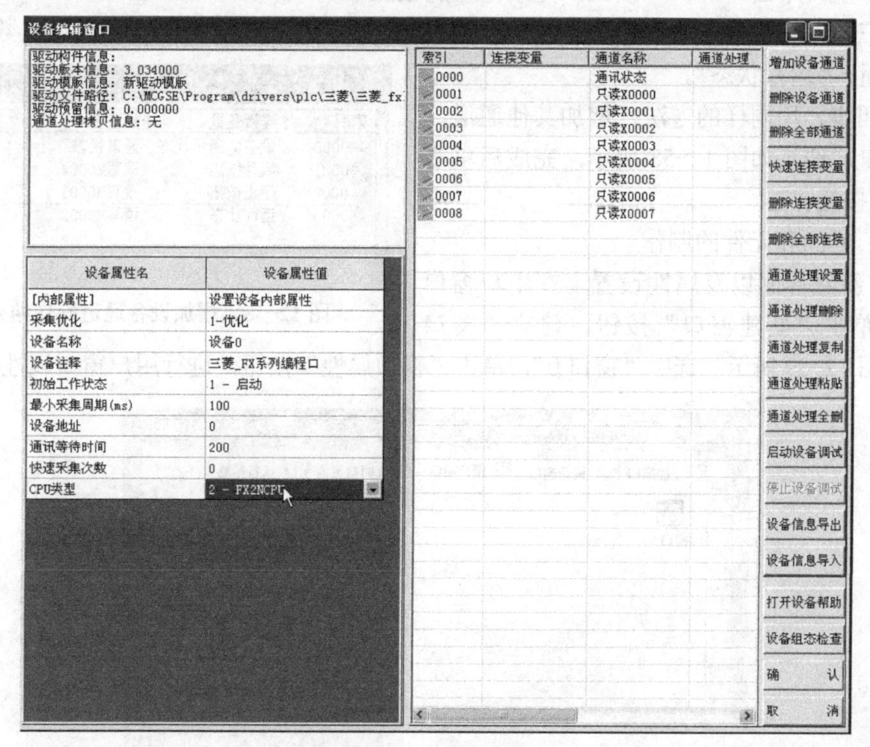

图 12-56 设备编辑窗口

⑥ 接下进行变量的连接，这里以“运行状态”变量进行连接为例说明。

第一步，在设备编辑窗口中单击“增加设备通道”按钮，出现图 12-57 所示对话框，参数设置如下。

■ 通道类型：M 寄存器。

■ 数据类型：通道的第 00 位。

■ 通道地址：0。

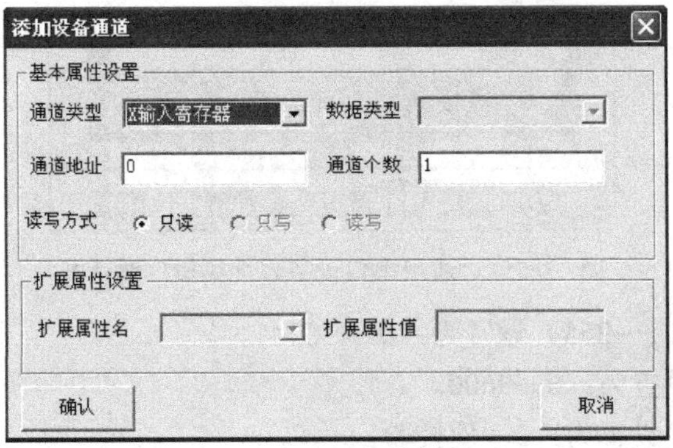

图 12-57 “添加设备通道”对话框

■ 通道个数：1。

■ 读写方式：只读。

第二步，单击“确认”按钮，完成基本属性设置。

第三步，在设备编辑窗口中双击“只读 M000.0”通道对应的连接变量，从数据中心选择变量：“运行状态”。

第四步，用同样的方法，增加其他通道，连接变量，结果如图 12-58 所示，完成后单击“确认”按钮。

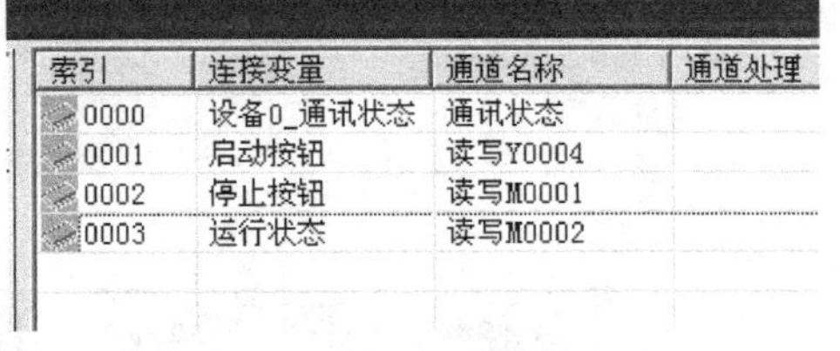

索引	连接变量	通道名称	通道处理
0000	设备0_通讯状态	通讯状态	
0001	启动按钮	读写Y0004	
0002	停止按钮	读写M0001	
0003	运行状态	读写M0002	

图 12-58 增加设备通道操作结果

（4）界面和元件的制作

① 新建界面以及属性设置。在用户窗口界面中单击“新建窗口”按钮，建立“窗口 0”，如图 12-59 所示。选中“窗口 0”，单击“窗口属性”按钮，进行用户窗口属性设置。

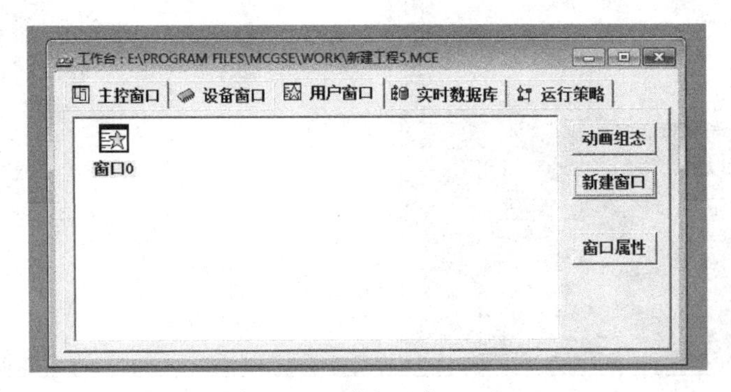

图 12-59 建立“窗口 0”

② 制作状态指示灯。单击绘图工具栏中的（插入元件）图标，弹出“对象元件管理”对话框，选择指示灯 2，单击“确认”按钮。双击指示灯，弹出的对话框如图 12-60 所示。在“数据对象”选项卡中，单击右角的“？”按钮，从数据中心选择“Y4”变量，单击“确认”按钮，指示灯完成。

③ 制作按钮。以启动按钮为例进行介绍。单击绘图工具栏中图标，在窗口中拖出一个大小合适的按钮，双击按钮，出现如图 12-61 所示对话框。属性设置如下：在“基本属性”选项卡中，无论是“抬起”还是“按下”状态，文本都设置为“停止按钮”；在“操作属性”选项卡中，抬起功能——数据对象操作清 0，停止按钮；按下功能——数据对象操作置 1，启动按钮。其他默认，单击“确认”按钮完成。

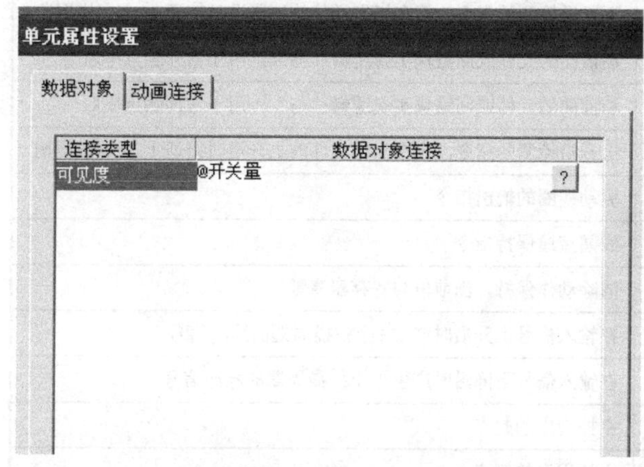

图 12-60　单元属性设置

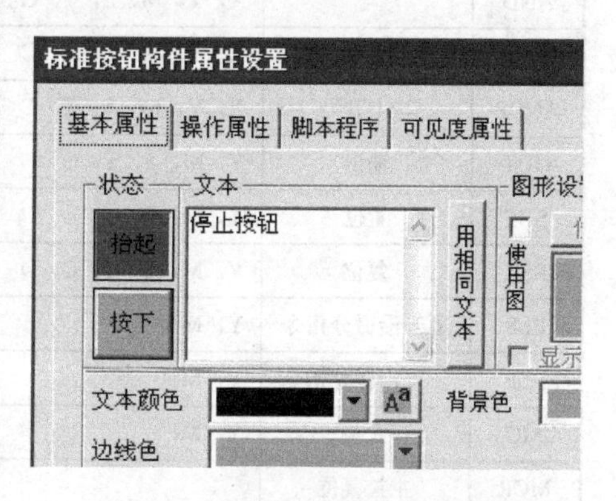

图 12-61　标准按钮构件属性设置

八、思考与练习

1．如果分拣设备在工作过程中突然停电，应如何处理在输送带上的工件？应如何处理正在识别的工件？

2．分拣设备要区分不同材质或不同颜色的工件时，使用什么元件？这些元件有什么作用？电容传感器能区分金属和非金属吗？为什么？

3．在工位一装有电感传感器，在工位三装有能检测黑色塑料工件的光纤传感器，怎样把一个黑色塑料工件从工位三送到工位一？

九、课外学习指导

本项目推荐阅读书目：

杨少光. 机电一体化设备的组装与调试. 南宁：广西教育出版社，2009

程周. 机电一体化设备组装与调试——备赛指导. 北京：高等教育出版社，2010

附录A　FX$_{2N}$系列PLC 基本指令一览表

助记符	名　称	可 用 元 件	功能和用途
LD	取	X，Y，M，S，T，C	逻辑运算开始。用于与母线连接的常开触点
LDI	取反	X，Y，M，S，T，C	逻辑运算开始。用于与母线连接的常闭触点
LDP	取上升沿	X，Y，M，S，T，C	上升沿检测的指令，仅在指定元件的上升沿时接通 1 个扫描周期
LDF	取下降沿	X，Y，M，S，T，C	下降沿检测的指令，仅在指定元件的下降沿时接通 1 个扫描周期
AND	与	X，Y，M，S，T，C	和前面的元件或回路块实现逻辑“与”，用于常开触点串联
ANI	与反	X，Y，M，S，T，C	和前面的元件或回路块实现逻辑“与”，用于常闭触点串联
ANDP	与上升沿	X，Y，M，S，T，C	上升沿检测的指令，仅在指定元件的上升沿时接通 1 个扫描周期
OUT	输出	Y，M，S，T，C	驱动线圈的输出指令
SET	置位	Y，M，S	线圈接通保持指令
RST	复位	Y，M，S，T，C，D	清除动作保持，当前值与寄存器清零
PLS	上升沿微分指令	Y，M	在输入信号上升沿时产生1个扫描周期的脉冲信号
PLF	下降沿微分指令	Y，M	在输入信号下降沿时产生 1 个扫描周期的脉冲信号
MC	主控	Y，M	主控程序的起点
MCR	主控复位		主控程序的终点
ANDF	与下降沿	Y，M，S，T，C，D	下降沿检测的指令，仅在指定元件的下降沿时接通 1 个扫描周期
OR	或	Y，M，S，T，C，D	和前面的元件或回路块实现逻辑“或”，用于常开触点并联
ORI	或反	Y，M，S，T，C，D	和前面的元件或回路块实现逻辑“或”，用于常闭触点并联
ORP	或上升沿	Y，M，S，T，C，D	上升沿检测的指令，仅在指定元件的上升沿时接通 1 个扫描周期
ORF	或下降沿	Y，M，S，T，C，D	下降沿检测的指令，仅在指定元件的下降沿时接通1 个扫描周期
ANB	回路块“与”		并联回路块的串联连接指令
ORB	回路块“或”		串联回路块的并联连接指令
MPS	进栈		将运算结果（或数据）压入栈存储器
MRD	读栈		将栈存储器第 1 层的内容读出
MPP	出栈		将栈存储器第 1 层的内容弹出
INV	取反转		将执行该指令之前的运算结果进行取反转操作
NOP	空操作		程序中仅做空操作运行
END	结束		表示程序结束

附录 B　FX_{2N} 系列 PLC 功能指令一览表

分　类	指令编号 FNC	指令助记符	指令名称与功能
程序流程	00	CJ	条件跳转
	01	CALL	调用子程序
	02	SRET	子程序返回
	03	IRET	中断返回主程序
	04	EI	中断允许
	05	DI	中断禁止
	06	FEND	主程序结束
	07	WDT	监视定时器
	08	FOR	循环开始
	09	NEXT	循环结束
传送和比较	010	CMP	比较
	011	ZCP	区间比较
	012	MOV	传送
	013	SMOV	移位传送
	014	CML	取反传送
	015	BMOV	成批传送
	016	FMOV	多点传送
	017	XCH	交换
	018	BCD	BCD 转换
	019	BIN	BIN 转换
四则逻辑运算	020	ADD	BIN 加法
	021	SUB	BIN 减法
	022	MUL	BIN 乘法
	023	DIV	BIN 除法
	024	INC	BIN 加 1
	025	DEC	BIN 减 1
	026	WAND	逻辑字与
	027	WOR	逻辑字或
	028	WXOR	逻辑字异或
	029	NEG	求补码

续表

分　类	指令编号 FNC	指令助记符	指令名称与功能
循环与移位	030	ROR	循环右移
	031	ROL	循环左移
	032	RCR	带进位循环右移
	033	RCL	带进位循环左移
	034	SFTR	位右移
	035	SFTL	位左移
	036	WSFR	字右移
	037	WSFL	字左移
	038	SFWR	先进先出写入
	039	SFRD	先进先出读出
数据处理	040	ZRST	区间复位
	041	DECO	译码
	042	ENCO	编码
	043	SUM	ON 位总数
	044	BOM	ON 位判别
	045	MEAN	平均值
	046	ANS	信号报警器置位
	047	ANR	信号报警器复位
	048	SOR	BIN 数据开方运算
	049	FLT	二进制浮点转换
高速处理	050	REF	输入/输出刷新
	051	REFE	刷新和滤波时间调整
	052	MTR	矩阵输入
	053	HSCS	比较置位（高速计数）
	054	HSCR	比较复位（高速计数）
	055	HSZ	区间比较（高速计数）
	056	SPD	脉冲密度
	057	PLSY	脉冲输出
	058	PWM	脉宽调制
	059	PLSR	带加减速的脉冲输出
方便指令	060	IST	初始化状态
	061	SER	数据查找
	062	ABSD	凸轮控制（绝对方式）
	063	INCD	凸轮控制（增量方式）
	064	TIMR	示教定时器
	065	STMR	特殊定时器
	066	ALT	交替输出
	067	RAMP	斜坡信号
	068	ROTC	旋转工作台控制
	069	SORT	数据排列

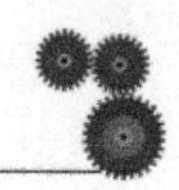

续表

分　类	指令编号 FNC	指令助记符	指令名称与功能
外围设备 I/O	070	TKY	十键输入
	071	HKY	十六键输入
	072	DSW	数字式开关
	073	SEGD	7 段译码
	074	SEGL	7 段码按分时显示
	075	ARWS	方向开关
	076	ASC	ASCII 码变换
	077	PR	ASCII 打印输出
	078	FROW	BFM（特殊单元缓冲存储器）读出
	079	TO	BFM（特殊单元缓冲存储器）写入
外围设备 SER	080	RS	串行数据传送
	081	PRUN	八进制位传送
	082	ASCI	HEX-ASCII 转换
	083	HEX	ASCII-HEX 转换
	084	CCD	校验码
	085	VRRD	电位器读出
	086	VRSC	电位器刻度
	088	PID	PID 运算
浮点数	110	ECMP	二进制浮点数比较
	111	EZCP	二进制浮点数区间比较
	118	EBCD	二进制浮点数-十进制浮点数转换
	119	EBIN	十进制浮点数-二进制浮点数转换
	120	EADD	二进制浮点数加法
	121	ESUB	二进制浮点数减法
	122	EMUL	二进制浮点数乘法
	123	EDIV	二进制浮点数除法
	127	ESQR	二进制浮点数开方
	129	NT	二进制浮点数-BIN 整数转换
	130	SIN	浮点数 SIN 运算
	131	COS	浮点数 COS 运算
	132	TAN	浮点数 TAN 运算
	147	SWAP	高低字节交换
定位	155	ABS	ABS 当前值读取
	156	ZRN	原点回归
	157	PLSV	可变速脉冲输出
	158	DRVI	相对定位
	159	DRVA	绝对定位

续表

分　类	指令编号 FNC	指令助记符	指令名称与功能
时钟运算	160	TCMP	时钟数据比较
	161	TZCP	时钟数据区间比较
	162	TADD	时钟数据加法
	163	TSUB	时钟数据减法
	166	TRD	时钟数据读出
	167	TWR	时钟数据写入
	169	HOUR	计时器
外围设备	170	GRY	格雷码变换
	171	GBIN	格雷码逆变换
	176	RD3A	模拟量模块读出
	177	WR3A	模拟量模块写入
触点比较	224	LD=	（S1）=（S2）触点接通
	225	LD>	（S1）>（S2）触点接通
	226	LD<	（S1）<（S2）触点接通
	228	LD<>	（S1）<>（S2）触点接通
	229	LD≤	（S1）≤（S2）触点接通
	230	LD≥	（S1）≥（S2）触点接通
	232	AND=	（S1）=（S2）触点接通
	233	AND>	（S1）>（S2）触点接通
	234	AND<	（S1）<（S2）触点接通
	236	AND<>	（S1）<>（S2）触点接通
	237	AND≤	（S1）≤（S2）触点接通
	238	AND≥	（S1）≥（S2）触点接通
	240	OR=	（S1）=（S2）触点接通
	241	OR>	（S1）>（S2）触点接通
	242	OR<	（S1）<（S2）触点接通
	244	OR<>	（S1）<>（S2）触点接通
	245	OR≤	（S1）≤（S2）触点接通
	246	OR≥	（S1）≥（S2）触点接通

附录C　FX$_{2N}$系列PLC的部分特殊软元件

一、PLC的状态

元件号	名　称	备　注
[M8000]	RUN监控（a触点）	RUN时为ON
[M8001]	RUN监控（b触点）	RUN时为OFF
[M8002]	初始脉冲（a触点）	RUN后的1个扫描周期内为ON
[M8003]	初始脉冲（b触点）	RUN后的1个扫描周期内为OFF
[M8004]	发生出错	M8060～M8067接通时ON
[M8005]	电池电压下降	电池电压异常低时动作
[M8006]	电池电压下降锁存	检出低电压后，若ON，则将其值锁存
[M8007]	电源瞬停检测	M8007 ON的时间比D8008短，则PLC将继续运行
[M8008]	停电检测	若ON变为OFF，就复位
[M8009]	DC24V关断	检测到基本单元、扩展单元、扩展模块的任一DC 24V电源关断，则接通
D8000	监视定时器	初始设置值200ms，可以以1ms增量单位改写
[D8001]	PLC型号及系统版本	
[D8002]	存储器容量	002：2KB步；004：4KB步；008：8KB步
[D8003]	存储器类型	RAM/EEPROM/EPROM 内装/外接存储卡保护开关ON/OFF状态
[D8004]	出错M地址号	M8060～M8067（M8004 ON）
[D8005]	电池电压	当前电压值，以0.1V为单位
[D8006]	电池电压下降检出电平	初始值为3.0V，PLC上电时由系统ROM送入
[D8007]	瞬停次数	存储M8007为ON的次数，关电后数据全清
[D8008]	停电检测时间	初始值10ms上电时，读入系统ROM中数据
[D8009]	DC 24V关断的单元编号	写入DC 24V关断的基本单元、扩展单元、扩展模块中最小的输入元件编号（失电单元的起始输出编号）

注：1．用户程序不能驱动有[]记号的元件。

2．除非另有说明，D中的数据通常用十进制表示。

3．当用220V交流电源供电时，D8008中的电源停电时间检测周期可用程序在10～100ms之内修改。

二、时钟

元件号	名　称	备　注
M8010		
M8011	10ms时钟	10ms周期震荡
M8012	100ms时钟	100ms周期震荡
M8013	1s时钟	1s周期震荡
M8014	1min时钟	1min周期震荡
M8015	计时停止及预置	为ON时，计时停止及预置
M8016	时间读出时显示停止	为ON时，时间显示停止

续表

元件号	名　　称	备　　注
M8017	±30s 修正	为 ON 时，分钟数取整
M8018	RTC 检测	为 ON 时，RTC 安装完成
M8019	实时时钟(RTC)出错[1]	时钟数据设置超出范围
D8010	当前扫描时间	当前扫描周期时间（以 0.1ms 为单位）[2]
D8011	最小扫描时间	扫描时间的最小值（以 0.1ms 为单位）[2]
D8012	最大扫描时间	扫描时间的最大值（以 0.1ms 为单位）[2]
D8013	秒 0～59 预置值或当前值	
D8014	分 0～59 预置值或当前值	
D8015	时 0～23 预置值或当前值	
D8016	日 1～31 预置值或当前值	
D8017	月 1～12 预置值或当前值	
D8018	年 0～99 预置值或当前值	
D8019	星期 0（日）～6（六）预置值或当前值	

注：[1] RTC 为实时时钟。
　　[2] 扫描时间不包括在 M8039 接通时的定时扫描等待时间。

三、标志

元件号	名　　称	备　　注
M8020	零标记	
M8021	借位标记	
M8022	进位标记	
M8023		
M8024	BMOV 方向指定	
M8025	外部复位 HSC 方式	
M8026	RAM 保持 P 方式	
M8027	PR16 数据方式	
M8028	FROM/TO 过程中中断允许	
M8029	指令执行结束标志	
D8020	调整输入滤波器	X0～X17 输入滤波时间常数为 0～60，初始值为 10ms
D8021		
D8022		
D8023		
D8024		
D8025		
D8026		
D8027		
D8028	Z0 寄存器内容	寻址寄存器 Z 的内容
D8029	V0 寄存器内容	寻址寄存器 Z 的内容

四、PLC方式

元件号	名 称	备 注
M8030	电池LED灯灭指令	M8030接通后即使电池电压低，PLC面板上的LED灯也不亮
M8031	全清非保持存储器	当M8031和M8032为ON时，Y，M，S，T和C的映像寄存器及T，D，C的当前值寄存器全部清0。由系统ROM置预置值的数据寄存器的文件寄存器中的内容不受影响
M8032	全清保持存储器	
M8033	存储器保持	PLC由RUN变为STOP时，映像寄存器及数据寄存器中的数据全部保留
M8034	禁止所有输出	虽然外部输出端全为OFF，但PLC中的程序及映像寄存器仍在运行
M8035	强制RUN方式[1]	用M8035，M8036，M8037可实现双开关控制PLC启/停，即RUN为启动按钮，X000为停止按钮
M8036	强制RUN信号[1]	
M8037	强制STOP信号[1]	
M8038		通信参数设置标志
M8039	定时扫描方式	M8039接通后，PLC以定时扫描方式运行，扫描时间由D8039设定
D8030		
D8031		
D8032		
D8033		
D8034		
D8035		
D8036		
D8037		
D8038		
D8039	恒定扫描时间	初始值为0（以1ms为单位）

注：[1] 无论RUN输入是否为ON，当M8035或M8036由编程器强制为ON时，PLC运行。在PLC运行时，若M8037强制置OFF，则PLC停止运行。

五、步进顺控

元件号	名 称	备 注
M8040	禁止状态转移	M8040为ON时，状态间禁止状态转移
M8041	状态转移开始	自动方式时从初始状态开始转移
M8042	启动脉冲	启动输入时的脉冲输入
M8043	回原点完成	原点返回方式结束后接通
M8044	原点条件	检测到机械原点时动作
M8045	禁止输出复位	方式切换时，不执行全部输出的复位
M8046	STL状态工作	M8047为ON时，若S0～S899中任一接通则M8046为ON
M8047	STL状态监控	接通后D8040～D8047有效
M8048	报警器接通	M8049接通后S800～S899中任一为ON时接通则M8048有效
M8049	报警器有效	接通时D8049DE 操作有效
D8040	ON状态编号1	状态S0～S899中正在动作的状态的最小编号存在D8040中，其他动作的状态号由小到大依次存放在D8041～D8047中（最多8个）
D8041	ON状态编号2	
D8042	ON状态编号3	
D8043	ON状态编号4	
D8044	ON状态编号5	
D8045	ON状态编号6	
D8046	ON状态编号7	
D8047	ON状态编号8	
D8048		
D8049	ON状态编号最小编号	存储报警器S800～S899中ON的最小编号

参 考 文 献

[1] FX_{1S}，FX_{1N}，FX_{2N}，FX_{2NC}系列使用编程手册，2007

[2] 廖常初. PLC 基础及应用. 北京：机械工业出版社，2004

[3] 赵俊生. 电气控制与 PLC 技术项目化理论与实践. 北京：电子工业出版社，2009

[4] 魏小林. PLC 技术项目化教程. 北京：清华大学出版社，2010

[5] 瞿彩萍. PLC 应用技术（三菱）. 北京：中国劳动社会保障出版社，2006

[6] 吴启红. 变频器可编程序控制器及触摸屏综合应用技术实操指导书. 北京：机械工业出版社，2008

[7] 郁汉琪. 三菱 FX/Q 系列 PLC 应用技术. 南京：东南大学出版社，2003

[8] 刘小春，黄有全. 电气控制与 PLC 技术应用. 北京：电子工业出版社，2009

[9] 杨少光. 机电一体化设备的组装与调试. 南宁：广西教育出版社，2009

[10] 程周. 机电一体化设备组装与调试—备赛指导. 北京：高等教育出版社，2010